알/기/쉬/운 디지털 논리회로

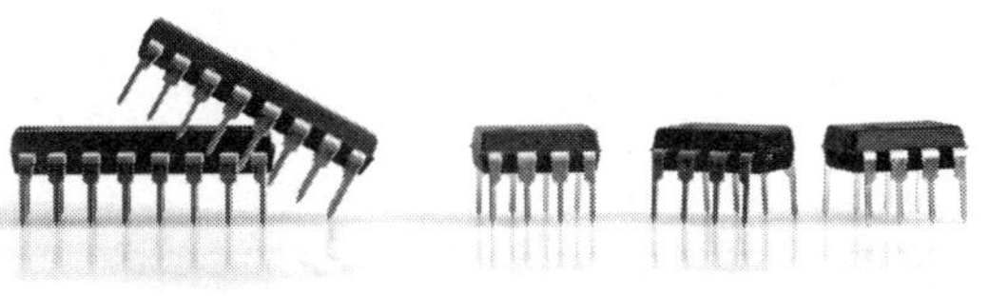

이명길 · 김희석 · 김윤호
강경식 · 변상준 · 조남형 지음

공감북스

머리말

최근 디지털 시스템 설계에 대한 연구는 반도체 산업과 컴퓨터 기술의 발달로 비약적인 발전을 해 왔다. 특히, 디지털 시스템 설계분야 중 하나인 마이크로프로세서의 응용은 공장 자동화, 각종 산업용 기기의 제어 장치, 각종 통신 회로 설계 등과 같은 분야에 널리 적용되고 있다. 이러한 디지털 시스템 설계를 하기 위해서는 논리 설계가 우선 되어야 한다.

이 책은 이러한 점에 주안을 두어 Charles H. Roth, Jr.의 Fundamentals Logic Design (Fourth Edition)을 근간으로 하여 부울 대수식 전개와 간소화, 조합 논리 회로, 그리고 순서 논리 회로 의 개념과 설계 기법 등을 편저하였다. 또한 저자가 전기·전자공학, 컴퓨터공학 등의 관련 학과에서 오래 동안 강의를 해오면서 많은 학생들로부터 질문도 받고, 특별한 관심을 보였던 부분에 대한 내용들을 종합하여 알기 쉽게 정리하여 수록하였다.

Roth의 책은 조합 논리 회로 부분의 설명과 설계 방식이 여타 디지털 논리 설계 교재보다 다소 복잡하고 미흡한 점이 있으나 순서 논리 회로의 특성과 응용에 따른 타이밍도 해석 등은 비교적 설명이 잘 되었으므로, 처음 디지털공학을 입문하는 초심자 또는 학생 특히, 전기·전자, 정보통신, 제어계측, 컴퓨터정보, 컴퓨터공학 등 관련 학과에서 마이크로프로세서나 컴퓨터 구조 과목에 들어가기 앞서 필수적으로 우선하여 공부해야 하는 교재로 적합하다.

이 책의 전반적인 내용들을 파악하는데 도움이 될 수 있도록 각 장의 내용들을 간략히 소개하면 다음과 같다.

이 책의 제1장에서는 진법과 진법 변환에 대한 기초적인 설명과 각각의 변환에 따른 예제들을 다양하게 수록하였고, 데이터 전송시 오류를 검출할 수 있는 패리티 검출 및 해밍코드에 대해 예제를 곁들여 설명하였다.

제2장과 제3장에서는 부울 대수의 기본 법칙과 이론들을 소개하고, 이들이 어떻게 논리 회로 동작에 적용되어 작용하는지를 설명하였다.

제4장에서는 입력 조합의 형태와 출력 함수의 관계를 표현하는 진리표 작성이나 논리식을 대수적으로 간략화(Simplification)하는 방법들을 설명하였고, 기초적인 조합 논리 회로를 설계하는 예증으로 가·감산기의 회로를 설계하여 설명하였다.

제5장에서는 논리식을 도식적으로 간략화하는 방법인 카르노 맵과 퀸-맥클라스키 방법을 설명하였다.

제6장에서는 간략화된 논리식의 실행에 있어 몇 가지의 논리 게이트를 사용하여 설계자의 필요에 따라 다양한 형태의 게이트로 변환을 시도하였다.

제7장에서는 다중 출력을 갖는 논리 회로의 효율적인 설계 방법과 멀티플렉서, 디멀티플렉서, 디코더 인코더 등의 집적회로(IC)를 사용한 설계 방법, 그리고 ROM의 기본 구조 및 원리, PLD소자의 기본 구조 및 사용법을 수록하였다.

제8장에서는 순서 논리 회로 설계에 사용되는 기본 기억 소자인 플립-플롭의 종류와 원리에 대해 소개하였다.

제9장에서는 다양한 플립-플롭의 종류를 사용한 카운터 설계 방법을 설명하였다.

또한 본 교재는 기술직 공무원 및 공기업 등을 취업목표로 공부하는 학생들의 수험대비와 정보처리, 정보통신, 디지털 제어 등의 각종 산업기사와 기사 자격증 취득을 준비하는 학생들의 디지털 논리회로 교과목 수험 준비에 적합하도록 내용을 기술하고 각 단원별로 연습문제에 기출문제를 분석 수록하여 학습과 수험에 직접적인 도움을 줄 수 있는 교재로 활용할 수 있을 것으로 판단된다.

나름대로 최선을 다했지만 아직도 미흡한 부분과 번역의 무지함에서 오는 많은 오류가 있으리라 생각된다. 또한 디지털 시스템 설계 분야는 매우 급속히 발전하는 분야이기 때문에 논리 설계에 대한 새로운 기술이나 이론들이 계속 발표될 것이다. 따라서 저자는 자발적으로 그러한 새로운 내용들이 이 책에 반영될 수 있도록 노력할 것이며, 독자 여러분의 양해를 바라면서 동참하실 수 있는 기회로 추후 수정할 내용과 보완해야할 부분에 대해서도 아낌없는 조언을 부탁드리는 바이다.

끝으로 이 책이 출판되기까지 많은 지원을 아끼지 않았던 도서출판 공감북스의 김응수 사장님께 깊은 감사를 드린다.

2016년 1월 9일

연구실에서 편저자 씀

차 례

제 1 장

진법과 진법 변환의 개요

Introduction Number System and Conversion

1-1 디지털 시스템과 스위칭 회로

오늘날 인류는 시스템 속에서 생활하고 있다고 하여도 과언이 아니다. 그럼 지금부터 시스템에 대해 알아보기로 하자. 우리가 늘 상 접하게 되는 일반적 시스템과 전자회로로 이루어진 장치들은 아날로그 시스템과 디지털 시스템이라고 하는 두 개의 넓은 범위로 나누어 생각할 수 있다.

아날로그 시스템(Analog system)이란 선형적(Linear)으로 변화하는 아날로그 형태의 데이터들을 처리하는 장치들의 조합이라 할 수 있다. 아날로그란 어떤 값을 갖는 물리적 양이나 수, 그리고 신호가 일정한 범위 내에서 연속적으로 변화되어 표현되는 형태를 말한다. 또한 아날로그 시스템에서 취급되는 양과 수는 일정한 범위 내에서 연속적으로 변화하는 값들이다.

한편 디지털 시스템(Digital system)이란 디지털 형태의 데이터들을 처리하기 위해 설계된 장치들의 조합이라 할 수 있다. 디지털이란 어떤 값을 갖는 물리적 양이나 신호가 단속적이고도 이산적인(Discrete) 값으로 표현되는 형태를 말한다. 예를 들면, 아날로그 시스템의 출력은 −10 볼트에서 +10 볼트까지를 표현할 수 있는 일정 범위로 정의하였을 때, 범위 내에서 그 어떤 값도 가질 수 있다. 일 예로, 스피커의 출력 신호는 0에서 최대 제한값 사이의 어떤 크기의 출력 신호도 가질 수 있다. 그러나 디지털 시스템의 출력 신호는 0과 +5 볼트로 표현되는 두 개의 값 중에서만 선택적으로 취하도록 제한된다.

디지털 시스템은 이산적인 값들로 데이터를 처리하기 때문에 대부분의 경우 주어진 입력에 대해 원하는 출력이 얻어지도록 설계할 수 있다. 이에 반하여, 아날로그 시스템은 시스템 구성에 사용한 부품들의 정확도에 따라 다소의 에러(Error : 오차) 범위를 가지게 된다.

이러한 디지털 시스템은 아날로그 시스템에 비해 높은 정밀도와 신뢰도를 장점으로 내세울 수 있기 때문에, 과거 아날로그 시스템에 의해 수행되던 작업들이 많은 분야에서 디지털 시스템으로 대체되고 있는 실정이다. 실 예로 디지털 시스템은 컴퓨터의 계산 및 데이터 처리, 산업용 기기의 제어 시스템, 통신 장비, 측정 및 계측 분야 등에 이르기 까지 수많은 응용 분야에 폭 넓게 적용되어 소형화 및 미세화, 그리고 정밀화와 자동화를 통한 고 신뢰성을 추구하고 있다. 최근에는 항공기나 자동차, 선박 등에도 안정성과 에너지 효율성 향상, 자기 진단 및 오동작 방지를 위해 마이크로프로세서를 사용한 디지털 시스템이 사용되고 있다.

디지털 시스템의 설계는 크게 시스템 설계, 논리 설계, 회로 설계 등으로 나눌 수 있다. 시스템 설계는 전체 시스템을 부분적인 시스템(Sub-system)으로 나누는 작업인데, 가령 디지털 컴퓨터의 시스템 설계 과정은 기억 장치, 연산 장치, 그리고 제어 방법에 대한 규격을 정하는 것이다. 논리 설계(Logic design)는 특정 함수를 구현하기 위해 어떻게 기본 논리 소자들을 연결하는지 결정하는 것이다. 회로 설계(Circuit design)는 논리 게이트(Gate)나 플립-플롭(Flip-flops), 또한 다른 논리 소자들을 구성하기 위해 저항(Resistors), 다이오드(Diodes), 그리고 트랜지스터(Transistors)와 같은 특정 부품들의 내부 결선을 어떻게 하는지 기술하는 것이다. 이 책은 논리 설계와 논리 설계 과정을 이해하는데 필요한 이론들을 설명하고자 한다.

디지털 시스템의 많은 부분 시스템들은 다음 그림 1-1과 같은 스위칭(Switching) 회로(또는 논리 회로)를 구성하는데 적용된다.

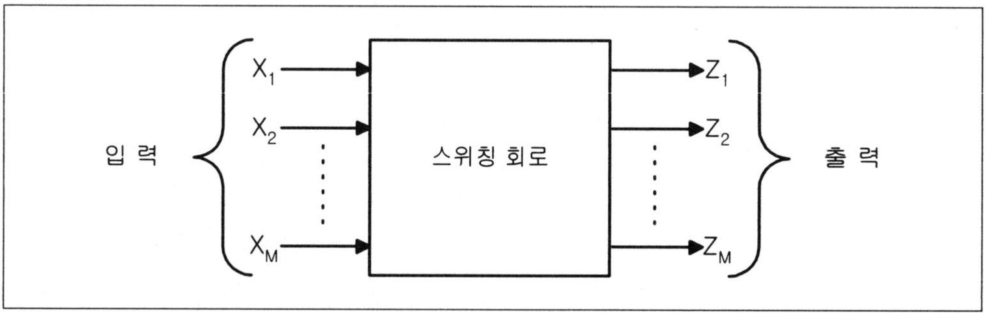

[그림 1-1] 스위칭 회로

일반적으로 논리 회로는 한 개 이상의 입력과 출력으로 구성된다. 이 책에서는 논리 회로의 두 부분이라 할 수 있는 조합 논리 회로(Combinational logic circuits)와 순서 논리 회로(Sequential logic circuits : 순차 논리 회로라고도 함)에 대해 공부하게 된다. 조합 논리 회로에서의 출력은 현재 입력되는 값에 의해 결정이 되므로, 과거 입력 값과는 무관한 상태이다. 그러나 순서 논리 회로의 경우는 현재 입력되고 있는 값과 기억소자에 의해 이미 기억된 과거의 출력 상태(순서 논리 회로에서는 현재 상태라고 정의)에 따라 출력이 결정된다. 따라서 순서 논리 회로의 출력을 얻기 위해서는 입력 값의 순서(시컨스 : Sequence)가 상술되어져야만 한다. 또한 순서 논리 회로는 현재 상태 시컨스에 대한 정보도 기억해야만 하기 때문에 기억 기능을 갖는다고 한다. 반면, 조합 논리 회로는 기억 기능이 없다. 이러한 사정을 생각할 때, 조합 논리 회로가 순서 회로보다 설계하기가 간편하기 때문에 먼저 다루기로 한다.

요 약

- 아날로그(Analog)
  물리적 양이나 신호가 일정 범위 내에서 연속적인 값으로 표현되는 형태
  [연속적 표현, 선형동작(Linear operation)]
- 디지털(Digital)
  물리적 양이나 신호가 이산적인 값으로 표현되는 형태
  [단속적 표현, 비선형동작(Non-linear operation)]

설계자는 회로 입력 신호를 원하는 출력 신호로 변환하기 위해 기본 논리 소자들을 어떻게 연결할 것인지를 결정해야 한다. 입력과 출력 신호 사이의 관계는 부울 대수(Boolean algebra)를 적용하여 수식적으로 설명될 수 있다. 이 책의 2장과 3장에서는 부울 대수의 기본 법칙과 이론들을 소개하고, 이들이 어떻게 논리 회로 동작에 적용되어 작용하는지를 나타낸다.

조합 논리 회로를 설계하기 위한 첫 번째 과정은 입력 변수로부터 주어지는 입력 조합의 형태와 출력 함수의 관계를 설명하는 진리표 작성이나 대수 논리식을 유도하는 것이다. 출력 함수를 논리 소자들을 사용하여 구현할 때, 보다 경제적인 회로로 설계하기 위해서는 논리식을 간략하게 최소화해야 한다. 이러한 간략화(Simplification) 방법 중 대수적인 방법은 3장과 4장에서 설명하고, 또 다른 방법으로 도식적인 간략화 방법은 5장에서 소개된다. 그리고 몇몇 가지의 논리 게이트 종류를 사용하여 간략화 된 논리식의 실행에 대해서는 6장에서 설명하며, IC(Integrated circuits : 집적 회로)를 사용한 설계 방법이 7장에서 다루어진다.

8장에서는 순서 논리 회로 설계에 사용되는 기본 메모리 소자인 플립-플롭에 대해 소개하고, 9장에서는 카운터 설계 방법에 대해 상세하게 설명하고 있다.

디지털 시스템에 적용된 논리 소자들은 보통 두 가지의 독립된 입력 논리 상태와 출력 논리 상태를 갖는 소자로 고려될 수 있다. 논리 소자의 예로는 릴레이(Relay), 다이오드, 트랜지스터, 그리고 마그네틱 코어들이다. 릴레이는 전력이 코일에 공급되거나 그렇지 않은 것에 따라 닫혀졌거나 열려진 두 가지의 상태를 갖는다고 볼 수 있다. 다이오드는 도통 상태와 불통 상태에 있을 수 있다. 또한 트랜지스터는 출력 전압의 고(High), 저(Low)에 따라 차단이나 포화(Cut-off or saturate)상태에 있을 수 있다. 그리고 마그네틱 코어는 어느 한 방향이나 반대 방향으로 자화될 수 있다. 대부분의 논리 소자들의 입력과 출력은 두 가지 상태값만으로 사용하기 때문에, 디지털 시스템에서 내부적으로 2진수를 사용하는 것이 일반적이다. 따라서 논리 회로 설계에 대해 공부하기에 앞서 2진수와 그 연산 방법에 대해 알아보기로 한다.

1-2 수의 표현

우리는 일상생활에서 0에서 9까지의 수 체계(Number systems) 즉, 10을 기수(Radix or base : 밑수라고도 함)로 하는 10진수(Decimal numbers)가 많이 사용되고 있으며, 10진수에 의한 계산법을 10진법이라 한다. 모든 수의 체계가 다 중요하지만 2진수의 체계는 디지털 시스템에서 매우 중요하다. 따라서 디지털 시스템이 신호를 다루고 처리하기에 편리한 수 체계를 도입하여 사용할 필요가 있다. 그러기 위해서는 모든 수의 체계를 2진수의 체계로 변환하여야 한다. 즉, 0과 1만으로 모든 수를 표현하는 2진수 체계(Binary number systems)는 디지털 신호를 표시하고 계산하는데 편리한 특성을 가지고 있다. 디지털 신호는 일반 대수를 이용한 산술 연산과 부울 대수를 이용한 논리 연산 모두 가능하다. 2진수와 10진수 외에 디지털 시스템에서 많이 이용되는 수 체계가 8진수와 16진수 체계이다. 8진수와 16진수 체계는 커다란 크기의 값을 갖는 2진수를 효과적으로 표현하기 위해서 사용된다. 따라서, 컴퓨터에서는 연산 속도를 향상하기 위해 2진수, 8진수, 10, 16진수 등의 체계를 사용하며, 각 진법에서 사용되는 수 체계는 다음 표 1-1과 같다.

일반적으로 모든 진수 체계로 이루어진 데이터들은 수를 표현할 때 위치 표기(Positional notation)를 사용하며, 각 자리는 위치에 따라 해당하는 가중치(Weight)를 갖는다. 10진수(밑수가 10 : 사용하는 숫자의 종류가 0~9까지 10개이라는 의미)로 된 데이터를 표현해 보면, 10진수 데이터의 각 자리는 그 위치에 따라 해당하는 가중치가 10의 지수 값 형태로 곱해진다.

예를 들면,

$$953.78_{10} = 9\times10^2+5\times10^1+3\times10^0+7\times10^{-1}+8\times10^{-2}$$

$$= 900+50+3+\frac{7}{10}+\frac{8}{100} = 953\frac{78}{100} = 953.78_{10}$$

이고, 마찬가지로 2진수의 데이터를 표현할 때는 다음과 같이 각 2진 자릿수에 해당하는 가중치를 2의 지수 값으로 표시하여야 한다.

$$1011.11_2 = 1\times2^3+0\times2^2+1\times2^1+1\times2^0+1\times2^{-1}+1\times2^{-2}$$

$$= 8+0+2+1+\frac{1}{2}+\frac{1}{4} = 11\frac{3}{4} = 11.75_{10}$$

여기에서 소수점이 갖는 의미는 각 자리의 위치에 따른 가중치를 곱해줄 때 지수 값을 양과 음으로 분리하여 표기하는 기준점이 된다.

[표 1-1] 수의 표현

10진수	16진수	8진수	2진수
0	0	0	0
1	1	1	1
2	2	2	10
3	3	3	11
4	4	4	100
5	5	5	101
6	6	6	110
7	7	7	111
8	8	10	1000
9	9	11	1001
10	A	12	1010
11	B	13	1011
12	C	14	1100
13	D	15	1101
14	E	16	1110
15	F	17	1111
16	10	20	10000
17	11	21	10001
18	12	22	10010
19	13	23	10011
20	14	24	10100

밑수가 R인 진수 체계에서 사용하는 숫자의 종류는 0, 1, 2, ⋯ , $R-1$까지가 된다. 예를 들어, $R=8$이면 사용할 수 있는 숫자의 종류들은 0에서부터 7까지이다. 위치 표기에 따라 표현된 데이터는 R의 지수 급수적으로 다음과 같이 전개할 수 있다.

$$\begin{aligned} N &= (a_4 a_3 a_2 a_1 a_0 \cdot a_{-1} a_{-2} a_{-3})_R \\ &= a_4 \times R^4 + a_3 \times R^3 + a_2 \times R^2 + a_1 \times R^1 + a_0 \times R^0 \\ &\quad + a_{-1} \times R^{-1} + a_{-2} \times R^{-2} + a_{-3} \times R^{-3} \end{aligned} \tag{1-1}$$

여기서 a_i는 R^i의 계수이고, a_i는 $0 \leqq a_i \leqq R-1$의 범위를 갖는다. 지수 급수 전개로 나타낸 식에서 밑수 R가 8로 수행되면, 그 결과는 8진수의 데이터 N이 된다. 예를 들면 다음과 같다.

$$\begin{aligned} 147.3_8 &= 1 \times 8^2 + 4 \times 8^1 + 7 \times 8^0 + 3 \times 8^{-1} = 64 + 32 + 7 + \frac{3}{8} \\ &= 103.375_{10} \end{aligned}$$

밑수 R가 10 이상인 경우의 수 체계에서 사용하는 숫자의 종류는 10개 이상 필요하게 된다. 예를 들어, 16진수(Hexa-decimal : R이 16)에서 10_{10}은 A, 11_{10}은 B, 12_{10}는 C, 13_{10}은 D, 14_{10}는 E, 그리고 15_{10}는 F로 표기한다. 따라서,

$$\begin{aligned} A2F_{16} &= 10 \times 16^2 + 2 \times 16^1 + 15 \times 16^0 = 2560 + 32 + 15 \\ &= 2607_{10} \end{aligned}$$

이 된다.

1-3 진법의 변환

인간과 디지털 시스템에서 사용하고 있는 각각의 대표적인 수 체계에서 서로 정보교환을 하기 위한 기본적인 방법은 두 진수 체계 사이의 진법 변환으로 해결될 수 있다. 그러므로, 10진수와 2진수의 상호 변환은 디지털 시스템을 설계하거나 해석하는데 자주 접하게 되며, 쉽게 변환할 수 있도록 익숙해져야 한다.

다음은 어떤 진수의 정수 값 N을 밑수가 R인 또 다른 진수로 변환할 경우의 과정을 설명한다.

$$N = (a_n a_{n-1} \ldots\ldots a_2 a_1 a_0)_R$$
$$= a_n R^n + a_{n-1} R^{n-1} +, \ldots\ldots, + a_2 R^2 + a_1 R^1 + a_0 \qquad (1\text{–}2)$$

정수 N을 R로 나누면 다음 식과 같이 몫은 Q_1이 되고, 그 나머지는 a_0이 된다.

$$\frac{N}{R} = a_n R^{n-1} + a_{n-1} R^{n-2} +, \ldots\ldots, + a_2 R^1 + a_1 = Q_1 \ldots a_0 \qquad (1\text{–}3)$$

그리고 첫 번째 나누기에서 구해진 몫 Q_1을 다시 R로 또 나누면 다음 식과 같이 된다. 즉, 두 번째 몫은 Q_2가 되고, 두 번째 나머지는 a_1이 된다.

$$\frac{Q_1}{R} = a_n R^{n-2} + a_{n-1} R^{n-3} +, \ldots\ldots, + a_3 R^1 + a_2 = Q_2 \ldots a_1 \qquad (1\text{–}4)$$

다음에 두 번째 나누기에서 구해진 몫 Q_2를 다시 R로 나누면 다음 식과 같다. 즉, 세 번째 몫은 Q_3가 되고, 세 번째 나머지는 a_2가 된다.

$$\frac{Q_2}{R} = a_n R^{n-3} + a_{n-1} R^{n-4} +, \ldots\ldots, + a_4 R^1 + a_3 = Q_3 \ldots a_2 \qquad (1\text{–}5)$$

이러한 과정은 최종적인 계수를 구할 때까지 반복 수행된다. 각각의 나누기 과정에서 발생된 나머지들은 구하려고 하는 R진수의 위치 표기에 따른 각 자릿수 값이 된다. 이때 제일 먼저 발생되었던 나머지 a_0가 R진수로 표현된 데이터에서 최하위 비트(LSB : Least significant bits) 또는 최하위 자리(LSD : Least significant digits)가 된다.

한편 다음은 어떤 진수의 소수점 이하의 값 F를 밑수가 R인 또 다른 진수로 변환하는 과정을 설명한다. 이 과정에서 R진수의 데이터를 얻기 위해서는 F를 R로 계속 곱하여 수행한다.

$$F = (\cdot a_{-1} a_{-2} a_{-3} \ldots\ldots a_{-m})_R$$
$$= a_{-1} R^{-1} + a_{-2} R^{-2} + a_{-3} R^{-3} + , \ldots\ldots, + a_{-m} R^{-m} \qquad (1\text{–}6)$$

데이터 F를 R로 곱하면 다음 식 (1-7)과 같이 된다.

$$
\begin{aligned}
FR &= a_{-1} + a_{-2}R^{-1} + a_{-3}R^{-2} + ,\ldots\ldots, + a_{-m}R^{-m+1} \\
&= a_{-1} + F_1
\end{aligned}
\tag{1-7}
$$

여기서 F_1은 첫 번째 곱셈을 수행하였을 때 얻어진 데이터 중 소수점 이하에 해당되는 값이고, a_{-1}은 정수 부분에 해당하는 값이다.

그리고 첫 번째 곱셈에서 구해진 소수점 이하의 값 F_1에 R을 다시 곱하면 다음 식 (1-8)과 같이 된다.

$$F_1R = a_{-2} + a_{-3}R^{-1} + ,\ldots\ldots, + a_{-m}R^{-m+2} = a_{-2} + F_2 \tag{1-8}$$

여기서 F_2는 두 번째 곱셈에서 얻어진 데이터 중 소수점 이하에 해당하는 값이고, a_{-2}는 정수 부분에 해당하는 값이 된다.

이어서 두 번째 곱셈에서 구해진 소수점 이하의 값 F_2에 R을 다시 곱하면,

$$F_2R = a_{-3} + ,\ldots\ldots, + a_{-m}R^{-m+3} = a_{-3} + F_3 \tag{1-9}$$

와 같이 된다. 여기서 F_3는 세 번째 곱셈에서 얻어진 데이터 중 소수점 이하에 해당하는 값이고, a_{-3}는 정수 부분에 해당하는 값이 된다. 이러한 과정은 곱셈을 수행하여 얻어진 데이터 중 소수점 이하에 해당하는 값이 0으로 될 때까지 반복 수행된다. 그리고 각각의 곱셈 과정에서 발생되었던 정수 부분에 해당하는 값들은 변환하고자 하였던 R진수의 위치 표기에 따른 각 자리값이 된다. 이때 제일 먼저 구해진 정수 부분 a_{-1}은 R진수로 표현된 소수점 이하 값 중에서 최상위 비트(MSB : Most significant bits) 또는 최상위 자리(MSD : Most significant digits)가 된다.

• 10진수(Decimal numbers)의 변환

10진 정수 데이터 N을 R진수 체계로 변환하는 과정은 주어진 값 N을 R로 나누어 나가면 된다. 이때 나눗셈의 진행은 최종적인 몫이 나누는 수 R보다 작은 수가 나올 때까지 반복 수행한다. 최종적인 해를 구하였을 때 각각의 나눗셈 과정에서 발생되었던 나머지 값들이 R진수의 데이터가 된다.

다음 예는 10진수를 2진수로 변환하는 경우이다.

예제 1-1

10진수 25_{10}를 2진수로 변환하시오.

[풀이]

```
2| 25  ···  1 ↑   [a0]
2| 12  ···  0 |   [a1]
2|  6  ···  0 |   [a2]
2|  3  ···  1 |   [a3]
    1 ────────┘
```

즉, $25_{10} = 11001_2$이다.

예제 1-2

10진수 95_{10}를 8진수로 변환하시오.

[풀이]

```
8| 95  ···  7 ↑
8| 11  ···  3 |
    1 ────────┘
```

따라서, $95_{10} = 137_8$이다.

예제 1-3

10진수 78_{10}를 16진수로 변환하시오.

[풀이]

```
16| 78  ···  E ↑
     4 ────────┘
```

즉, $25_{10} = 11001_2$이다.

다음은 소수점을 포함한 10진수를 R진수로 변환하는 과정을 설명한다. 이러한 경우는 정수 부분과 소수점 이하의 부분으로 분리하여 변환을 수행한다.

예제 1-4

10진수 53.625_{10}를 2진수로 변환하시오.

[풀이]

```
2| 53  ···  1 ↑   [a0]                   .625
2| 26  ···  0 |   [a1]                 X    2
2| 13  ···  1 |   [a2]        [a-1]   (1)  .250
2|  6  ···  0 |   [a3]                 X    2
2|  3  ···  1 |   [a4]        [a-2]   (0)  .500
    1 ────────┘                        X    2
                              [a-3]   (1)  .000
```

따라서, $53.625_{10} = 110101.101_2$가 된다.

예제 1-5

10진수 31.3125_{10}를 8진수로 변환하시오.

[풀이]

$$
\begin{array}{r|l}
8 & 31 \quad \cdots \quad 7 \uparrow \\
\hline
 & 3
\end{array}
\qquad
\begin{array}{lrr}
 & & .3125 \\
 & \times & 8 \\
\hline
[a_{-1}] & (2) & .5000 \\
 & \times & 8 \\
\hline
[a_{-2}] & (4) & .0000
\end{array}
$$

따라서, $31.3125_{10} = 37.24_8$가 된다.

예제 1-6

10진수 345.3828125_{10}를 16진수로 변환하시오.

[풀이]

$$
\begin{array}{r|l}
16 & 345 \quad \cdots \quad 9 \uparrow \\
\hline
16 & 21 \quad \cdots \quad 5 \\
\hline
 & 1
\end{array}
\qquad
\begin{array}{lrr}
 & & .3828125 \\
 & \times & 16 \\
\hline
[a_{-1}] & (6) & .1250000 \\
 & \times & 16 \\
\hline
[a_{-2}] & (2) & .0000000
\end{array}
$$

따라서, $345.3828125_{10} = 159.62_{16} = 159.62H$가 된다.

• 2진수(Binary numbers)의 변환

2진 정수 데이터 N을 10진수로 변환하는 과정은 아주 간단하여 쉽게 구할 수 있다. 즉 주어진 값 N에 상대적인 위치에 따라 가중치를 적용하여 합산하면 된다.

다음은 2진수를 10진수로 변환하는 경우의 예이다.

예제 1-7

2진수 111001_2를 10진수로 변환하시오.

[풀이] $111001_2 = 1 \times 2^5 + 1 \times 2^4 + 1 \times 2^3 + 0 \times 2^2 + 0 \times 2^1 + 1 \times 2^0$

$= 32 + 16 + 8 + 0 + 0 + 1 = 57_{10}$

2진수에서 위치에 따른 가중치는 다음 표 1-2와 같다.

[표 1-2] 2진수의 가중치 표현

양의 가중치	10진 표현	단위계	음의 가중치	분수 표현	소수점 표현
2^0	1				
2^1	2		2^{-1}	1/2	0.5
2^2	4		2^{-2}	1/4	0.25
2^3	8		2^{-3}	1/8	0.125
2^4	16		2^{-4}	1/16	0.0625
2^5	32		2^{-5}	1/32	0.03125
2^6	64		2^{-6}	1/64	0.015625
2^7	128		2^{-7}	1/128	0.0078125
2^8	256		·	·	·
2^9	512		·	·	·
2^{10}	1,024	1K	·	·	·
2^{11}	2,048	2K			
2^{12}	4,096	4K			
2^{13}	8,192	8K			
2^{14}	16,384	16K			
2^{15}	32,768	32K			
2^{16}	65,536	64K			
2^{17}	131,072	128K			
2^{18}	262,144	256K			
2^{19}	524,288	512K			
2^{20}	1,048,576	1,024K=1M			
2^{21}	2,097,152	2,048K=2M			
2^{22}	4,194,304	4,096K=4M			

또한 소수점을 포함하는 2진수를 10진수로 변환하는 예는 다음과 같다.

예제 1-8

2진수 11011.011_2를 10진수로 변환하시오.

[풀이]

$$11011.011_2 = 1\times2^4+1\times2^3+0\times2^2+1\times2^1+1\times2^0+0\times2^{-1}+1\times2^{-2}+1\times2^{-3}$$

$$=16+8+0+2+1+0+\frac{1}{4}+\frac{1}{8}=27+\frac{3}{8}$$

$$=27.375_{10}$$

다음은 2진수를 8진수로 변환하는 과정을 설명한다. 이 과정은 2진수 데이터 N이 있을 때 정수 부분은 LSB 방향 쪽에서부터 MSB 방향 쪽으로 3개씩 묶고, 소수점 이하 부분은 소수점을 기준으로 하여 MSB 방향 쪽에서부터 LSB 방향 쪽으로 3개씩 묶어 구분한 후, 8진수로 변환하면 된다. 변환 과정은 아주 간단하여 쉽게 변환할 수 있다.

다음과 같은 예를 들어 설명할 수 있다.

예제 1-9

2진수 10111110.0011_2를 8진수로 변환하시오.

[풀이] $10111110.0011 = \underset{2}{010}\ \underset{7}{111}\ \underset{6}{110}\ \underset{.}{.}\underset{1}{001}\ \underset{4}{100} = 276.14_8$

또한 2진수를 16진수로 변환하는 과정도 8진수로 변환하는 과정과 같은 방법으로 수행한다. 단지 4개씩 묶어 구분한 후, 16진수로 변환한다는 것만이 틀릴 뿐이다.

예를 들어보면 다음과 같다.

예제 1-10

2진수 10110100110.0011_2를 16진수로 변환하시오.

[풀이] $10110100110.0011 = \underset{5}{0101}\ \underset{A}{1010}\ \underset{6}{0110}\ \underset{.}{.}\underset{3}{0011} = 5A6.3_{16}$

- **8진수(Octal numbers)의 변환**

8진수의 체계에서는 밑수 R이 8이므로 사용 가능한 숫자의 종류가 8개라는 의미가 된다. 즉 0, 1, 2, 3, …, 6, 7까지의 숫자를 사용할 수 있다. 8진 데이터 N을 10진수로 변환하는 과정은 주어진 값 N에 상대적인 위치에 따라 가중치를 적용하여 합산하면 된다.

다음은 8진수를 10진수로 변환하는 경우의 예이다.

예제 1-11

8진수 123.45_8를 10진수로 변환하시오.

[풀이]
$$\begin{aligned}123.45_8 &= 1\times8^2+2\times8^1+3\times8^0+4\times8^{-1}+5\times8^{-2}\\ &=64+16+3+\frac{4}{8}+\frac{5}{64}=83+\frac{37}{64}\\ &=83.578125_{10}\end{aligned}$$

다음은 8진수를 2진수로 변환하는 예이다. 이것은 다른 진수간의 변환보다 훨씬 간단하며 쉽게 수행할 수 있다. 8진수의 숫자 한 개를 2진수 3 자리로 변환만 하면 된다. 예를 들어 설명해보자.

예제 1-12

8진수 567.23_8를 2진수로 변환하시오.

[풀이] $567.23_8 = 5 \quad 6 \quad 7 \;.\; 2 \quad 3$

$= 101 \quad 110 \quad 111 \;.\; 010 \quad 011$

$= 101110111.010011_2$

• **16진수(Hexa-decimal numbers)의 변환**

앞에서 잠시 설명했지만 16진수의 체계에서는 밑수 R이 16이므로 사용 가능한 숫자의 종류가 16개라는 의미가 된다. 즉 0, 1, 2, 3, …, 8, 9까지의 숫자와 A, B, C, D, E, F의 문자를 사용한다. 16진수에서 사용하는 기호 중 A부터 F까지는 10진수의 10에서부터 15까지에 해당하는 값을 가진다. 16진 데이터 N을 10진수로 변환하는 과정은 주어진 값 N에 상대적인 위치에 따라 가중치를 적용하여 합산하면 된다.

다음은 16진수를 10진수로 변환하는 경우의 예이다.

예제 1-13

16진수 $3A9.2C_{16}$를 10진수로 변환하시오.

[풀이] $3A9.2C_{16} = 3\times16^2 + A\times16^1 + 9\times16^0 + 2\times16^{-1} + C\times16^{-2}$

$= 3\times16^2 + 10\times16^1 + 9\times16^0 + 2\times16^{-1} + 12\times16^{-2}$

$= 768 + 160 + 9 + \frac{2}{16} + \frac{12}{256} = 937 + \frac{44}{256}$

$= 937.171875_{10}$

한편 16진수를 2진수로 변환하는 경우는 8진수의 경우와 아주 유사한 방법으로 수행된다. 16진수 숫자 한 개를 2진수 4 자리로 변환하면 된다. 그럼 다음과 같은 예를 들어 설명해보자.

예제 1-14

16진수 $9BF.4E_{16}$를 2진수로 변환하시오.

[풀이] $9BF.4E_{16} = 9 \quad B \quad F \;.\; 4 \quad E$

$= 1001 \quad 1011 \quad 1111 \;.\; 0100 \quad 1110$

$= 100110111111.01001110_2$

어떤 진수의 데이터 N을 밑수가 R인 진수로 변환할 경우, 상호 직접적인 변환이 곤란한 경우도 발생될 수 있다. 이럴 때는 다소 우회적인 방법으로 10진수로 변환했다가 다시 R진수로 변환하는 방법이 있고, 또 다른 방법으로는 2진수를 중간 매개체로 하여 해결하는 방법이 있다. 다음은 이와 같은 애매한 경우를 예를 들어 설명한다.

예제 1-15

16진수 $A7_{16}$를 8진수로 변환하시오.

[풀이] $A7_{16} = A \quad 7$

$= 1010 \quad 0111 = 10100111_2$

$= 010 \quad 100 \quad 111$

$= 2 \quad 4 \quad 7 = 247_8$

과 같이 된다.

1-4 2진 연산(Binary arithmetic)

디지털 시스템에서 연산 회로를 설계할 때, 2진 연산을 수행하는 논리 회로의 설계가 10진 연산에 비해 훨씬 간편하다. 2진 연산은 10진 연산과 동일한 방법으로 수행하지만, 오히려 더욱 간단하게 할 수 있다. 특히 2진 덧셈과 곱셈 연산은 10진 연산에 비해 아주 간단하다.

제4장 가산기 설계에서 다시 한번 자세히 다루어지겠지만, 2진 덧셈 연산의 형태는 다음 4가지 경우 중 하나가 된다.

0 + 0 = 0
0 + 1 = 1
1 + 0 = 1
1 + 1 = 0 그리고 자리올림수 발생(C = 1)

하드웨어(Hardware)적으로 피가수와 가수, 그리고 아래 자리에서 발생되어 올라오는 자리올림수(Carry) 등 3개의 데이터를 동시에 2진 덧셈으로 처리하기 위해서는 전가산기가 필요하다. 또한 데이터가 2비트 이상인 경우의 연산을 위해서는 전가산기를 2개 이상 연결하여 만든 병렬 가산기가 필요하게 된다.

예제 1-16

10진수 13_{10}과 11_{10}를 2진수로 덧셈하시오.

[풀이]

$$
\begin{array}{lrl}
 & 1111 & \leftarrow \text{자리 올림수} \\
13_{10} \rightarrow & 1101 & \leftarrow \text{피가수} \\
11_{10} \rightarrow & +\ 1011 & \leftarrow \text{가수} \\
\hline
 & 11000 & = 24_{10}
\end{array}
$$

한편, 2진 뺄셈 연산의 형태는 다음 4가지 경우 중 하나가 된다.

0 − 0 = 0
0 − 1 = 1 그리고 한자리 위에서 빌려오는 자리내림수 발생
1 − 0 = 1 (Borrow : B = 1)
1 − 1 = 0

예제 1-17

다음 2진수들의 뺄셈을 수행하시오.

[풀이]

$$
\begin{array}{rrr}
\text{(a)} & \text{(b)} & \text{(c)} \\
11101 & 10000 & 111001 \\
-\ 10011 & -\quad 11 & -\ 1011 \\
\hline
1010 & 1101 & 101110
\end{array}
$$

두 번째 예 (b)에서 피감수의 자리내림이 하위 자리로 어떻게 전달되는지 주목하기 바란다. 가끔 2진수 뺄셈을 자리내림 과정에서 혼동을 가져올 수 있는데, 아마 10진수 뺄셈에 너무 익숙해져서 잠시 착각에서 오는 현상이라고 생각한다. 10진 연산에서는 상위 자리에서 빌려오는 자리내림수 1은 하위 자리로 내려오면 10의 지수 형태 즉, $10^1 = 10_{10}$이 된다. 그러나 2진 연산에서는 상위 자리에서 빌려오는 자리내림수 1은 하위 자리로 내려오면 2의 지수 형태 즉, $2^1 = 2(10_2)$ 인 것이 착각의 요인으로 등장한다.

2진 뺄셈 연산을 분석하기에 앞서 먼저 10진 뺄셈 연산에 대한 자리내림 과정을 확인해 보자. 피감수의 자리내림이 필요한 경우 상위 쪽 자리 n에서 1을 빼내, $n-1$ 자리에 10을 더해 준다. $1 \times 10^n = 10 \times 10^{n-1}$이기 때문에, 10진수의 값은 바꾸지 않으면서 뺄셈을 처리할 수 있게 된다. 예를 들어, 다음 10진수의 뺄셈 문제를 풀어보자.

```
column 3   column 2
      ↘  ↙
       2 0 5      피감수
     -   1 8      감수
     ───────
       1 8 7
```

이 예에서 피감수의 자리내림 과정은 우선 두 번째 자리에서 자리내림 1을 하고 나서 세 번째 자리에서 다시 자리내림 1을 하는데, 그 자세한 내용은 다음과 같다.

$$
\begin{aligned}
205-18 &= [2\times 10^2+0\times 10^1+5\times 10^0] \\
&\quad -[\qquad\qquad 1\times 10^1+8\times 10^0] \\
&\qquad\qquad \text{2번째 자리로부터 자리내림} \\
&= [2\times 10^2+(0-1)\times 10^1+(10+5)\times 10^0] \\
&\quad -[\qquad\qquad 1\times 10^1+\quad 8\times 10^0] \\
&\qquad\qquad \text{3번째 자리로부터 자리내림} \\
&= [(2-1)\times 10^2+(10+0-1)\times 10^1+15\times 10^0] \\
&\quad -[\qquad\qquad\qquad 1\times 10^1+8\times 10^0] \\
&= [\quad 1\times 10^2+\qquad 8\times 10^1+\ 7\times 10^0]
\end{aligned}
$$

2진수의 뺄셈에 대한 자리내림 과정은 10의 지수 대신에 2의 지수를 다룬 것 외에는 10진수의 방법과 다를 것이 없다. 그러므로 2진 연산의 경우, n 번째 자리에서 자리내림 과정은 n 번째 자리에서 1을 빼서, $n-1$ 번째 자리에다 1을 2개 더하는 것과 같다. 2진수의 값은 $1\times 2^n = 2\times 2^{n-1}$이기 때문에 변하지 않는다.

예제 1-17 (c)에 대한 분석은 다음과 같다.

① 첫 번째 열 LSB끼리의 뺄셈$(1_2-1_2)=0_2$은 무리 없이 수행된다. 그러나 두 번째 열의 뺄셈을 하기 위해서는 먼저 피감수의 세 번째 자리에서 자리내림을 해야 한다.

② 세 번째 자리에서 자리내림 1을 하면 두 번째 자리에서는 1이 $2(10_2)$개가 되어, 두 번째 열의 뺄셈 결과는 $(10_2-1_2)=1_2$이 된다.

③ 피감수의 세 번째 자리에서 자리내림을 하기 위해서는 네 번째 자리에서 자리내림 1을 해야 한다. 그러면 세 번째 자리에서는 1이 $2(10_2)$개가 된다. 그러나 바로 전 단계에서 두 번째 자리로 자리내림 1을 했기 때문에 세 번째 자리에 남아 있는 수는 1_2이고, 세 번째 열의 뺄셈 결과는 $(1_2-0_2)=1_2$이 된다.

④ 피감수의 네 번째 자리는 아래 자리로 자리내림을 했기 때문에 0_2이 된 상태이다. 따라서 네 번째 열의 뺄셈을 위해서는 다섯 번째 자리로부터의 자리내림이 필요하다. 다섯 번째 자리에서 자리내림 1을 하면 네 번째 자리에서는 1이 2 (10_2)개가 되어, 네 번째 열의 뺄셈 결과는$(10_2 - 1_2) = 1_2$이 된다.

⑤ 이제 남은 다섯 번째와 여섯 번째 열의 뺄셈은 문제가 없다.

그리고, 2진 곱셈 연산의 형태는 10진 곱셈 연산에 비해 너무 간단하며, 다음과 같이 된다.

$$
\begin{aligned}
0 \times 0 &= 0 \\
0 \times 1 &= 0 \\
1 \times 0 &= 0 \\
1 \times 1 &= 1
\end{aligned}
$$

다음의 예제는 2진수에서 곱셈하는 방법을 예시한다.

예제 1-18

다음 2진수들의 곱셈을 수행하시오.

[풀이]

$$
\begin{array}{r}
1101 \\
\times\ 1011 \\
\hline
1101 \\
1101 \\
0000 \\
1101 \\
\hline
10001111 = 143_{10}
\end{array}
\qquad
\begin{array}{rl}
13 & \leftarrow \text{피승수} \\
\times\ 11 & \leftarrow \text{승수} \\
\hline
13 & \\
13 & \\
\hline
143_{10} &
\end{array}
$$

이 예에서 승수의 비트가 1이면 피승수의 값을 한 번 적어주면 되고, 승수의 비트가 0이면 "0 0 0 0"을 적어주던지 한 자리 쉬프트하고 난 후, 다음 곱셈을 계속하여 수행하면 된다.

모든 디지털 시스템에서나 컴퓨터의 연산 장치에서 데이터를 처리할 때는 한 번에 두 개의 2진수 데이터만을 처리할 수 있기 때문에, 두 개 이상의 데이터가 더해질 경우의 연산은 먼저 처음 두 개의 데이터가 더해진다. 그리고 그 합이 세 번째 데이터와 더해지는 형태의 누적 가산(누산) 방법으로 처리한다.

마지막으로 2진수에서 나눗셈은 어떻게 수행하는지 알아보자.

예제 1-19

다음 2진수들의 나눗셈을 수행하시오.

[풀이] $45_{10} \div 6_{10} = 7.5_{10}$ $101101_2 \div 110_2 = 111.1_2$

```
       111  .1
110 |101101
      110
     ------
      1010
       110
     ------
       1001
        110
     ------
        011
         11  0
     ------
             0
```

요 약

[데이터 표현의 단위]

- Bit : 2진 숫자 0이나 1, 둘 중 어느 한 자리를 의미한다.
  (Binary + Digit의 합성어 : 정보의 최소 단위로 정의)
- Nibble : 4비트를 단위로 한다(1Nibble = 4비트)
- Byte : 8비트를 단위로 한다(1Byte = 8비트)
- Word : 장치에서 한 번에 처리하는 데이터의 단위
  즉, 4, 8, 16, 32, 64 등의 비트를 1Word 단위로 한다.

1-5 음수(Negative numbers)의 표현

일반적으로 음(-)의 수를 2진수로 표현하는 방법에는 여러 가지 방법이 있다. 지금부터 대표적인 몇 가지 표현 방법을 소개하겠다. 대부분의 컴퓨터들은 처리하는 워드 단위의 데이터에서 첫 번째 비트를 부호 비트로 사용한다. 즉 양의 부호 "+"에 대해서는 "0"을 음의 부호 "−"에 대해서는 "1"을 부호 비트로 할당한다. 만약 처리되는 데이터가 n 비트인 경우 첫 번째 비트는 부호 비트로, 그리고 나머지 $n-1$ 비트들이 수의 크기를 표현하는 부분으로 나타내어진다. 그러므로 n 비트 워드는 2^{n-1} 개의 양의 정수 중에 하나이거나 또는 2^{n-1} 개의 음의 정수 중에 하나를 나타낸다. 표 1-3은 $n=4$인 경우에 대한 2진수를 표현하였다. 부호 및 크기(절대값) 표현 방법에서 "1000"은 "− 0"임을 나타낸다.

[표 1-3] $n=4$인 경우 부호화된 2진 정수 표현

양의 정수		음의 정수			
+ N	2진 표현	− N	부호와 크기	2의 보수 N^*	1의 보수 $\overline{N}$
+ 0	0 0 0 0	− 0	1 0 0 0	×	1 1 1 1
+ 1	0 0 0 1	− 1	1 0 0 1	1 1 1 1	1 1 1 0
+ 2	0 0 1 0	− 2	1 0 1 0	1 1 1 0	1 1 0 1
+ 3	0 0 1 1	− 3	1 0 1 1	1 1 0 1	1 1 0 0
+ 4	0 1 0 0	− 4	1 1 0 0	1 1 0 0	1 0 1 1
+ 5	0 1 0 1	− 5	1 1 0 1	1 0 1 1	1 0 1 0
+ 6	0 1 1 0	− 6	1 1 1 0	1 0 1 0	1 0 0 1
+ 7	0 1 1 1	− 7	1 1 1 1	1 0 0 1	1 0 0 0
		− 8	×	1 0 0 0	×

부호 및 크기로 표현된 2진수의 뺄셈 연산을 하기 위한 논리 회로의 설계는 쉽지가 않다. 따라서 산술 연산 장치를 설계할 때, 뺄셈 연산을 위한 논리 회로 설계에는 통상 1의 보수와 2의 보수 체계가 사용된다. 2의 보수 체계에서도 양(+)의 정수 N을 표현할 때는 부호 및 크기 표현 방법과 같이 부호 비트 "0"과 크기로 표현한다. 그러나 음의 정수 $-N$은 2의 보수 N^*에 의해 표현된다. 만일 워드가 n 비트이라면, 양의 정수 N에 대한 2의 보수는 다음 식 (1-10)과 같이 정의된다.

$$N^* = 2^n - N \tag{1-10}$$

$n=4$인 경우 $-N$은 표 1-3에서와 같이 $16-N$으로 표현된다. 예를 들어 -3은 $16-3=13=1101_2$로 표현된다. 따라서 부호 및 크기 표현에서와 같이, 모든 음수의 2의 보수들은 부호 비트에 해당하는 MSB 위치에 " − " 부호인 "1"을 갖는다.

1의 보수 체계에서 음의 정수 $-N$은 1의 보수 $\overline{N}$로 표현한다. 양의 정수 N에 대한 1의 보수 $\overline{N}$는 n 비트인 워드에 대하여, 다음 식 (1-11)과 같이 정의된다.

$$\overline{N} = (2^n - 1) - N \tag{1-11}$$

$n=4$인 경우 $\overline{N}$는 표 1-3에서와 같이 $15-N$으로 표현된다. 1의 보수 표현 방법에서 "1111"은 음의 정수 "− 0"을 나타내며, 워드가 $n=4$인 1의 보수 체계에서는 음의 정수 "− 8"을 표현할 수가 없다. 1의 보수를 만드는 또 다른 방법은 2진수로 표현된 양의 정수 N에 대해 "0"은 "1"로, 그리고 "1" 은 "0"으로 치환하여 만드는 방법이 있다. 예를 들어, $n=6$이고 $N=010101$인 경우 2^{n-1}은 모든 비트가 "1"이 되며, 양의 정수 N을 빼면 1의 보수 $\overline{N}$을 얻을 수 있다.

$$
\begin{array}{rr}
 & (2^n-1 = 111111) \\
- & (N = 010101) \\
\hline
 & \overline{N} = 101010
\end{array}
$$

식 (1−10)과 (1−11)로부터 다음과 같은 식 (1−12)를 유도할 수 있다.

$$N^* = 2^n - N = (2^n - 1 - N) + 1 = \overline{N} + 1 \qquad (1-12)$$

따라서, 2의 보수는 1의 보수를 구한 후, 1을 더해서도 얻을 수 있다. 일반적으로 가장 많이 사용하는 2의 보수를 구하는 방법으로는 2진수로 표현된 양의 정수 N의 LSB에서부터 시작하여 MSB 쪽으로 처음 등장하는 "1"이 나올 때까지는 그대로 적어주고, 나머지 좌측에 있는 비트들은 반전시켜주면 아주 쉽게 구할 수 있다.

예를 들면, 다음과 같다.

$$N = 0\ 1\ 0\ 1$$

$$N^* = 1\ 0\ 1\ 1$$

예제 1-20

2진수로 표현된 양의 정수들에 대한 1의 보수를 구하라.
$n = 4$인 경우
(a) $0\ 1\ 1\ 0 = +6$ (b) $0\ 1\ 1\ 1 = +7$

[풀이]

(a)
$0\ 1\ 1\ 0\,(+6)$
↓
$1\ 0\ 0\ 1\,(-6)$

(b)
$0\ 1\ 1\ 1\,(+7)$
↓
$1\ 0\ 0\ 0\,(-7)$

예제 1-21

2진수로 표현된 양의 정수들에 대한 2의 보수를 구하라.
$n = 4$인 경우
(a) $0\ 1\ 1\ 0 = +6$ (b) $0\ 1\ 1\ 1 = +7$

[풀이]

(a)
$0\ 1\ 1\ 0\,(+6)$
↓
$1\ 0\ 1\ 0\,(-6)$

(b)
$0\ 1\ 1\ 1\,(+7)$
↓
$1\ 0\ 0\ 1\,(-7)$

한편, 음의 수를 표현하는 1의 보수와 2의 보수 체계에 대한 개념은 다른 밑수 R을 갖는 수 체계에도 확장 적용할 수가 있다. 일반적으로 밑수가 R이고 워드가 n자리인 경우 양의 정수 N에 대한 R의 보수 N^R는 다음 식 (1-13)과 같이 정의한다.

$$N^R = R^n - N \quad (1\text{-}13)$$

그리고 $(R-1)$의 보수 $\overline{N^R}$는 다음 식 (1-14)와 같이 정의한다.

$$\overline{N^R} = (R^n - 1) - N \quad (1\text{-}14)$$

다음 표 1-4에는 밑수가 R인 보수 체계들을 나타내었다.

[표 1-4] 밑수가 R인 경우 보수 체계

Radix R	Decimal	Octal	Binary
R의 보수	10의 보수	8의 보수	2의 보수
$R-1$의 보수	9의 보수	7의 보수	1의 보수

10진수에서의 R(10)의 보수와 $R-1$(9)의 보수에 대해 예를 들어 설명해보자.

예제 1-22

주어진 수에 대한 9의 보수를 구하라.

[풀이] 자릿수 n에 따라 더해서 9, 99, 999 등이 되는 수를 구한다.

(a) $n=1$일 경우, 7 ············→ 2
5 ············→ 4
(b) $n=2$일 경우, 07 ············→ 92
05 ············→ 94
(c) $n=3$일 경우, 007 ············→ 992
005 ············→ 994

예제 1-23

주어진 수에 대한 10의 보수를 구하라.

[풀이] 자릿수 n에 따라 더해서 10, 100, 1000 등이 되는 수를 구한다.

(a) $n=1$일 경우, 7 ············→ 3
5 ············→ 5
(b) $n=2$일 경우, 07 ············→ 93
05 ············→ 95
(c) $n=3$일 경우, 007 ············→ 993
005 ············→ 995

1-6 보수(Complement) 연산

앞서 공부하였던 2진수의 뺄셈 연산은 감수의 보수를 구해 덧셈 방법으로 처리할 수도 있다. 따라서 컴퓨터의 연산 장치는 2의 보수를 만들어줄 수 있는 보수기와 병렬 가산기만을 설계하여도 덧셈과 뺄셈, 곱셈과 나눗셈까지도 처리할 수 있다. 여기서 굳이 2의 보수기를 요구하는 것은 1의 보수 방법으로 연산을 하였을 경우 음의 영 "-0"이 발생될 수 있기 때문이다.

• 2의 보수(2's complement) 가산

일반적으로 2진수의 보수 가산을 할 때, 연산을 하기에 앞서 우선적으로 피감수와 감수의 자릿수가 같도록 조정해야 한다. 그리고 연산의 결과 MSB에서 발생되는 최종 자리올림수는 무시한다. 다음의 예를 들어 설명해 보기로 하자.

예제 1-24

주어진 수에 대한 2의 보수 가산 방법으로 연산하시오.

[풀이] (a) $n=3$인 부호 없는 두 수의 2의 보수 가산

```
    (7)          111      (5)= 101에 대한 2의 보수
 -  (5)      +   011  ←──┘
 -------     ---------
     2       [1] 010  ←── 이때 발생된 자리 올림수 [1] 무시
```

(b) $n=4$인 부호 없는 두 수의 2의 보수 가산(피감수와 감수 사이의 자릿수 조정 필요)

```
   (12)         1100      (5)= 0101에 대한 2의 보수
 -  (5)      +  1011  ←──┘
 -------     ---------
     7      [1] 0111  ←── 이때 발생된 자리 올림수 [1] 무시
```

(c) $n=4$인 부호 있는 두 수의 2의 보수 가산

```
   (+7)        0111          0111
 - (+5)      - 0101   ⇨   +  1011
 -------     -------      ---------
     2         0010       [1] 0010  ←── 이때 발생된 자리 올림수 [1] 무시
```

(d) $n=4$인 부호 있는 두 수의 2의 보수 가산

```
   (+6)         0110          0110
 - (+7)       - 0111   ⇨   +  1001
 -------     --------      ---------
    -1      <1> 1111       [0] 1111
```

여기서 직접 뺄셈의 경우 결과가 음(-)수이기 때문에 자리내림수 ⟨1⟩이 발생, 또한 2의 보수 가산 방법에서 최종 자리올림수가 [0]이라면 연산 결과가 음수이기 때문이다.

- **1의 보수(1's complement) 가산**

1의 보수 가산 방법은 2의 보수 가산 방법과 유사하다. 그러나 2의 보수 가산 방법에서는 버렸던 최종 자리올림수를 버리지 않고 n 비트로 구성된 합의 가장 오른쪽 비트 즉, LSB에 다시 한 번 더해준다는 점이 다르다. 이 최종 자리올림수를 “End around carry”라고 한다. 다음의 예를 들어 설명해보자.

예제 1-25

주어진 수에 대해 1의 보수 가산 방법으로 연산하시오.

[풀이] (a) $n=3$인 부호 없는 두 수의 1의 보수 가산

```
    (7)          111      (5)= 101에 대한 1의 보수
 -  (5)     +    010  ←───┘
 ───────   ───────────
     2       [1] 001  ←── End around carry 발생
            +  └───→ 1
           ───────────
                 010
```

(b) $n=4$인 부호 없는 두 수의 1의 보수 가산(피감수와 감수 사이의 자릿수 조정 필요)

```
   (12)         1100      (5)= 0101에 대한 1의 보수
 -  (5)     +   1010  ←───┘
 ───────   ───────────
     2       [1] 0110 ←── End around carry 발생
            +  └───→ 1
           ───────────
                0111
```

마지막으로 보수 가산 방법을 정리하면서 10의 보수 가산 방법과 9의 보수 가산 방법에 대해 잠깐 알아보기로 하자.

예제 1-26

다음 문항을 10의 보수, 9의 보수 가산 방법으로 풀이하시오.

[풀이] (a) (9−5)를 10의 보수 가산 방법으로 풀이하시오.

```
   9          9
  -5   ⇨     +5
 ────       ────
   4       [1]4  ← 자리올림수 무시
```

(b) (19 − 5)를 10의 보수 가산 방법으로 풀이하시오.

```
 19           19
- 5   ⇨     + 95
----        ------
 14        [1] 14   ← 자리올림수 무시
```

(c) (9 − 5)를 9의 보수 가산 방법으로 풀이하시오.

```
  9            9
- 5   ⇨      + 4
----        ------
  4        [1] 3    ← End around carry 발생
           + └→1
           ------
               4
```

(d) (19 − 5)를 9의 보수 가산 방법으로 풀이하시오.

```
 19           19
- 5   ⇨     + 94
----        ------
 14        [1] 13   ← End around carry 발생
           + └→1
           ------
              14
```

1-7 2진 코드(Binary codes)

대부분의 컴퓨터들이 내부적으로는 2진수를 사용하지만, 입출력 장치들은 보통 10진수를 사용한다. 또한 대부분의 논리 회로는 단지 두 값만 갖는 신호를 허용하기 때문에, 10진수도 2진 신호에 의해 코드화(Coded)되어져야만 한다. 일반적으로 사용하는 코드에는 수치 데이터 코드와 문자 코드가 있다. 수치 데이터 코드에는 8-4-2-1 BCD 코드, 3초과 코드, 그레이 코드 등이 있고, 문자 코드에는 6비트 BCD, 7비트 ASCII 코드, 8비트 EBCDIC 코드 등이 있다.

2진 코드의 가장 간단한 형태는, 10진수의 각 자리가 그에 상응한 2진 코드로 대치시키는 것이다. 예를 들어, 937.25는 다음과 같이 표현된다.

```
  9      3      7   .   2      5
  ↓      ↓      ↓       ↓      ↓
1001   0011   0111  .0010   0101
```

이러한 결과는 10진수 937.25를 직접 2진수로 변환하여 얻어진 결과와는 많은 차이점을 보이고 있다. 또한 이런 표현 방식을 2진화 10진수(BCD : Binary-coded-decimal), 또는 8-4-2-1 코드라 부른다. BCD 코드는 10진 숫자 한 개를 2진수 4비트로 표현한 코드이다.

10진수에 대해 2진수로 표현된 코드의 예를 표 1-5에 보였다. 각각의 코드들은 10진 숫자에 따른 2진 값의 개별 조합에 의해 표현되는 것이기 때문에 서로 다른 많은 코드들의 종류가 있을 수 있다. 10진수를 2진 코드형으로 변환하기 위해서는, 각각의 10진수를 그에 상응되는 코드로 대치시키면 된다. 그러므로 3초과 코드로 나타낸 937은 1100 0110 1010이다. 또한 8-4-2-1 코드와 2-4-2-1 코드는 각각의 위치에 따른 가중치(Weight)가 적용된 코드들이다. 이와 같은 코드에서 가중치가 w_3, w_2, w_1, w_0일 때, 코드 a_3, a_2, a_1, a_0들은 10진수의 값 N을 나타내게 된다.

$$N = w_3 a_3 + w_2 a_2 + w_1 a_1 + w_0 a_0 \tag{1-15}$$

예를 들어, 8-4-2-1 코드의 가중치는 $w_3 = 8$, $w_2 = 4$, $w_1 = 2$, $w_0 = 1$이 된다. 따라서 8-4-2-1 코드 1001은 다음과 같은 10진수로 나타내어진다.

$$N = 8 \times 1 + 4 \times 0 + 2 \times 0 + 1 \times 1 = 9$$

[표 1-5] 2진 코드들

Decimal digit	8-4-2-1 code	2-4-2-1 code	Excess-3 code	2-out-of-5 code	Gray code	Biquinary code 5043210
0	0000	0000	0011	00011	0000	0100001
1	0001	0001	0100	00101	0001	0100010
2	0010	0010	0101	00110	0011	0100100
3	0011	0011	0110	01001	0010	0101000
4	0100	0100	0111	01010	0110	0110000
5	0101	1011	1000	01100	0111	1000001
6	0110	1100	1001	10001	0101	1000010
7	0111	1101	1010	10010	0100	1000100
8	1000	1110	1011	10100	1100	1001000
9	1001	1111	1100	11000	1101	1010000

한편 3초과 코드(Excess-3 code)는 8-4-2-1 코드 값에 3(0011)을 더하여 얻을 수 있으며 2421 코드, 51111 코드 등과 더불어 자기보수 코드(Self-complement code)라고도 한다. 자기보수 코드는 해당 코드의 1의 보수가 10진수에 대한 9의 보수를 나타낸다. 2-out-of-5 코드는 가중치가 적용되지 않는 코드이며, 모든 코드 조합에서 전체 5비트 중 2개의 비트가 “1”이 되는 특징을 가지고 있다. 아울러 이 코드는 바이퀴너리 코드(Biquinary code), 링 카운터 코드(Ring counter code), 패리티 검사 코드

(Parity check code), 해밍 코드(Hamming code) 등과 함께 에러(Error)를 검출할 수 있는 능력을 갖추고 있다. 만약 원인이 규명되지 않은 결함으로 인하여 논리 회로에 어떤 변화가 발생하였다면, 표현되는 전체 코드 조합을 이루고 있는 5개의 비트 중에서 "1"의 개수가 정확히 두(짝수) 개로 될 수 없기 때문에 짝수 패리티 방법에 의해 에러가 발생된 것을 알아낼 수 있다.

그리고 그레이 코드(Gray code, Reflected code라고도 함)는 가중치가 없는 코드로 전자 회로의 A/D 변환기나 디지털 시스템의 I/O 장치, 하드웨어 에러 최소화 등에 쓰이며, 한 숫자에서 다음 숫자로 변경될 때 바로 앞의 수와는 1비트만이 다른 특징을 가지므로 제어 계통 분야에서 많이 사용된다. 그레이 코드를 생성시키기 위해서는 8-4-2-1 코드가 필요하며, 그 과정은 다음과 같다. 첫 번째로 그레이 코드의 MSB에는 8-4-2-1 코드의 MSB 값을 그대로 옮겨준다. 두 번째로 그 나머지 다음 비트들은 서로 이웃한 비트들끼리, 제2장에서 학습하게 될 Exclusive-OR 연산을 취한 후, 그 결과의 값을 적어주면 된다.

정보를 컴퓨터에서 입출력하거나, 컴퓨터와 컴퓨터 사이 데이터를 주고받는 통신을 위해 몇몇의 영숫자(Alphanumeric) 코드를 사용할 필요가 있다. 역사가 그리 깊지 않았던 초창기 컴퓨터에서는 각각의 메이커가 각기 다른 영숫자 코드를 사용하는 바람에 많은 혼란을 초래했었다. ASCII(American standard code for information interchange)라고 하는 코드가 정착되면서 키보드(Key-board), 프린터(Printer), 비디오 표시 장치(CRT Monitor) 등과 같은 컴퓨터의 하드웨어를 표준화하였다. "아스키"라고 발음하는 이 코드는 7비트로 이루어졌으며, 128개의 서로 다른 코드 조합들은 대소문자의 영문자와 숫자, 그리고 여러 가지 특수 기호들을 표현하는데 사용된다.

표 1-6에는 ASCII 코드의 일부분을 제시하였으며, 명시되지 않은 코드 조합은 "페이지 넘김(From feed)" 이나 "전송 종료(End of transmission)"와 같은 특별한 제어 함수에 쓰이는 내용들이다. 한편 "Seok In"이란 이름에 대한 ASCII 코드는 다음과 같이 표현된다.

S	e	o	k	I	n
1010011	1100101	1101111	1101011	1001001	1101110

[표 1-6] ASCII 코드

Char-acter	ASCII code A6A5A4A3A2A1A0	Char-acter	ASCII code A6A5A4A3A2A1A0	Char-acter	ASCII code A6A5A4A3A2A1A0
space	0 1 0 0 0 0 0	@	1 0 0 0 0 0 0	'	1 1 0 0 0 0 0
!	0 1 0 0 0 0 1	A	1 0 0 0 0 0 1	a	1 1 0 0 0 0 1
"	0 1 0 0 0 1 0	B	1 0 0 0 0 1 0	b	1 1 0 0 0 1 0
#	0 1 0 0 0 1 1	C	1 0 0 0 0 1 1	c	1 1 0 0 0 1 1
$	0 1 0 0 1 0 0	D	1 0 0 0 1 0 0	d	1 1 0 0 1 0 0
%	0 1 0 0 1 0 1	E	1 0 0 0 1 0 1	e	1 1 0 0 1 0 1
&	0 1 0 0 1 1 0	F	1 0 0 0 1 1 0	f	1 1 0 0 1 1 0
'	0 1 0 0 1 1 1	G	1 0 0 0 1 1 1	g	1 1 0 0 1 1 1
(	0 1 0 1 0 0 0	H	1 0 0 1 0 0 0	h	1 1 0 1 0 0 0
)	0 1 0 1 0 0 1	I	1 0 0 1 0 0 1	i	1 1 0 1 0 0 1
*	0 1 0 1 0 1 0	J	1 0 0 1 0 1 0	j	1 1 0 1 0 1 0
+	0 1 0 1 0 1 1	K	1 0 0 1 0 1 1	k	1 1 0 1 0 1 1
,	0 1 0 1 1 0 0	L	1 0 0 1 1 0 0	l	1 1 0 1 1 0 0
-	0 1 0 1 1 0 1	M	1 0 0 1 1 0 1	m	1 1 0 1 1 0 1
.	0 1 0 1 1 1 0	N	1 0 0 1 1 1 0	n	1 1 0 1 1 1 0
/	0 1 0 1 1 1 1	O	1 0 0 1 1 1 1	o	1 1 0 1 1 1 1
0	0 1 1 0 0 0 0	P	1 0 1 0 0 0 0	p	1 1 1 0 0 0 0
1	0 1 1 0 0 0 1	Q	1 0 1 0 0 0 1	q	1 1 1 0 0 0 1
2	0 1 1 0 0 1 0	R	1 0 1 0 0 1 0	r	1 1 1 0 0 1 0
3	0 1 1 0 0 1 1	S	1 0 1 0 0 1 1	s	1 1 1 0 0 1 1
4	0 1 1 0 1 0 0	T	1 0 1 0 1 0 0	t	1 1 1 0 1 0 0
5	0 1 1 0 1 0 1	U	1 0 1 0 1 0 1	u	1 1 1 0 1 0 1
6	0 1 1 0 1 1 0	V	1 0 1 0 1 1 0	v	1 1 1 0 1 1 0
7	0 1 1 0 1 1 1	W	1 0 1 0 1 1 1	w	1 1 1 0 1 1 1
8	0 1 1 1 0 0 0	X	1 0 1 1 0 0 0	x	1 1 1 1 0 0 0
9	0 1 1 1 0 0 1	Y	1 0 1 1 0 0 1	y	1 1 1 1 0 0 1
:	0 1 1 1 0 1 0	Z	1 0 1 1 0 1 0	z	1 1 1 1 0 1 0
;	0 1 1 1 0 1 1	[	1 0 1 1 0 1 1	{	1 1 1 1 0 1 1
〈	0 1 1 1 1 0 0	₩	1 0 1 1 1 0 0	|	1 1 1 1 1 0 0
=	0 1 1 1 1 0 1	]	1 0 1 1 1 0 1	}	1 1 1 1 1 0 1
〉	0 1 1 1 1 1 0	^	1 0 1 1 1 1 0	~	1 1 1 1 1 1 0
?	0 1 1 1 1 1 1	_	1 0 1 1 1 1 1	delete	1 1 1 1 1 1 1

1-8 에러 검출 코드(Error detecting code)

데이터를 주고받는 모든 시스템에서 에러의 발생은 그 원인과 형태가 다를 뿐 필연적으로 따를 수밖에 없다. 따라서 어떤 시스템이 데이터의 송 · 수신 과정에서 발생되는 에러를 검출할 수 있는 체계를 갖춘다면, 보다 높은 신뢰성을 구축할 수 있을 것이다.

패리티 검사 코드(Parity check code)는 컴퓨터와 컴퓨터 사이의 데이터 전송에 있어 가장 일반적으로 사용하는 에러 검출 방법이다. 이 방법은 전송되는 데이터 그룹에 여분의 패리티 비트(Parity bits)를 첨가하여 사용한다. 패리티 비트는 전송되는 데이터 그룹에 포함되는 “1”의 개수에 따라 홀수, 또는 짝수 개로 만드는 두 가지 방법이 있을 수 있다. 먼저 전송되는 데이터의 그룹에 포함되는 “1”의 개수를 짝수 형태로 하여 전송 및 수신을 하는 짝수 패리티(Even parity) 방법에 대해서 알아보기로 하자.

짝수 패리티 방법은 만약 전송되는 데이터 그룹에 포함된 “1”의 개수가 짝수개라면 첨가되는 여분의 비트 즉 패리티 비트는 “0”으로 되고, 홀수개라면 패리티 비트는 “1”로 된다. 예를 들어 대문자로 표시된 영문자 “A”에 상응하는 ASCII 코드는 “1000001”이다. 이 데이터를 짝수 패리티 방법으로 전송한다고 할 때, 데이터 그룹에 포함된 “1”의 개수가 짝수개이므로 패리티 비트는 “0”으로 되게 된다. 즉 다음과 같다.

첨가되는 패리티 비트 →[0] 1 0 0 0 00 1

또한 전송되는 데이터의 그룹에 포함되는 “1”의 개수를 홀수 형태로 하여 전송 및 수신을 하는 홀수 패리티(Odd parity) 방법에 대해서 알아보기로 하자.

홀수 패리티 방법은 전송되는 데이터 그룹에 포함된 “1”의 개수가 홀수개일 경우 첨가되는 패리티 비트가 “0”으로 되고, 짝수개라면 패리티 비트는 “1”로 된다. 짝수 패리티 방법에서와 같이 대문자로 표시된 영문자 “A”를 예로 들어보면 다음과 같다.

첨가되는 패리티 비트 →[1] 1 0 0 0 00 1

한편 패리티 방법을 사용할 때는 송신 시스템과 수신 시스템 사이에 어떤 패리티 방법을 사용하여 데이터의 송수신을 할 것인지, 미리 약정이 되어 있어야 한다. 그러나 패리티 방법은 패리티 비트가 추가되어 전송한 데이터를 수신 시스템에서 수신하였을 때, 에러 발생의 유무는 검출할 수 있으나 어느 위치에서 발생했는지는 알 수가 없는 방법이다.

해밍 코드(Hamming code)를 사용하면 전송된 데이터를 수신하였을 때, 수신 시스템에서 에러 발생 유무 및 위치까지 알아내어 보정을 취할 수 있으며, 그 과정은 다음과 같은 예를 들어 설명할 수 있다.

4비트의 데이터가 짝수 패리티 방법으로 전송될 경우를 알아보자. 먼저 전송되는 데이터 그룹의 형태를 살펴보면 다음과 같다.

$$D_7 D_6 D_5 P_4 D_3 P_2 P_1$$

여기에서 D_i는 데이터 비트이고, P_i는 패리티 비트임을 나타낸다. 그리고 패리티 비트가 첨가되는 위치는 $2^n (n = 0, 1, 2, \ldots)$번째가 되며 데이터 비트 수에 따른 패리티 비트 수는 다음 수식에 의해 구해진다.

$$2^P \geq m + P + 1$$

단, m은 데이터 비트 수이고 P는 패리티 비트 수이다. 예를 들어 데이터의 비트 수가 4비트이면 $P = 3$이 되어 패리티 비트는 3비트가 첨가되게 된다.

① P_1 비트는 7비트의 데이터 형태에서 P_1, D_3, D_5, D_7 비트가 짝수 패리티가 되도록 "1"이나 "0"으로 채워진다.

② P_2 비트는 P_2, D_3, D_6, D_7 비트가 짝수 패리티가 되도록 "1"이나 "0"으로 채워진다.

③ P_4 비트는 P_4, D_5, D_6, D_7 비트가 짝수 패리티가 되도록 "1"이나 "0"으로 채워진다.

또한 전송한 데이터 그룹이 정확하게 수신되었는지를 확인할 수 있는 즉, 에러의 유무와 위치를 파악하여 보정하기 위한 에러 검출 지정어를 구성해야 한다. 에러 검출 지정어를 구성하는 형태와 방법은 다음과 같다.

[4, 5, 6, 7 체크] [2, 3, 6, 7 체크] [1, 3, 5, 7 체크]

① 수신된 데이터 중 1, 3, 5, 7번째 비트에 포함된 "1"의 개수를 파악한 후, 짝수 패리티가 될 수 있도록 "0"이나 "1"을 지정어의 LSB에 채워 넣는다.

② 수신된 데이터 중 2, 3, 6, 7번째 비트에 포함된 "1"의 개수를 파악한 후, 짝수 패리티가 될 수 있도록 "0"이나 "1"을 지정어의 두 번째 비트에 채워 넣는다.

③ 수신된 데이터 중 4, 5, 6, 7번째 비트에 포함된 "1"의 개수를 파악한 후, 짝수 패리티가 될 수 있도록 "0"이나 "1"을 지정어의 마지막 세 번째 비트에 채워 넣는다.

예제 1-27

데이터가 1011일 경우 짝수 패리티 해밍 코드를 구성하시오.

[풀이] 정상적으로 전송된 데이터 그룹의 형태는 다음과 같다.

D_7 D_6 D_5 P_4 D_3 P_2 P_1

1 0 1 [0] 1 [0] [1]

그러나, 수신된 데이터의 형태가 "1000101"이라면 먼저 1, 3, 5, 7번째 비트에 포함된 "1"의 개수를 체크하여, 에러를 검출하기 위한 지정어의 첫 번째 비트(LSB)를 짝수 패리티 방법에 의해 [1]로 채운다. 다음으로, 2, 3, 6, 7번째 비트에 포함된 "1"의 개수를 체크한다. 에러를 검출하기 위한 지정어의 두 번째 비트를 짝수 패리티 방법에 의해 [0]으로 채운다. 마지막으로 4, 5, 6, 7번째 비트에 포함된 "1"의 개수를 체크한 결과 "1"의 개수가 홀수임으로, 에러를 검출하기 위한 지정어의 세 번째 비트를 [1]로 채운다. 그러면 에러를 검출하기 위한 지정어의 형태는 다음과 같이 된다.

$$[1]\ [0]\ [1] = 1 \times 2^2 + 0 \times 2^1 + 1 \times 2^0 = 5$$

이는 수신된 데이터 그룹 중 5번째 비트에서 에러가 발생되었음을 나타낸다. 따라서 수신된 데이터 중 해당 비트가 "0"이라면, 이를 "1"로 수정하여 바로 잡으면 정상적인 데이터로 된다.

연습문제

01 10진수 25를 2진수로 변환하면?

① 10011 ② 11001 ③ 100100 ④ 100101

02 십진수 21.5625을 2진수로 변환한 것은?

① 10111.1011 ② 10101.1101 ③ 10101.1010 ④ 10101.1001

03 2진법의 수 1101.11을 10진법으로 표시하면?

① 11.75 ② 13.55 ③ 13.75 ④ 15.3

04 다음 중 2진법$(10110.101)_2$을 10진법으로 변환시켰을 때 바르게 된 것은?

① 22.625 ② 22.725 ③ 24.725 ④ 22.615

05 8진 246을 10진수로 옳게 고친 것은?

① 128 ② 150 ③ 166 ④ 182

06 8진수 0.54를 십진수로 나타내면?

① 0.6875 ② 0.8756 ③ 0.7568 ④ 0.5687

07 8진수 224를 2진수로 변환하면?

① 010010100 ② 010010101 ③ 010010110 ④ 010010111

08 다음 10진수 541을 16진수로 올바르게 변환한 것은?

① $21D_{(1)}$ ② $2C1_{(16)}$ ③ $3D2_{(16)}$ ④ $3C2_{(16)}$

09 16진수 FF는 10진수로 얼마인가?

① 254 ② 255 ③ 244 ④ 245

10 이진수 1000111111.11을 16진수로 변환한 결과가 옳은 것은?

①$23F.C_{(16)}$ ②$23D.C_{(16)}$ ③ $8F.A_{(16)}$ ④$8F.F_{(16)}$

11 8진수 265를 16진수로 나타내면?

① D5 ② C3 ③ A5 ④ B5

12 다음의 8진수 $(7625)_8$를 16진수로 변환한 것으로 옳은 것은?

① $(C95)_{(16)}$ ② $(D95)_{(16)}$ ③ $(E95)_{(16)}$ ④ $(F95)_{(16)}$

13 8진수 675를 16 진수로 올바르게 표현한 것은?

① $(1CD)_{(16)}$ ②$(1BE)_{(16)}$ ③$(1CE)_{(16)}$ ④$(1BD)_{(16)}$

14 다음 보기상의 8진수 132.576을 16진수로 변환하였을 경우 올바른 것은?

① 2D.BF ② 2D.17E ③ 5A.17E ④ 5A.BF

15 8진수 $(2322)_8$을 16진법으로 변환한 값으로 옳은 것은?

①$(4DA)_{16}$ ②$(4690)_{16}$ ③$(4D2)_{16}$ ④$(1234)_{16}$

16 16진수 AF63을 8진수로 나타내면?

① 135713 ② 152734 ③ 147325 ④ 127543

17 다음 중에서 값이 다른 것은?

① 16진수 FF ② 2진수 11111111
③ 8진 377 ④ 10진수 256

18 자료의 최소 단위는?

① Word ② Byte ③ Bit ④ Nibble

19 다음 비트에 대한 설명 중 틀린 것은?

① 자료 표현의 최소 단위이다. ② 1 비트로 1개의 문자를 표현한다.
③ 2진수 0과 1의 한자리를 의미한다. ④ Binary Digit의 준말이다.

20 4비트로 나타낼 수 있는 정보단위는?

① Nibble　② Character　③ Full-Word　④ Double-Word

21 워드 머신(Word machine)에서 Half Word의 바이트 수는?

① 2　② 4　③ 8　④ 16

22 워드 머신(Word machine)에서 Full Word의 바이트 수는?

① 2　② 4　③ 8　④ 16

23 고정 소수점 표현 방식 중 음의 정수를 표현하는 방법이 아닌 것은?

① 1의 보수(1's Complement)
② 부호 및 크기(Signed magnitude)
③ 2의 보수(2's Complement)
④ 10의 보수(10's Complement)

24 다음 정수의 표현 방법 중 같은 기억 장소 크기로 표현 범위가 가장 큰 것은?

① 2의 보수에 의한 고정 소수점 표현
② 변위 소수점 표현
③ 부호와 절대값에 의한 고정 소수점 표현
④ Packed Decimal 표현

25 정수 표현에서 음수를 나타내는데 부호화된 2의 보수법이 1의 보수법에 비해 장점은?

① 산술 연산 속도가 빠른 점과 양수 표현이 좋다.
② 2의 보수에서는 Carry가 발생하면 무시한다.
③ 양수 표현이 유리하다.
④ 보수 취하기가 쉽다.

26 다음 2진 고정소수점 표현 방식 중에서 0(zero)의 표현이 한가지인 방식은?

① Signed-magnitude 방식
② Signed-1's Complementation 방식
③ Signed-2's Complementation 방식
④ 모두 0의 표현이 한 가지이다.

27 컴퓨터에서 보수를 사용하는 이유는?

① 가산의 결과를 체크하기 위해
② 승산에서 연산 과정을 간단히 하기 위해
③ 감산에서 보수를 가산법으로 처리하기 위해
④ 계산에서의 불필요한 과정을 제거시키기 위해

28 1의 보수(1's Complement)로 표시되는 16비트수에 0을 나타내는 표현은 몇 개 있는가?

① 3개 ② 2개 ③ 1개 ④ 없다.

29 $101010_{(2)}$의 1의 보수(One's complement)는?

① 010101 ② 101011 ③ 111111 ④ 010111

30 $101010_{(2)}$의 1의 보수는?

① 010101 ② 101011 ③ 111111 ④ 010111

31 2진수 0011의 2의 보수(2's Complement)는?

① 1100 ② 1110 ③ 1101 ④ 1111

32 2진수 101100의 2의 보수는?

① 010011 ② 010100 ③ 010101 ④ 010010

33 101101에 대한 2의 보수는?

① 101110 ② 010010 ③ 010001 ④ 010011

34 2진수 101011의 2의 보수는?

① 010100 ② 010101 ③ 011001 ④ 110101

35 1001111의 2의 보수를 구하면?

① 0110001 ② 0001111 ③ 0111110 ④ 0110000

36 −14를 부호화된 2의 보수 표현법으로 표현된 것은? (단, 8bit로)

① 10001110 ② 11100011 ③ 11110010 ④ 11111001

37 −8을 2의 보수(2's Complement) 표현법으로 올바르게 나타낸 것은?

① 11110111 ② 10001000 ③ 11111000 ④ 11111001

38 −25를 2의 보수방식의 8비트로 표현한 후 1비트 왼쪽 쉬프트시킨 값은?

① 11001110 ② 11100111 ③ 00110011 ④ 00110100

39 1의 보수에 의해 표현된 수를 좌측으로 1 비트 쉬프트하는 경우 입력되는 비트는?

① 1 ② 0
③ Sign Bit ④ LSB(Least significant bit)

40 10110101라는 이진 자료가 2's Complement 방식으로 표현되어 있다. 이를 우측으로 3비트 만큼 산술적 이동(Arithmetic shift)하였을 때의 결과는?

① 11110110 ② 11010110 ③ 10000110 ④ 00010110

41 2의 보수를 사용하는 컴퓨터에서 X=1011, Y=1101일 때, X−Y의 값은?

① 1111 ② 1110 ③ 1101 ④ 1100

42 2의 보수 표현 방식으로 8비트의 기억 공간에 정수를 표현할 때 표현 가능 범위는?

①$-(2^7) \sim +(2^7)$ ②$-(2^8) \sim +(2^8)$
③$-(2^7) \sim +(2^7-1)$ ④$-(2^8) \sim +(2^8-1)$

43 고정 소수점 수에서 10비트로써 표현할 수 있는 수의 범위는? (단, 2의 보수로 표현)

① −511∼+511 ② −511∼+512
③ −512∼+511 ④ −512∼+512

44 n비트로 2의 보수 표시법에 의해 정수를 표시할 때 그 범위로서 옳은 것은?

① $-(2^n) \sim (2^n-1)$ ② $-(2^{n-1}) \sim (2^{n-1})$
③ $-(2^{n-1}) \sim (2^{n-1}-1)$ ④ $-(2^n) \sim (2^n)$

45 8개의 비트로 표현 가능한 정보의 최대 가짓수는?

① 8 ② 64
③ 255 ④ 256

46 2바이트로 나타낼 수 있는 수의 표현 범위는?

① 2^8-1
② 64K
③ 128K
④ 1M

47 −3의 1의 보수 표현과 값이 같은 것은?

① −1의 2의 보수
② −4의 2의 보수
③ −6의 2의 보수
④ −7의 2의 보수

48 BCD(Binary Coded Decimal) 코드(Code)란?

① 1Byte 코드
② 비트
③ 2진화 5진 코드
④ 2진화 10진수

49 BCD 코드를 사용할 때 십진수의 각 자릿값은 어떤 코드에 해당하는가?

① 8421 코드
② 2421 코드
③ 그레이 코드
④ 3초과 코드

50 10진수 46을 2진화 10진수로 표현하면?

① 01000110
② 01010010
③ 01010011
④ 00100110

51 10진수 956에 대한 BCD 코드는?

① 1101 0101 0110
② 1000 0101 0110
③ 1001 0101 0110
④ 1010 0101 0110

52 10진수 110을 BCD 코드로 변환한 값은?

① 001000100000
② 000100010000
③ 000000010000
④ 000100100000

53 3초과 코드의 설명으로 옳지 않은 것은?

① 가중치 부호이다.
② BCD 부호에 3을 더한 것과 같다.
③ 10진수를 표현하기 위한 부호이다.
④ 부호를 구성하는 어떤 비트 값도 0이 아니다.

54 10진수 9를 3초과 코드로 변환하면?

① 1001　② 1110
③ 1101　④ 1100

55 10진수 268을 3초과 코드로 변환한 것으로 옳은 것은?

① 0101 1001 1011　② 0010 0110 1000
③ 0110 1010 1100　④ 0011 1001 1000

56 10진수 22를 3초과 코드로 변환한 것은?

① 0101 0101　② 1011 1100
③ 0011 1011　④ 1100 1100

57 언웨이티드 코드(Unweighted code)는?

① 86421 코드　② 2424 코드
③ 8421 코드　④ 3초과 코드

58 자기 보수(Self complementing) 코드인 것은?

① 3-초과 코드　② BCD(8421) 코드
③ 패리티 코드　④ 그레이 코드

59 자기 보수(Self-complement) 성질을 갖고 있는 코드는?

① BCD 코드　② 그레이 코드
③ 쉬프트 카운터 코드　④ 3초과 코드

60 십진수를 표현하는 2진 코드(Binary code)들 중 자기보수화(Self-complementary)가 불가능한 코드는?

① 2421 코드　② 51111 코드
③ 3초과 코드　④ BCD(8421) 코드

61 그레이 코드에 대한 설명 중 틀린 것은?

① 사칙연산에는 부적당하다.
② 입력코드로 사용할 때 오차가 크다.
③ 다음 코드로 증가하는데 단 하나의 비트만 바꾸면 된다.
④ A/D 변환기에 사용된다.

62 다음 중 그레이코드의 설명만으로 짝지어진 것은?

> ㉮ 8421코드에 3을 더하여 만든 코드이다.
> ㉯ 자기보수 기능을 가진다.
> ㉰ 한 비트가 변화함으로써 새로운 코드가 생성되므로 오차가 작다.
> ㉱ 연산에 부적합하다.
> ㉲ 입출력장치 또는 아날로그 디지털 변환 부호기에 많이 이용된다.

① ㉮, ㉯, ㉰　② ㉮, ㉰, ㉱
③ ㉯, ㉱, ㉲　④ ㉰, ㉱, ㉲

63 이웃하는 코드가 한 비트만 다르기 때문에 코드 변환이 용이해서 A/D 변환에 주로 사용되는 코드는?

① Gray code　② Hamming code
③ Excess-3 code　④ Alphanumeric code

64 2진수 1000을 등가인 그레이 코드로 바꾸면?

① 0011　② 1100
③ 1111　④ 0000

65 2진수 1111을 그레이 코드로 바꾸면?

① 1111　② 1000
③ 0001　④ 0111

66 2진수 11011을 그레이 코드로 변환한 것은?

① 11101　② 10110
③ 1001　④ 11011

67 2진수 11001011을 그레이 코드로 변환하면?

① $01010001_{(G)}$　② $1110111_{(G)}$
③ $10101110_{(G)}$　④ $00010000_{(G)}$

68 $(4)_{10}$를 그레이 코드로 변환하면?

① $0100_{(G)}$　② $1100_{(G)}$
③ $0110_{(G)}$　④ $0010_{(G)}$

69 다음 회로는 무엇을 변환시키는 회로인가?

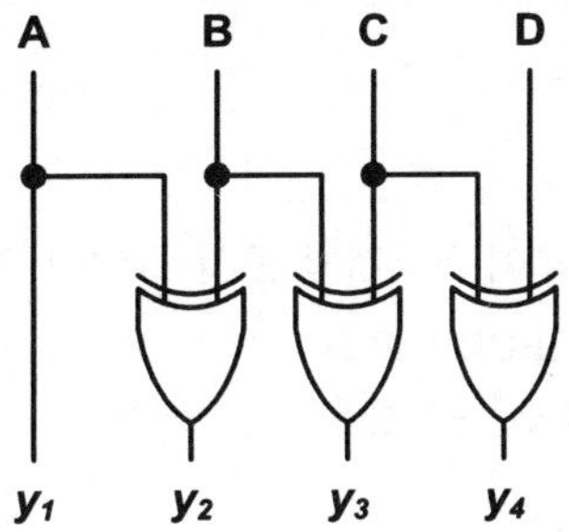

① 그레이 코드를 2진 코드로
② 2진 코드를 그레이 코드로
③ 2진 코드를 3초과 코드로
④ 그레이 코드를 10진수로

70 아날로그 정보를 디지털 정보로 변환하는데 가장 편리한 코드는?

① 3초과 코드　② BCD 코드
③ 51111 코드　④ 그레이 코드

71 74-2-1코드 표현에 의한 십진수 6의 값은?

① 0110　② 1100
③ 1001　④ 1011

72 4 비트 코드가 아닌 것은?

① BCD 코드　② 2421 코드
③ 3초과 코드　④ 바이퀴너리 코드

73 영문자(Alphanumeric) 코드에 해당하는 것은?

① 그레이 코드　② BCD 코드
③ ASCII 코드　④ 3초과 코드

74 다음 코드 중에서 통신 및 마이크로컴퓨터에서 많이 채택되고 있는 코드는?

① BCD 코드　② Hamming 코드
③ EBCDIC 코드　④ ASCII 코드

75 Data 통신에 가장 많이 사용되는 코드는?

① BCD 코드　② ASCII 코드
③ EBCDIC 코드　④ Gray 코드

76 ASCII 코드에서 65는 "A"를 표현할 때 16진수$(45)_{16}$가 가리키는 ASCII 값은?

① G
② F
③ D
④ E

77 다음 중 Zone Bit 4개와 Digit Bit 4개로 이루어졌으며 256개의 문자 표현이 가능한 코드는?

① BCD코드
② EBCDIC코드
③ ASCII코드
④ Parity 코드
⑤ Gray 코드

78 EBCDIC로 10진 숫자 5를 표현한다면?

① 11101010
② 11110101
③ 00000101
④ 00100101

79 다음 컴퓨터 시스템에서 세계 각국의 문자 및 기호를 공통적인 방식으로 표현하기 위하여 사용하고 있는 데이터코드에 해당되는 것은?

① ASCII 코드
② BCD 코드
③ Uni 코드
④ EBCDIC 코드

80 자료에 관한 설명 중 옳은 것은?

① EBCDIC 코드는 데이터 통신용으로 널리 쓰이며, 특히 소형 컴퓨터용으로 쓰인다.
② ASCII 코드는 IBM사에서 개발한 것으로 대형 컴퓨터용에 쓰인다.
③ 자료의 가장 작은 단위를 비트라 하며 비트(Bit)는 Binary Digit의 약자이다.
④ 부동 소수점 방식의 특징은 적은 비트를 차지함과 동시에 정밀도가 낮다는 것이다.

81 비 수치적 자료의 사용 분야에 해당되지 않는 것은?

① 문장의 해석 및 분류
② 문헌정보 검색
③ 과학적인 응용 및 상업적인 응용
④ 고급 프로그래밍 언어를 기계어로 번역하는 처리

82 다음 중 패리티 비트 코드의 설명 중 가장 옳지 않은 것은?

① 잡음이 들어가면 에러의 가능성이 있어 이를 검출할 수 있다.
② Odd 패리티와 Even 패리티가 있다.

③ 두 비트가 동시에 에러가 발생해도 검출이 가능하다.
④ 송신측에 패리티 발생기가 있고 수신측에 검사기가 있다.

83 패리티 비트의 기능으로 옳은 것은?
① 에러 검출용 비트이다.
② 비트 위치에 따라 가중치를 갖는다.
③ BCD 코드에서만 사용한다.
④ 에러 비트이다.

84 ASCII 코드를 사용하여 통신을 할 때 몇 개의 패리티 비트를 추가하여 통신하는가?
① 1 비트 ② 2 비트
③ 3 비트 ④ 0 비트

85 패리티 비트는 몇 개의 착오까지 검출이 가능한가?
① 2 비트의 숫자만큼 ② 1 비트
③ 2 비트 ④ 4 비트

86 데이터 통신에서 에러의 검출 및 교정까지 가능한 코드는?
① 패리티 코드 ② 3초과 코드
③ BCD 코드 ④ 해밍 코드

87 에러를 검출하여 정정할 수 있는 부호는?
① 해밍코드 ② Excess-3 코드
③ 8421 코드 ④ 2421 코드

88 7개의 비트로 되어있고 에러를 발견하는 것은 물론이고 교정까지 할 수 있는 코드는?
① 2-아웃-오브-5코드 ② 해밍 코드
③ 링 카운터 코드 ④ 3초과 코드

89 디지털 코드 중에서 에러 검출 및 교정이 가능한 코드는?
① 그레이 코드 ② 해밍 코드
③ 3초과 코드 ④ BCD 코드

90 해밍 코드 방식에 의하여 구성된 코드가 16 비트인 경우 데이터 비트의 수 및 패리티 비트의 수는 각각 몇 개씩인가?

① 데이터 비트 : 11비트, 패리티 비트 : 5비트
② 데이터 비트 : 10비트, 패리티 비트 : 6비트
③ 데이터 비트 : 12비트, 패리티 비트 : 4비트
④ 데이터 비트 : 15비트, 패리티 비트 : 1비트

91 오류 검출 코드가 아닌 것은?

① Biquinary 코드
② 3초과 코드
③ 2 out-of-5 코드
④ 해밍 코드

92 에러(Error) 검출이 가능하지 못한 코드는?

① 그레이 코드
② 패리티 코드
③ 2-out-of-5 코드
④ 해밍 코드

93 코드에 대한 설명으로 틀린 것은?

① 8421 - Weighted 코드
② 3초과 코드 - 자기보수 코드
③ 6311 - 에러 검출 코드
④ 해밍 코드 - 에러 검출 및 교정
⑤ ASCII - 영문자

제 2 장

부울 대수

Boolean Algebra

디지털 시스템 논리 설계의 이해에 필요한 기본 산술은 부울 대수이다. 부울 대수는 집합 논리와 산술 논리를 포함하는 많은 곳에 적용되나, 이 장에서는 논리 회로에만 적용하는 것으로 국한할 것이다.

앞으로 우리가 사용할 모든 논리 소자들은 기본적으로 두 가지 상태(트랜지스터의 출력 전압이 높거나 낮은 상태)의 소자들을 사용할 것이고, 모든 변수들은 두 개의 값 중 어느 한 값만을 갖는 것으로 가정되는 부울 대수로 나타내며, 이러한 이원치 부울 대수(Two-valued algebra)를 스위칭 대수(Switching algebra)라고도 한다.

또한 논리 회로의 입력과 출력을 나타내기 위하여 X, Y와 같은 부울 변수(또는 논리 변수)들을 사용할 것이다. 이들 각 변수들은 단지 두 개의 값만을 나타낸다고 가정할 때, 논리 상수 "0"과 "1"은 각각 서로 다른 값으로 사용된다. 만일 변수 X를 논리 변수라고 한다면, X는 $X=0$, 또는 $X=1$의 값 중에서 어느 한 값을 갖게 된다.

이 장에서 사용되는 논리 상수 "0"과 "1"이 단순한 2진수처럼 보이지만 그렇지 않다. 여기서 "0"과 "1"은 일반적인 산술 연산을 위한 수치 값을 나타내는 것이 아니라 단지 어떤 독립된 논리 변수의 두 상태값을 나타내는 논리 상수이다.

예를 들어, 논리 상수 "0"은 낮은 전압(Low voltage)으로, 논리 상수 "1"은 높은 전압(High voltage)으로 해석될 수 있으며, F(False)와 T(True) 역시 "0"과 "1"로 대신 사용될 수 있다.

2-1 기본 논리 연산

부울 대수의 기본 연산은 NOT(보수 또는 역), AND(논리곱), 그리고 OR(논리합) 등의 연산으로 나타낸다.

NOT 연산은 보수(Complement) 연산 또는 역(Inverse)이라고도 하며, 전자 회로에서 표기할 때는 인버터(Inverter)로 나타낸다. X의 역을 표현할 수 있는 NOT 연산 논리 게이트는 다음 그림 2-1과 같다.

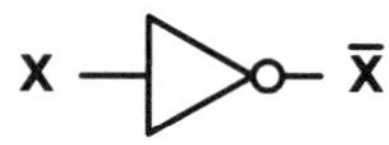

[그림 2-1] NOT 게이트

그림 2-1의 출력에 표시된 작은 원(Bubble)은 역(반전)을 나타낸다. 만일 논리 상수 0이 낮은 전압에 대응되고, 논리 상수 1이 높은 전압에 대응한다고 가정할 때, 인버터의 입력 단에 낮은 전압을 인가하면 출력 단에는 높은 전압이 생성되며 그 반대의 경우도 성립될 수 있다.

역을 표현하기 위한 연산자는 "−"(Bar) 또는, "′"(Prime)을 사용한다. 예를 들면 0의 역은 1이고, 1의 역은 0이 된다. 이러한 내용을 연산자를 사용하여 표시하면 $\overline{0}=1$이고, $\overline{1}=0$이다.

[표 2-1] NOT 연산의 진리표(Truth table)

X	$\overline{X}$
0	1
1	0

또한 X를 독립된 논리 변수라고 할 때 $X=0$이면 $\overline{X}=1$이 되고, $X=1$이면 $\overline{X}=0$이 된다.

요 약

[NOT 연산의 요약]

- 출력 논리 상태는 항상 그 입력 논리 상태의 반대가 된다.

AND 연산은 다음과 같이 수행된다.

$$0 \cdot 0=0, \quad 0 \cdot 1=0, \quad 1 \cdot 0=0, \quad 1 \cdot 1=1$$

여기서 "·" 표시는 AND 연산자임을 나타낸다. 만일 부울 식이 $C=A \cdot B$라고 할 때, 각각 독립된 입력 논리 변수 A와 B에 값이 주어지면 출력 변수 C의 값을 표 2-2에서 결정할 수 있다.

[표 2-2] AND 연산의 진리표

A B	C = A · B
0 0	0
0 1	0
1 0	0
1 1	1

입력 논리 변수 A와 B가 둘 다 1일 경우에만 C가 1이 되는 경우를 AND 연산이라 하고, AND 연산을 수행하는 논리 게이트(Logic gate)는 다음 그림 2-2와 같이 나타낸다.

[그림 2-2] AND 게이트

AND 연산자 "·"는 부울 식에서 종종 생략되기도 하며 $A \cdot B$대신 통상 AB로 쓰는 것이 일반적이며 또한, AND 연산은 논리(또는 부울) 곱셈으로 사용된다.

요 약

[AND 연산의 요약]

- AND 연산은 일반 곱셈의 연산과 같이 수행된다.
- 출력의 결과는 모든 입력의 논리 상태가 1일 경우에만 1이 된다.

반면 OR 연산은 다음과 같이 수행된다.

$$0+0=0, \quad 0+1=1, \quad 1+0=1, \quad 1+1=1$$

여기서 "+" 표시는 OR 연산자임을 나타낸다. 만일 부울 식이 $C = A + B$라고 하면 표 2-3과 같이 OR 연산의 진리표를 나타낼 수 있다.

[표 2-3] OR 연산의 진리표

A B	C = A+B
0 0	0
0 1	1
1 0	1
1 1	1

표 2-3에서 보여지는 OR 연산은 입력 논리 변수 A 또는 B 중에 어느 하나가 1인 경우와 A, B 모두 1일 경우에서 출력 변수 C가 1이 되므로 논리 덧셈으로 사용된다. 이러한 OR 연산을 수행하는 논리 게이트를 그림 2-3에 나타낸다.

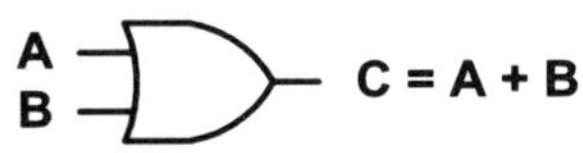

[그림 2-3] OR 게이트

요 약

[OR 연산의 요약]

- OR 연산은 입력 변수 중 어느 하나라도 논리 상태가 1이면 출력은 1이 된다.
- OR 연산은 모든 입력 변수가 0일 때만 출력이 0이 된다.

다음은 스위치로 된 회로를 설명하기 위해 부울 대수를 적용한다. 각 스위치를 X라는 변수로 표현할 경우, X가 개방(Open) 상태일 때는 X의 값을 0으로, X가 단락(Closed) 상태일 때는 X값을 1로 취급한다.

두 개의 스위치가 직렬의 형태로 연결된 회로를 생각해보자. 단자간의 전송(Transmission)은 단자 사이가 개방 회로(Open circuit)이면 $T = 0$으로, 단자 사이가 단락 회로(Closed circuit)이면 $T = 1$로 정의한다.

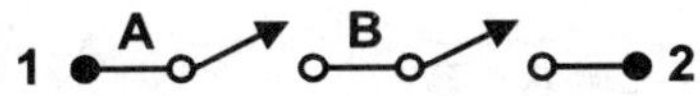

스위치 A와 스위치 B가 모두 닫혀 있을 때, 단자 1과 2 사이는 단락 회로 $T=1$을 형성한다. 이런 내용을 대수적으로 나타내면

$T = AB$이다.

반대로 두 개의 스위치가 병렬의 형태로 연결된 회로를 생각해보자.

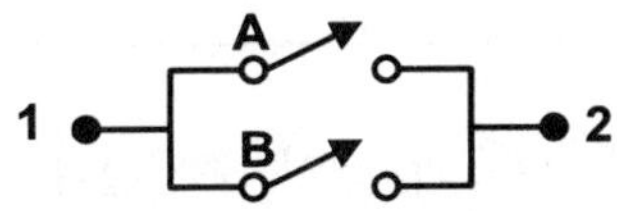

이 경우 스위치 A가 닫혀 있거나 또는, 스위치 B가 닫혀 있으면 단자 1과 2 사이는 단락 회로를 형성하게 되며, 이것을 대수적으로 표현한 논리식은 다음과 같다.

$$T = A + B$$

따라서 직렬로 연결된 스위치들은 AND 연산을 수행하며 병렬로 연결된 스위치들은 OR 연산을 수행하게 된다.

한편 NOR 연산은 다음과 같이 동작한다.

입력 변수 A와 B 둘 중 어느 하나가 1일 때 출력 변수 C가 0이 되는 경우를 NOR 연산이라고 하며, 부울 식이 $C = \overline{A+B}$라고 하면 각각의 독립된 입력 변수 A와 B 값에 따라 표 2-4와 같이 NOR 연산의 수행된 결과를 진리표로 나타낼 수 있다.

[표 2-4] NOR 연산의 진리표

A B	$C = \overline{A+B}$
0 0	1
0 1	0
1 0	0
1 1	0

먼저 OR 연산을 수행한 후 반전시킨 결과를 보이는 NOT-OR 형태 구조의 NOR 연산 논리 게이트는 다음 그림 2-4와 같다.

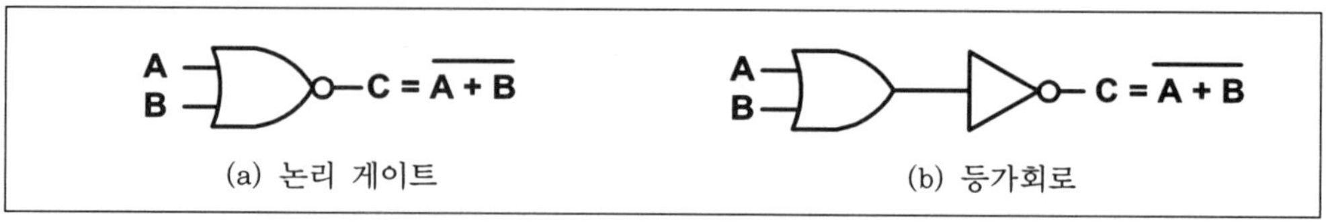

[그림 2-4] NOR 게이트

요 약

[NOR 연산의 요약]
- NOR 연산은 입력 변수 중 하나라도 논리 상태가 1이면 출력은 0이 되는 특징을 갖는다.
- NOR 연산은 모든 입력 변수가 0일 때 출력이 1이 된다.

그리고, NAND 연산은 다음과 같이 수행된다.

입력 논리 변수 A와 B 둘 중 어느 하나가 0일 때 출력 변수 C가 1이 되는 경우를 NAND 연산이라고 하며, 부울 식이 $C = \overline{A \cdot B}$라고 한다면 입력 논리 변수 A와 B 값에 따라 표 2-5와 같이 NAND 연산의 수행된 결과를 진리표로 나타낼 수 있다.

[표 2-5] NAND 연산의 진리표

A B	C = $\overline{A \cdot B}$
0 0	1
0 1	1
1 0	1
1 1	0

NOT-AND 게이트라고 불리기도 하였으며 먼저 AND 연산을 수행한 후 반전시킨 결과를 보이는 NAND 연산 논리 게이트는 다음 그림 2-5와 같다.

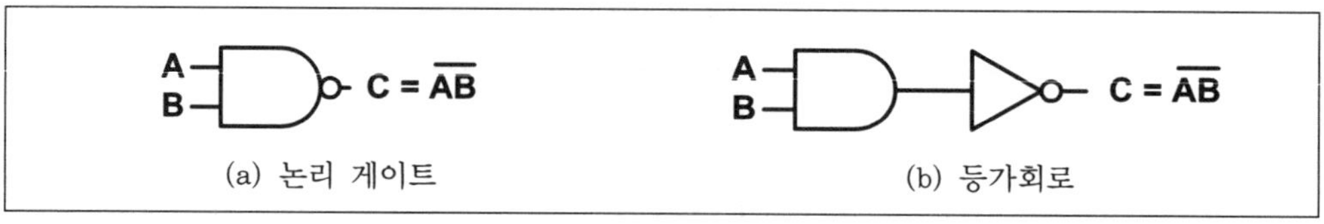

[그림 2-5] NAND 게이트

요 약

[NAND 연산의 요약]
- NAND 연산은 입력 변수 중 하나라도 논리 상태가 0이면 출력은 1이 되는 특징을 갖는다.
- NAND 연산은 모든 입력 변수가 1일 때 출력이 0이 된다.

2-2 부울 식과 진리표

부울 식은 한 개 이상의 논리 변수나 논리 상수들에 기본 연산을 적용하여 구성한다. 가장 간단한 표현식은 0, X, Y 등과 같은 단일 논리 상수나 논리 변수들을 사용하여 구성한다. 그 이상의 복잡한 표현식은 AND, OR 연산이나 보수 연산을 사용하여 둘 또는 그 이상의 결합에 의해 구성된다. 이러한 부울 식의 예는 다음과 같다.

$$A\overline{B}+C \tag{2-1}$$

$$\overline{[A(C+D)]}+BE \tag{2-2}$$

부울 식에서 연산을 수행하기 위해서는 연산 순서를 분명히 지켜야만 한다. 연산순위는 (1) 괄호, (2) 보수 연산, (3) AND 연산, OR 연산의 순서로 수행된다. 그러므로 식 (2-1)에서는 $\overline{B}$가 우선 수행되고 다음에 $A\overline{B}$가 그리고 마지막으로 $A\overline{B}+C$가 수행된다.

한편 식 (2-1)과 식 (2-2)를 논리 회로로 표현해보면 그림 2-6과 같다.

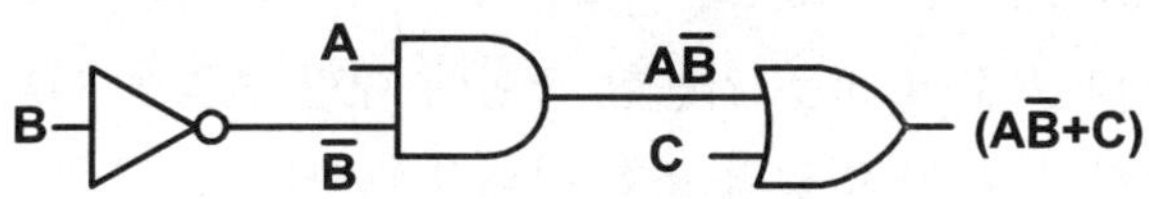

(a) 식 (2-1) 구현

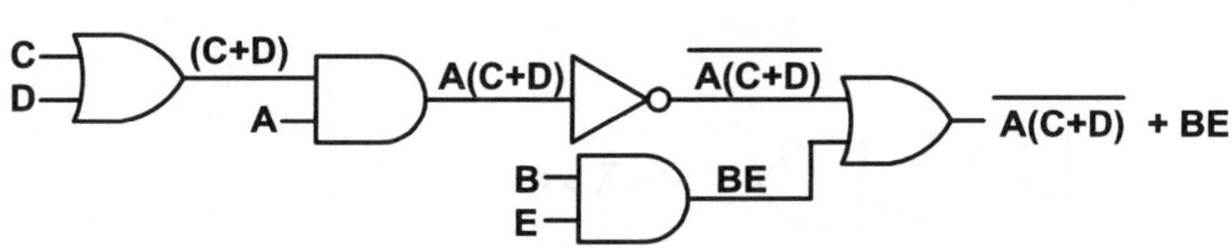

(b) 식 (2-2) 구현

[그림 2-6] 식 (2-1)과 식 (2-2)에 대한 논리 회로

부울 식의 결과는 각 논리 변수에 논리 상수 0 또는 1의 값을 대입하여 구해 질 수 있다. 만일 $A=B=C=1$이고 $D=E=0$이라고 할 때, 식 (2-2)의 결과는 다음과 같이 얻어질 수 있다.

$$\overline{[A(C+D)]}+BE = \overline{[1(1+0)]}+1\cdot 0 = \overline{[1(1)]}+0 = 0+0=0$$

각각의 변수와 그 변수들에 대한 보수는 문자(Literal)로 나타낼 수 있다. 다음에 보이는 부울 식에서는 세 종류의 변수가 총 10개의 문자로 표현되었다.

$$A\overline{B}C+\overline{A}B+\overline{A}B\overline{C}+\overline{B}\,\overline{C}$$

임의의 부울 식을 논리 게이트를 사용하여 설계할 때, 부울 식의 각 논리 변수들은 게이트 입력 수와 동일하다.

한편 진리표는 부울 식에서 논리 변수들의 모든 가능한 조합으로써 부울 식의 값을 나타낸다. 진리표는 모든 가능한 조건에 따른 상태의 논리 값들을 "참(True)" 또는 "거짓(False)"을 사용하여 표로 나타낸다. 논리 회로에 대한 출력 값은 입력 변수의 값에 따라 다르게 나타낼 수 있다.

그림 2-7(a)에 보이는 회로의 출력은 $F=\overline{A}+B$이다. 그림 2-7(b)의 진리표에는 입력 변수 A와 B값의 모든 가능한 조합에 대한 출력을 나타내고 있다. 첫 번째 두 열은 A와 B값의 네 가지 입력 조합 상태를 나타내고, 다음 열은 이에 대응하는 값을 나타낸다. 마지막 열에서는 각각의 입력 상태에 따른 출력 $\overline{A}+B$의 값을 나타낸다.

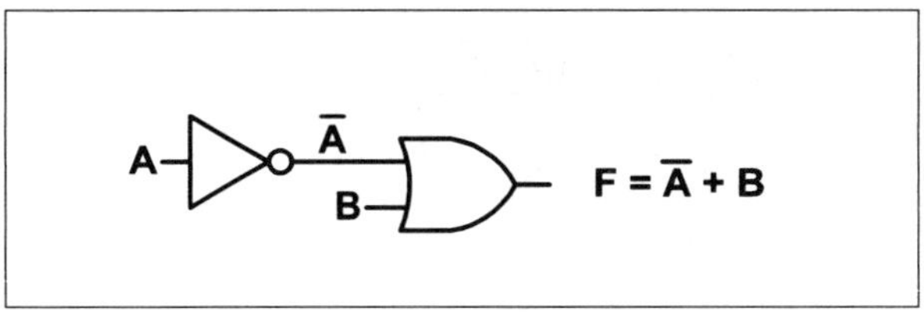

(a)

A B	$\overline{A}$	$F=\overline{A}+B$
0 0	1	1
0 1	1	1
1 0	0	0
1 1	0	1

(b)

[그림 2-7] 2-입력 회로와 진리표

예를 들어 식 (2-3)의 각 논리 변수 A, B, C값을 조합하여 진리표를 구성하면 표 2-6과 같다. 표 2-6의 좌측에는 입력 변수 A, B, C의 논리 값들이 나타나 있다. 각각의 입력 변수들은 0과 1의 값을 취하게 되므로 식 (2-3)에서 보여지는 세 개의 입력 변수들은 8가지의 조합으로 표현된다. 이들 조합들을 2진수로 표현해보면 0 0 0, 0 0 1, ……, 1 1 1로 나타낼 수 있다.

그러면 진리표에서 $\overline{B}$, $A\overline{B}$, $A\overline{B}+C$ 등을 각각 구할 수 있다.

[표 2-6] 진리표

A B C	$\overline{B}$	$A\overline{B}$	$A\overline{B}+C$	A+C	$\overline{B}+C$	$(A+C)(\overline{B}+C)$
0 0 0	1	0	0	0	1	0
0 0 1	1	0	1	1	1	1
0 1 0	0	0	0	0	0	0
0 1 1	0	0	1	1	1	1
1 0 0	1	1	1	1	1	1
1 0 1	1	1	1	1	1	1
1 1 0	0	0	0	1	0	0
1 1 1	0	0	1	1	1	1

따라서 진리표에서 나타낸 입력 변수 A, B, C들로 하여금 표현 가능한 8개의 모든 조합에서 $A\overline{B}+C$와 $(A+C)(\overline{B}+C)$가 동일한 결과를 보임으로 식 (2-3)의 좌변과 우변의 값이 같다는 것을 알 수 있다.

$$A\overline{B}+C=(A+C)(\overline{B}+C) \tag{2-3}$$

만일 n 개의 변수를 가진 부울 식이 있다면 각 변수는 0 또는 1의 값을 가질 수 있고, 서로 다른 값을 갖는 표현 가능한 조합의 가지 수는 2^n 개이다.

$$\underbrace{2\times 2\times 2\times \cdots}_{n\text{개}} = 2^n$$

그러므로 n 개의 변수에 대한 진리표는 2^n 개의 행을 가진다.

2-3 기본 정리

이 절에서는 단일 변수만을 갖는 부울 대수의 기본 정리들을 소개하기로 한다.

$X+0=X$ (2-4) $X\cdot 1=X$ (2-4D)

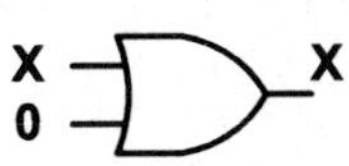

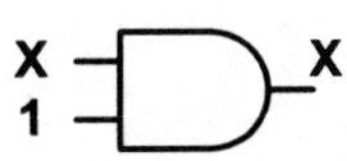

$X+1=1$ (2-5) $X \cdot 0=0$ (2-5D)

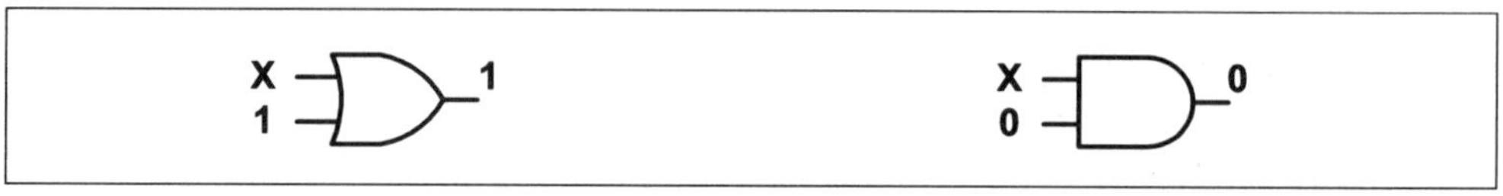

- 동등(Idempotent) 법칙

$X+X=X$ (2-6) $X \cdot X=X$ (2-6D)

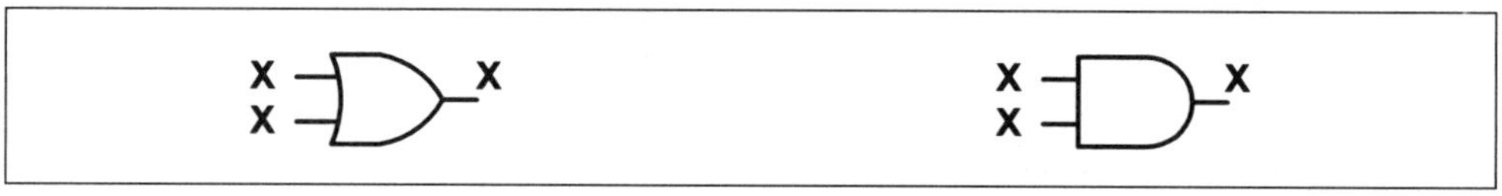

- 누승(Involution) 법칙

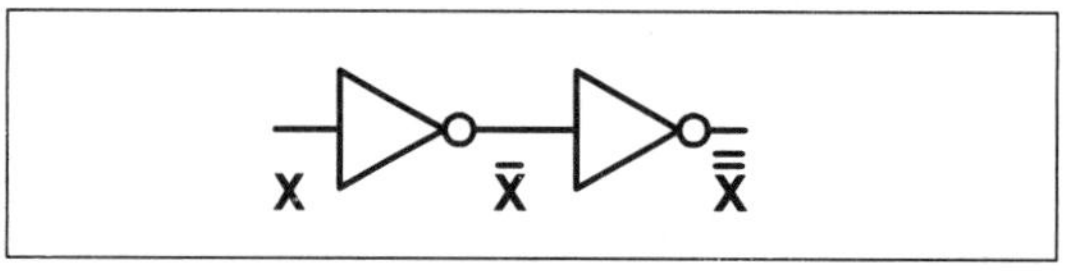

$\overline{\overline{X}}=X$ (2-7)

- 보완(Complementarity) 법칙

$X+\overline{X}=1$ (2-8) $X \cdot \overline{X}=0$ (2-8D)

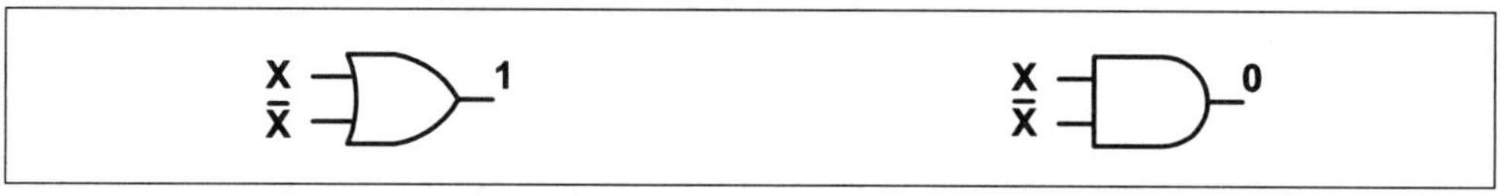

각 정리들을 X의 가능한 두 논리 상수값 "0"과 "1"을 적용해봄으로써 쉽게 증명할 수 있다. 예를 들어 $X+\overline{X}=1$임을 증명하면 다음과 같다.

만일 $X=0$이라고 하면 위 논리식은 $0+\overline{0}=0+1=1$이 되고, $X=1$이라고 하면 $1+\overline{1}=1+0=1$이 된다.

이 정리로부터 어떠한 부울 식이라도 변수 X로 치환할 수 있다. 따라서 $(A\overline{B}+D)E+1$과 같은 부울 식을 정리 (2-5)에 의하여 증명하면

$$(A\overline{B}+D)E+1=X+1=1$$

이 된다.

그리고 또 다른 부울 식 $(A\overline{B}+D)\overline{(A\overline{B}+D)}$를 정리 (2-8D)에 적용하여 증명하면

$$(A\overline{B}+D)\ \overline{(A\overline{B}+D)} = X\cdot\overline{X} = 0$$

이 된다.

또한 기본 정리들을 스위치 회로에 적용해보자. 전처럼 논리 상수 0은 회로나 스위치가 개방된 상태를 나타내고, 논리 상수 1은 회로나 스위치가 단락된 상태를 나타낸다.

만일 두 개의 스위치가 변수 A로 표시된다면 $A=0$일 경우 두 스위치는 개방된 것이고, $A=1$일 경우는 두 스위치가 단락되었음을 의미한다.

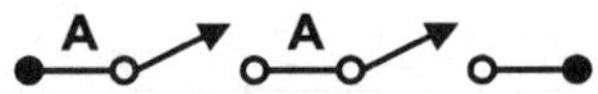

그러므로 이 회로는 하나의 스위치로 대치될 수 있다.

이것은 정리 $A\cdot\ A=A$ 의 예증이다.

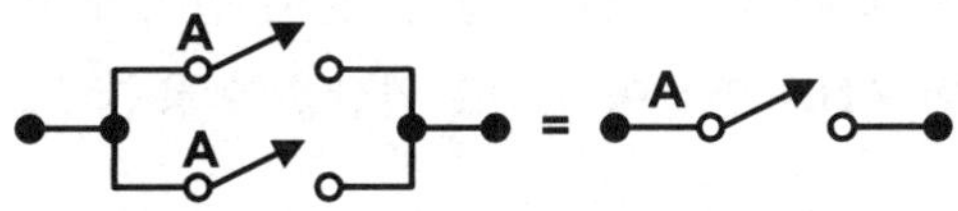

또한 개방 회로에 병렬로 연결된 두 개의 스위치 A는 단일 스위치와 등가이다.

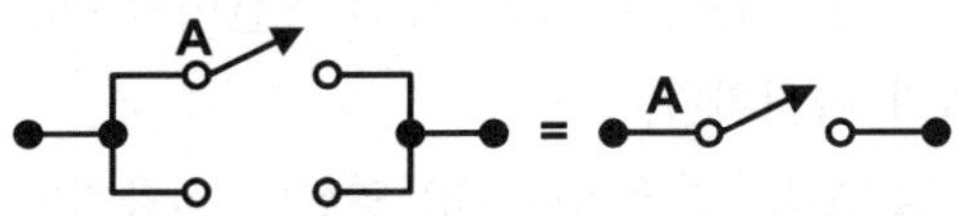

$(A+0=A)$

반면에 단락 회로에 병렬로 스위치가 연결된 경우는 스위치가 없는 상태의 단락 회로와 등가이다.

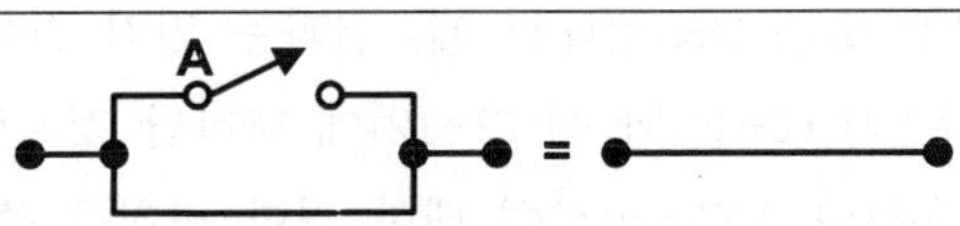

$(A+1=1)$

만일 두 개의 스위치 중 어느 한 개의 스위치가 $\overline{A}$로 표시되었다면 A가 닫혀 있을 때 $\overline{A}$는 열려 있는 것이고, 그 반대의 경우에도 결과는 마찬가지이다. 그러므로 A에 $\overline{A}$가 병렬로 연결되어 있다면 두 개의 스위치 중 어느 하나는 항상 닫혀있기 때문에 이것은 단락 회로로 대치될 수 있다.

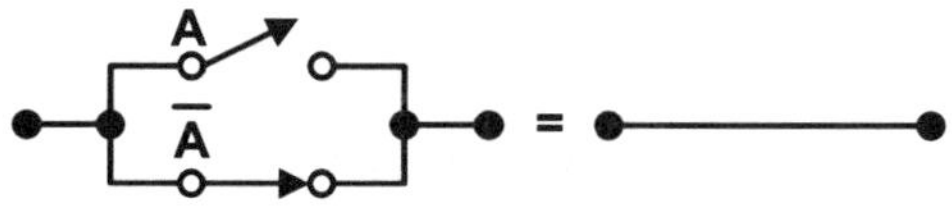

$(A+\overline{A}=1)$

한편 A와 $\overline{A}$가 직렬로 연결되어 있는 회로의 경우는 개방 회로로 대치될 수 있다.

$(A \cdot \overline{A}=0)$

2-4 교환, 결합, 분배 법칙

부울 대수에서는 교환 법칙, 결합 법칙, 분배 법칙과 같은 상용 대수의 법칙들이 적용된다. 예를 들어 AND 연산이나 OR 연산을 이용한 교환 법칙은 다음과 같다.

$$XY=YX \tag{2-9}$$

$$X+Y=Y+X \tag{2-10}$$

위 식에서 쓰여진 변수들의 순서는 AND 연산이나 OR 연산을 수행한 결과에는 어떠한 영향도 미치지 아니한다.

또한 결합 법칙을 AND 연산이나 OR 연산에 적용하여 보면 다음과 같다.

$$(XY)Z=X(YZ)=XYZ \tag{2-11}$$

$$(X+Y)+Z=X+(Y+Z)=X+Y+Z \tag{2-12}$$

여기서 세 변수들이 AND 또는 OR 형태일 때, 결과는 먼저 결합된 변수들의 쌍과는 관계없기 때문에 괄호는 식 (2-11)과 식 (2-12)에 나타난 것처럼 생략될 수 있다.

표 2-7의 진리표를 이용하여 AND 연산에 대한 결합 법칙을 증명해보자.

[표 2-7] AND 연산에 대한 결합 법칙의 증명

X Y Z	XY	YZ	(XY)Z	X(YZ)
0 0 0	0	0	0	0
0 0 1	0	0	0	0
0 1 0	0	0	0	0
0 1 1	0	1	0	0
1 0 0	0	0	0	0
1 0 1	0	0	0	0
1 1 0	1	0	0	0
1 1 1	1	1	1	1

표의 왼쪽에 있는 첫 번째 열에서는 X, Y, Z 변수에 대한 표현 가능한 모든 조합을 나타낸다.

진리표의 다음 두 열은 X, Y, Z값의 각 조합에 대한 XY와 YZ의 AND 연산 값을 나타냈고 마지막 열에는 $(XY)Z$와 $X(YZ)$ 각각의 AND 연산한 결과를 나타내었다. 변수들의 모든 가능한 조합에 대해 $(XY)Z$와 $X(YZ)$가 동일한 결과의 값을 보임으로써 식 (2-11)이 성립됨을 알 수 있다.

그림 2-8은 AND와 OR 게이트를 사용한 결합 법칙을 나타낸다. 그림 2-8(a)에서 두 개의 2-입력 AND 게이트는 한 개의 3-입력 AND 게이트와 대치할 수 있다. 이와 유사하게 그림 2-8(b)에서는 2개의 2-입력 OR 게이트를 한 개의 3-입력 OR 게이트로 대치할 수 있다.

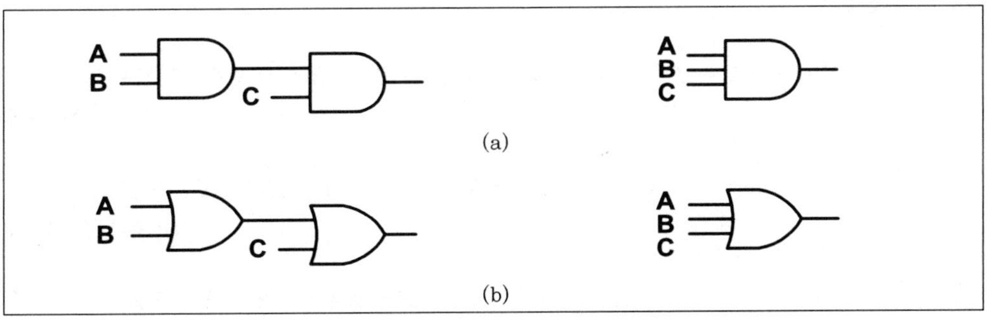

[그림 2-8] AND와 OR 연산에 대한 결합 법칙

둘 또는 그 이상의 입력 변수가 AND되었다고 할 때, 모든 입력 변수가 1일 때에만 그 결과의 값이 1이 된다. 만일 입력 변수들 중 어느 하나라도 0을 가지고 있다면 AND 연산의 결과는 0이 될 것이다.

예를 들어,

$$X = Y = Z = 1 \text{일 때만 } XYZ = 1 \text{이다.}$$

둘 또는 그 이상의 입력 변수가 함께 OR되었다고 할 때, 입력 변수들 중 어느 하나라도 1을 가지고 있다면 그 결과의 값은 1이 된다. 또한 모든 입력 변수가 0이라면 OR 연산의 결과는 0이 될 것이다.

예를 들면,

$$X = Y = Z = 0 \text{일 때만 } X + Y + Z = 0 \text{이다.}$$

그러므로 진리표를 사용하면 분배 법칙의 타당성을 쉽게 증명할 수 있다.

$$X(Y + Z) = XY + XZ \tag{2-13}$$

그러나 일반 대수에서는 적용되지 않는 제2분배 법칙이 있다. 일반적인 분배 법칙은 AND 연산 형태에서 OR 연산 형태로 분배되는데 비해 제2분배 법칙은 OR 연산 형태에서 AND 연산 형태로 분배된다.

제2분배 법칙은 다음과 같다.

$$X + YZ = (X + Y)(X + Z) \tag{2-14}$$

식 (2-14)의 제2분배 법칙을 증명하면 아래와 같다.

[증명]

$$(X + Y)(X + Z) = X(X + Z) + Y(X + Z) = XX + XZ + YX + YZ$$

(2-13에 의해)

$$= X + XZ + YX + YZ = X \cdot 1 + XZ + XY + YZ$$

(2-6D, 2-4D에 의해)

$$= X(1 + Z + Y) + YZ = X \cdot 1 + YZ = X + YZ$$

(2-13, 2-5에 의해)

제2분배 법칙은 부울 식을 나타내는데 매우 유용하게 쓰인다. 특히 일반 대수에서 인수화될 수 없는 $A + BC$와 같은 표현식의 경우 제2분배 법칙을 사용하면 쉽게 인수화할 수 있다.

$$A+BC=(A+B)(A+C)$$

다음 정리들은 부울 식을 최소화하는데 유용하게 사용된다.

$$XY+X\overline{Y}=X \tag{2-15}$$

$$(X+Y)(X+\overline{Y})=X \tag{2-16}$$

$$X+XY=X \tag{2-17}$$

$$X(X+Y)=X \tag{2-18}$$

$$(X+\overline{Y})Y=XY \tag{2-19}$$

$$X\overline{Y}+Y=X+Y \tag{2-20}$$

위 식의 정리들을 사용하면 부울 식을 보다 더 간단한 식으로 바꿀 수가 있다. 이때 표현된 식은 논리 회로에 직접 대응되므로 부울 식을 최소화시키면 논리 회로의 설계도 최소화할 수 있다.

요 약

[부울 식의 간략화]

1. 방법
   - 괄호를 만나면 전개를 한다(식 2-13 적용).
   - 전개된 식을 만나면 공통 변수를 찾는다(식 2-5 적용).
   - 괄호도 없고 공통 변수도 없다면 제2분배 법칙을 적용한다(식 2-14).
2. 기대 효과
   - 부울 식의 간략화를 통해 논리 회로의 설계를 최소화할 수 있다.

   (※ 논리 회로의 목적에 해당)

앞에서 보인 각 정리들은 진리표를 이용하여 증명하거나 또는 기본 정리 이론들을 사용하여 증명할 수 있다.

[증명]

(2-17)의 증명 : $X+XY=X\cdot 1+XY=X(1+Y)=X\cdot 1=X$

(식 2-4D와 식 2-5에 의해)

(2-18)의 증명 : $X(X+Y)=XX+XY=X+XY=X$

(식 2-6D와 식 2-17에 의해)

(2–20)의 증명 : $X\overline{Y}+Y=(X+Y)(\overline{Y}+Y)=(X+Y)\cdot 1=X+Y$

(식 2–14와 식 2–8, 식 2–4D에 의해)

식 (2–20)의 정리를 스위치를 이용하여 증명하면 다음과 같은 회로로 나타낼 수 있다.

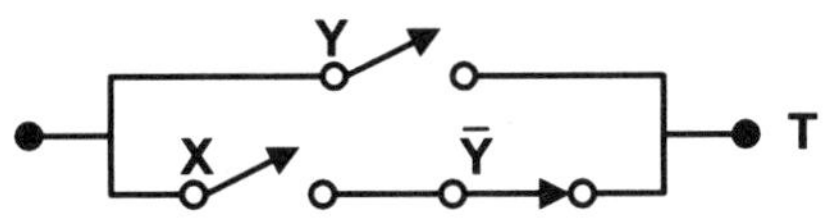

회로에서 스위치 X와 혹은 Y가 닫혔거나 또는 $\overline{Y}$가 닫혔다면 그 단자 사이는 단락 회로가 되기 때문에 $T=X\overline{Y}+Y$이다.

다음 회로는 Y가 단락되면 1을 전송하고 Y가 개방되면 X를 전송하기 때문에 앞서 보인 회로와 등가이다.

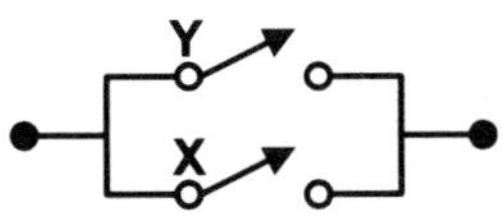

다음은 하나의 정리를 이용하여 논리 회로의 최소화를 예증한 것이다. 그림 2–9(a) 회로의 출력은 아래와 같다.

$$F=A(\overline{A}+B)$$

정리들 중 식 (2–19)에 의해 F의 표현식은 AB로 간략화된다. 그러므로 회로 (a)는 (b)와 같은 등가 회로로 대치될 수 있다.

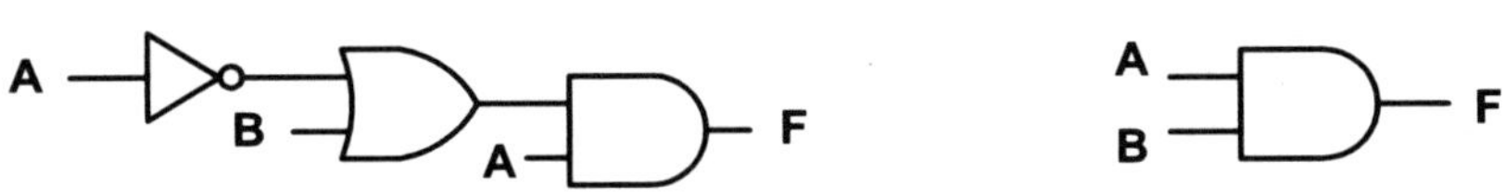

(a) $F=A(\overline{A}+B)$ (b) $F=AB$

[그림 2–9] 등가회로

부울 식에서 어떠한 변수들도 X와 Y로 치환하여 기본 정리들을 적용하면 쉽게 부울 식을 간략화할 수 있다.

예제 2-1

$Z=\overline{A}BC+\overline{A}$ 를 간략화하시오.

[풀이] $X=\overline{A}$와 $Y=BC$로 가정한다면 식 (2-17)과 같은 표현식의 형태가 된다.
따라서 식은 $Z=XY+X=X(Y+1)=X\cdot 1=X=\overline{A}$로 간략화된다.

예제 2-2

$Z=[A+\overline{B}C+D+EF][A+\overline{B}C+\overline{(D+EF)}]$를 간략화하시오.

[풀이] 먼저 $A+\overline{B}C$를 X로 치환하고, $D+EF$를 Y로 치환하면

$$Z=[A+\overline{B}C+D+EF][A+\overline{B}C+\overline{(D+EF)}]$$

치환 : $Z=[\ X\ +\ Y\ ]\ [\ X\ +\ \overline{Y}\ ]$

그러면 식 (2-4D), 식 (2-5), 식 (2-16) 등에 의해 예제의 식은

$$Z=X+X\overline{Y}+XY+Y\overline{Y}=X(1+\overline{Y}+Y)+0=X\cdot 1$$
$$=X=A+\overline{B}C$$

로 간략화된다.

예제 2-3

$Z=(AB+C)(\overline{B}D+\overline{C}\overline{E})+\overline{(AB+C)}$의 표현식을 간략화하시오.

[풀이]

$$Z=(AB+C)(\overline{B}D+\overline{C}\overline{E})+\overline{(AB+C)}$$

치환 : $Z=\ \overline{Y}\qquad X\ +\ Y$

$$Z=(\overline{Y}+Y)(X+Y)=1\cdot(X+Y)=X+Y$$

식 (2-14) 즉, 제2분배 법칙과 식 (2-8), 식 (2-4D)를 적용

$$Z=X+Y=\overline{B}D+\overline{C}\,\overline{E}+\overline{(AB+C)}$$

와 같이 간략화된다.

예제 2-3에서 주어진 식의 치환 과정에서 형태를 식 (2-20)의 형태로 만들기 위하여 $(AB+C)$를 $\overline{Y}$로 즉, $\overline{Y}=(AB+C)$로 치환하는 것에 유의하라.

2-5 드모르간의 법칙(De Morgan's laws)

부울 식에서 역과 쌍대를 이용하여 부울 식의 대수적 최소화를 수행할 수 있다. 어떤 부울 식의 역이나 보수는 아래 정리를 연속적으로 적용함으로써 쉽게 얻을 수 있으며, 이 식을 드모르간 법칙(De Morgan's laws)이라 한다.

$$\overline{(X+Y)} = \overline{X} \cdot \overline{Y} \tag{2-21}$$

$$\overline{X \cdot Y} = \overline{X} + \overline{Y} \tag{2-22}$$

아래의 진리표를 이용하여 드모르간의 법칙을 증명해 보자.

X Y	X + Y	$\overline{X+Y}$	$\overline{X}\,\overline{Y}$	X Y	$\overline{XY}$	$\overline{X}+\overline{Y}$
0 0	0	1	1	0	1	1
0 1	1	0	0	0	1	1
1 0	1	0	0	0	1	1
1 1	1	0	0	1	0	0

따라서 진리표의 결과를 기반으로 식 (2-21)과 식 (2-22)가 성립됨을 알 수 있다. 드모르간 법칙은 n 개의 변수에 대해 쉽게 일반화될 수 있다.

$$\overline{X_1 + X_2 + X_3 + \cdots + X_n} = \overline{X_1} \cdot \overline{X_2} \cdot \overline{X_3} \cdots \overline{X_n} \tag{2-23}$$

$$\overline{X_1 \cdot X_2 \cdot X_3 \cdots X_n} = \overline{X_1} + \overline{X_2} + \overline{X_3} + \cdots + \overline{X_n} \tag{2-24}$$

예를 들어 $n=3$일 때, 식 $\overline{X_1 + X_2 + X_3}$ 는 드모르간 법칙을 적용함으로써

$$\overline{X_1 + X_2 + X_3} = \overline{X_1 + X_2} \cdot \overline{X_3} = \overline{X_1} \cdot \overline{X_2} \cdot \overline{X_3}$$

와 같이 된다.

OR와 AND의 연산을 모두 포함하고 있는 부울 식에서 보수를 만들기 위해서는 드모르간 법칙이 적용된다.

요 약

[드모르간 법칙의 정의]

- 합의 보수는 보수들의 곱이다(NOR 형태는 보수들의 곱으로 표현)
- 곱의 보수는 보수들의 합이다(NAND 형태는 보수들의 합으로 표현)

예제 2-4

$(\overline{A}+B)\overline{C}$를 식 (2-21)과 (2-22)를 이용하여 보수를 구하시오.

[풀이] $\overline{(\overline{A}+B)\overline{C}} = \overline{(\overline{A}+B)} + \overline{\overline{C}} = A\overline{B}+C$

예제 2-5

$(A\overline{B}+C)\overline{D}+E$의 보수를 구하시오.

[풀이]
$\overline{(A\overline{B}+C)\overline{D}+E} = [\overline{(A\overline{B}+C)\overline{D}}]\,\overline{E}$ 식 (2-21에 의해)
$=[\overline{(A\overline{B}+C)}+D]\,\overline{E}$ 식 (2-22에 의해)
$=[\overline{(A\overline{B})}\,\overline{C}+D]\,\overline{E}$ 식 (2-21에 의해)
$=[(\overline{A}+B)\,\overline{C}+D]\,\overline{E}$ 식 (2-22에 의해)

다음은 부울 식을 드모르간의 법칙과 앞서 보인 정리들을 이용하여 결과를 구하고, 그 결과를 진리표를 이용하여 증명한 예이다.

$F=\overline{A}B+A\overline{B}$의 역은 다음과 같이 할 수 있다.

$$\overline{F}=\overline{(\overline{A}B+A\overline{B})}=\overline{(\overline{A}B)}\;\overline{(A\overline{B})}=(A+\overline{B})(\overline{A}+B)$$
$$=A\overline{A}+AB+\overline{A}\,\overline{B}+B\overline{B}=0+AB+\overline{A}\,\overline{B}+0$$
$$=\overline{A}\,\overline{B}+AB$$

이제 F와 $\overline{F}$의 진리표를 만들어 이 결과가 옳다는 것을 증명해보자.

[표 2-8] 진리표

AB	$\overline{A}B$	$A\overline{B}$	$F=\overline{A}B+A\overline{B}$	$\overline{A}\,\overline{B}$	AB	$\overline{F}=\overline{A}\,\overline{B}+AB$
0 0	0	0	0	1	0	1
0 1	1	0	1	0	0	0
1 0	0	1	1	0	0	0
1 1	0	0	0	0	1	1

표 2-8에서 변수 A와 B의 모든 조합에 대하여 어떤 경우이든지 ($F=0$, $\overline{F}=1$)이고 ($F=1$, $\overline{F}=0$)이 됨에 주의하라.

두 가지 형태의 드모르간 법칙에서 역을 취하는 과정은 다음과 같이 설명할 수 있다.

즉, 부울 식의 보수를 구하기 위해서는 각 변수의 보수를 구한 후 "0"은 "1"로 "1"은 "0"으로 대치하고, "+"(OR)는 " · "(AND)로, " · "는 "+"로 재배치하면 된다.

이 법칙을 적용할 때, 괄호를 첨가하거나 삭제함으로써 연산 순서를 지키는 것에 주의해야 한다. 그러기 위해서는 부울 식에서 연산의 우선 순위를 정하여 괄호가 제일 먼저 수행되고, NOT, AND, 그리고 OR의 순서로 수행되어야 하며 그렇게 하지 않으면 올바른 결과를 얻지 못한다.

예제 2-5에서 보수를 취하는 과정에 드모르간 법칙을 적용해보면 다음과 같다.

$$\overline{(A\overline{B}+C)\overline{D}+E} = [(\overline{A}+B)\overline{C}+D]\overline{E} \tag{2-25}$$

식 (2-25)의 좌변에서 C는 $A\overline{B}$에 OR가 된다. 그러면 우변 쪽에서 $\overline{C}$는 $A\overline{B}$의 보수를 취한 값에 AND가 되는 것은 물론이고 괄호가 덧붙여진다.

또한 드모르간 법칙 적용을 일목요연하게 보여주는 식을 하나로 표현해 보면 다음과 같다.

$$[\overline{f(X_1, X_2, \cdots, X_n, 0, 1, +, \cdot)}] = f(\overline{X_1}, \overline{X_2}, \cdots, \overline{X_n}, 1, 0, \cdot, +) \tag{2-26}$$

식 (2-26)을 살펴보면 논리 변수 $X_1, X_2, \ldots\ldots, X_n$, 논리 상수 "0"과 "1", 그리고 연산자 " + "(OR)와 " · "(AND)를 포함하는 하나의 식으로 구성되어 있으며, 드모르간 법칙에 의해 X_1은 $\overline{X_1}$로, $X_2, \ldots\ldots, X_n$은 $\overline{X_2}, \ldots\ldots \overline{X_n}$로, "0"은 "1"로, "1"은 "0"으로, " + "는 " · "로 그리고 " · "는 " + "로 대치되어 있음을 알 수 있다.

또한 아래의 식 (2-27)에서는 연산 순위가 지켜지기 위해 어떻게 괄호가 첨가되거나 삭제되는지를 나타내었다.

$$\overline{(\overline{a}b+\overline{c})(\overline{d}+e\overline{f})+gh+w} = (a+\overline{b})c+d(\overline{e}+f)(\overline{g}+\overline{h})\overline{w} \tag{2-27}$$

2-6 부분곱화(Multiplying out) 및 인수화(Factoring)

앞에서 설명한 분배 법칙은 곱의 합(Sum of products)을 얻기 위하여 부분곱 표현식에 자주 사용한다. 부울 식에서 모든 곱 항들이 단일 변수들의 곱으로 표현되었을 때, 곱의 합이 되었다고 말할 수 있다. 이러한 형태의 부울 식은 완전 부분곱이 되었을 때 최종 결과가 된다.

임의의 부울 식이 합의 곱(Product of sums) 형태로 주어졌을 때 분배 법칙들을 이용하면 쉽게 부분곱으로 대응되는 곱의 합을 얻을 수 있다.

$$X(Y+Z)=XY+XZ$$
$$X+YZ=(X+Y)(X+Z)$$

또한 다음에 보이는 정리는 부울 식을 부분곱화하는 데 매우 유용하게 쓰인다.

$$(X+Y)(\overline{X}+Z)=XZ+\overline{X}Y \tag{2–28}$$

이 식에서 좌변에서 X와 짝지어진 변수 Y는 우변에서 $\overline{X}$와 짝지어지고, 그 반대의 경우 또한 마찬가지이다. 이를 증명해 보면 식 (2–28)은

$X=0$이면 $Y(1+Z)=0+1\cdot Y$가 되어, 결국 $Y=Y$가 되고
$X=1$이면 $(1+Y)Z=Z+0\cdot Y$가 되어, 결국 $Z=Z$가 된다.

따라서 $X=0$, $X=1$ 모두에 쓸 수 있으므로 이 식은 항상 성립한다.

다음에 보이는 식은 곱 항(AND term)들의 합으로 구성되어 있으므로 곱의 합 표현식이라 할 수 있다.

$$A\overline{B}+C\overline{D}E+A\overline{C}\overline{E} \tag{2–29}$$

한편 다른 경우에는 곱의 항이 하나 또는 그 이상의 단일 변수들로 구성될 수도 있다. 예를 들면 다음과 같은

$$AB\overline{C}+DEFG+H \tag{2–30}$$

그리고

$$A+\overline{B}+C+\overline{D}E \tag{2–31}$$

의 식이 있다.

다음에 보이는 식은

$$(A+B)CD+EF$$

$A+B$항이 CD에 곱하여져 있기 때문에 단일 변수들의 곱 항이 아니므로 전체적인 식을 볼 때 곱의 합이라 할 수 없다.

따라서 부분곱의 형식으로 전개하려면 먼저 제2분배 법칙을 적용해야 한다.

예를 들어 부분곱$(A+BC)(A+D+E)$에서 $X=A$, $Y=BC$, $Z=D+E$로 치환하면 식 (2-14)에 의해 다음과 같이 나타낼 수 있다.

$$(X+Y)(X+Z)=X+YZ=A+BC(D+E)=A+BCD+BCE$$

물론, 본래의 식을 다음과 같이 완전하게 부분곱을 취한 후 여분의 항을 제거함으로써 같은 결과를 얻을 수도 있다.

$$\begin{aligned}(A+BC)(A+D+E) &= A+AD+AE+ABC+BCD+BCE \\ &= A(1+D+E+BC)+BCD+BCE \\ &= A+BCD+BCE\end{aligned}$$

제2분배 법칙을 적용하는 방법을 알고 있다면 위와 같은 문제를 어렵게 풀지 않고 쉽게 해결할 수 있을 것이다.

예제 2-6

다음 식을 부분곱화 하시오.

[풀이] (a) $(Q+A\overline{B})(\overline{Q}+\overline{C}D)$

위 식에서 하나의 항에 변수 Q가 있고 다른 한 쪽 항에는 $\overline{Q}$가 있으므로, 이 식은 식 (2-28)을 적용하여 다음과 같이 적어 볼 수 있다.

$$(Q+A\overline{B})(\overline{Q}+\overline{C}D)=Q\overline{C}D+\overline{Q}A\overline{B}$$

만일, 여기서 분배 법칙을 이용하여 단순히 부분곱화를 했다면 결과가 두 개의 항으로 나타나지 않고 다음 식과 같이 네 개의 항으로 구해진다.

$$(Q+A\overline{B})(\overline{Q}+\overline{C}D)=Q\overline{Q}+Q\overline{C}D+\overline{Q}A\overline{B}+A\overline{B}\,\overline{C}D$$

여기서 $A\overline{B}\,\overline{C}D$항은 소거되기 어려우므로 분배 법칙 대신 식 (2-28)의 정리를 적용하는 것이 효과적이다.

(b) $(A+B+\overline{C})(A+B+D)(A+B+E)(A+\overline{D}+E)(\overline{A}+C)$

$$\downarrow \quad \downarrow \quad \downarrow \quad \downarrow \qquad\qquad\qquad \downarrow \quad \downarrow \quad \downarrow \quad \downarrow$$

$(X+Y)\ (X+Z)$ $\qquad$ $(X+Y)\ (\overline{X}+Z)$의 형태가

되므로 다음 식과 같이 된다.

$$=(A+B+\overline{C}D)(A+B+E)[AC+\overline{A}(\overline{D}+E)]$$

여기서, $(X+Y)(X+Z)$로 치환하면 $X+YZ$의 형태가 되어 다음에 보이

는 식들과 같이 간략화 된 형태의 부분곱화가 이루어진다.

$$
\begin{aligned}
&= (A+B+\overline{C}DE)(AC+\overline{A}\,\overline{D}+\overline{A}E) \\
&= AC+ABC+\overline{A}B\overline{D}+\overline{A}BE+\overline{A}\,\overline{C}DE \\
&= AC(1+B)+\overline{A}B\overline{D}+\overline{A}BE+\overline{A}\,\overline{C}DE \\
&= AC+\overline{A}B\overline{D}+\overline{A}BE+\overline{A}\,\overline{C}DE
\end{aligned}
$$

이 예에서 만약 식 (2-28)의 정리를 이용하지 아니하고 분배 법칙만을 적용시켜 전개하면 전체 162개의 항이 발생되고, 완전한 형태의 부분곱화를 얻기 위해서는 158개의 항을 제거해야 한다.

한편 분배 법칙과 식 (2-28)은 합의 곱 형태를 얻기 위해 부울 식을 인수화하는 데 또한 매우 유용하게 쓰인다. 부울 식에서 모든 합이 단일 변수들의 합으로 나타날 때 합의 곱 형태가 된다.

아래의 예에서 식 (2-28)의 정리가 인수화에 사용될 수 있음을 보여준다.

$$AB+\overline{A}C = (A+C)(\overline{A}+B)$$

하나의 항에서 변수를 포함하고 있고 다른 하나의 항에서 보수를 포함하고 있는 두 개의 항이 있을 때, 식 (2-28)의 정리를 적용하면 쉽게 인수화할 수 있다.

인수화는 합한 항(OR term)의 곱으로 구성되므로 다음과 같은 합의 곱 표현식을 예로 들 수 있다.

$$(A+\overline{B})(C+\overline{D}+E)(A+\overline{C}+\overline{E}) \tag{2-32}$$

한편 다른 경우에는 합의 항이 하나 또는 그 이상의 단일 변수들로 구성될 수도 있다. 예를 들면 다음과 같은

$$(A+B)(C+D+E)F \tag{2-33}$$

그리고

$$A\overline{B}C(\overline{D}+E) \tag{2-34}$$

은 합의 곱 형태로 생각되지만, 그러나 $(A+B)(C+D+E)F$는 합의 곱 형태가 아니다. 하나의 표현식은 식 전체가 합의 곱 형식일 때에는 완전한 인수화(Factoring)가

되지만, 그렇지 않은 경우는 완전 인수화가 될 수 없다.

예제 2-7

제2분배 법칙을 사용하여 다음 식을 인수화하시오.

[풀이] (a) $A+\overline{B}CD$

이 식은 치환을 통해 $X+YZ$ 형태로 할 수 있다. 여기서 $X=A$이고 $Y=\overline{B}$, $Z=CD$라고 하면 다음 식과 같이

$$A+\overline{B}CD=(X+Y)(X+Z)=(A+\overline{B})(A+CD)$$

가 되고, $A+CD$에 다시 한 번 제2분배 법칙을 적용하여 전개하면 아래와 같이 완전한 형태의 인수화를 얻을 수 있다.

$$A+\overline{B}CD=(A+\overline{B})(A+C)(A+D)$$

(b) $A\overline{B}+\overline{C}D$는

$X+YZ$ 즉 $X=A\overline{B}$로, $Y=\overline{C}$, $Z=D$로 치환한다면

$X+YZ=(X+Y)(X+Z)$가 되므로

$A\overline{B}+\overline{C}D=(A\overline{B}+\overline{C})(A\overline{B}+D)$가 되고, 다시 한 번 치환하면

$(Y_1Z_1+X_1)(Y_2Z_2+X_2)$의 형태로 할 수 있으며, 제2분배 법칙에 의해

$(Y_1+X_1)(Z_1+X_1)(Y_2+X_2)(Z_2+X_2)$이므로 이는 다음과 같이 전개된다.

$=(A+\overline{C})(\overline{B}+\overline{C})(A+D)(\overline{B}+D)$

(c) $\overline{C}D+\overline{C}\,\overline{E}+\overline{G}H$는

먼저 공통 변수를 찾아 다음과 같이 식을 정리한다.

$$\overline{C}D+\overline{C}\,\overline{E}+\overline{G}H=\overline{C}(D+\overline{E})+\overline{G}H$$

여기서 $Y=\overline{C}$, $Z=D+\overline{E}$, $X=\overline{G}H$로 치환하면

$YZ+X=(Y+X)(Z+X)$ ← 식 (2-14) 적용

$=(\overline{C}+\overline{G}H)(D+\overline{E}+\overline{G}H)$가 되고

다시 한 번 $X_1=\overline{C}$, $Y_1=\overline{G}$, $Z_1=H$로 치환하고,

$X_2=D+\overline{E}, Y_2=\overline{G}, Z_2=H$로 치환한다면

다음과 같이 정리할 수 있다.

$=(\overline{C}+\overline{G})(\overline{C}+H)(D+\overline{E}+\overline{G})(D+\overline{E}+H)$

곱의 합 표현식은 논리 회로에서 한 개 또는 그 이상의 AND 게이트의 출력이 OR 게이트로 들어가는 형태에 의해 실현될 수 있다.

그림 2-10은 식 (2-29)와 식 (2-31)에 대한 2단(Two-level circuit) 논리 회로이다. 입력 변수 쪽에 보수 발생을 나타내는 인버터가 요구되지만 생략하였다.

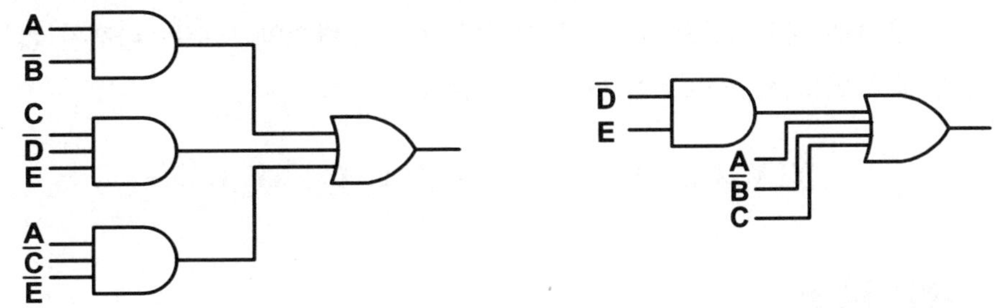

(a) 식 (2-29) (b) 식 (2-31)

[그림 2-10] 식 (2-29)와 식 (2-31)에 대한 논리 회로

또한 합의 곱 표현식은 논리 회로에서 한 개 또는 그 이상의 OR 게이트의 출력이 AND 게이트로 들어가는 형태에 의해 실현될 수 있다. 그림 2-11은 식 (2-32)와 식 (2-34)에 대한 2단 논리 회로이며 입력 변수 쪽에 보수 발생을 나타내는 인버터는 생략하였다.

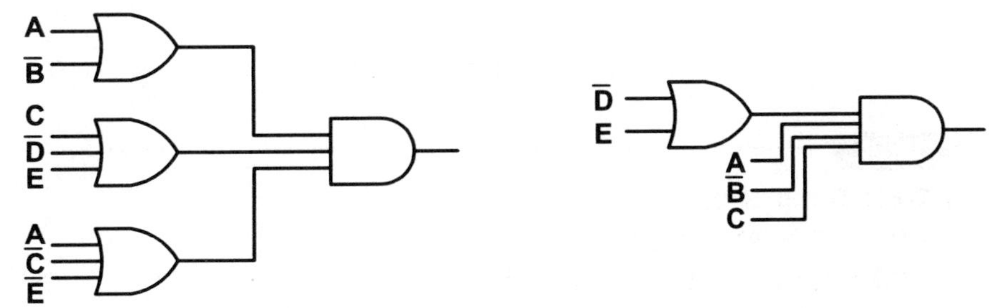

(a) 식 (2-32) (b) 식 (2-34)

[그림 2-11] 식 (2-32)와 식 (2-34)에 대한 논리 회로

요 약

[부분곱화와 인수화의 요약]

- 부분곱화는 단일 변수들의 곱의 합 형태로 표현(AND term화)
- 인수화는 단일 변수들의 합의 곱 형태로 표현(OR term화)

2-7 쌍대성 정리(Duality theorem)

부울 식에서 주어지는 쌍대(Dual)는 AND를 OR로, OR를 AND로 바꾸고 1을 0으로, 0을 1로 대치시킴으로써 만들어진다. 이 때 변수와 보수는 바뀌지 않는다.

쌍대를 만드는 규칙은 식 (2-35)와 같다.

$$[f(X_1, X_2, \ldots, X_n, 0, 1, +, \cdot)]^D = f(X_1, X_2, \ldots, X_n, 1, 0, \cdot, +) \qquad (2\text{-}35)$$

예제 2-8

$F = a\overline{b} + c + 0 \cdot \overline{d}(1+e)$의 쌍대를 구하시오.

[풀이] 예제의 쌍대 정리는 $F^D = (a+\overline{b})c(1+\overline{d}+0 \cdot e)$가 된다.

부울 식에서 쌍대를 구하는 방법은 변수가 보수화되지 않는 것을 제외하고는 보수를 구하는 방법과 비슷하다. 따라서 쌍대를 만드는 방법은 우선 주어진 식의 보수를 구한 후 각각의 변수를 대치하면 쉽게 구할 수 있다.

예를 들어, 부울 식 $(X+\overline{Y})Y = XY$가 주어진다면 쌍대는 다음과 같이 구할 수 있다.

$$X\overline{Y} + Y = X + Y$$

요 약

[쌍대성 정리의 요약]

- OR 연산자는 AND 연산자로 대치한다.
- AND 연산자는 OR 연산자로 대치한다.
- 부울 식에서 나타내는 모든 0과 1은 보수를 취해 표현한다.
- 변수나 보수는 바뀌지 아니한다.

2-8 Exclusive-OR와 동치연산

Exclusive-OR(배타적 논리합) 연산은 아래와 같이 정의된다.

$$0 \oplus 0 = 0, \quad 0 \oplus 1 = 1, \quad 1 \oplus 0 = 1, \quad 1 \oplus 1 = 0$$

여기서 "⊕" 기호는 Exclusive-OR 연산자임을 나타내며 진리표는 다음과 같다.

X Y	X⊕Y
0 0	0
0 1	1
1 0	1
1 1	0

이 진리표로부터 입력 논리 변수 X와 Y, 둘 중 어느 하나만이 "1"일 경우 $X\oplus Y=1$이 됨을 알 수 있다. 그러나 앞에서 정의한 일반적인 OR 연산은 $X=1$이거나 $Y=1$일 때, 또는 양쪽 모두 1일 때도 $X+Y=1$이 되므로 "통합적 논리합"(Inclusive OR)이라고도 한다.

배타적 논리합은 AND와 OR에 의해 나타낼 수 있다.

$$X\oplus Y=\overline{X}\,Y+X\,\overline{Y} \tag{2-36}$$

식 (2-36) 우변의 첫 번째 항에서 $X=0$이고 $Y=1$이면 결과는 1이 되고, 두 번째 항에서 $X=1$이고 $Y=0$이면 결과가 1이 된다. 이때, X나 Y 둘 중 한쪽이 1일 때만 $X\oplus Y=1$이라는 것을 살펴보면 식 (2-37)을 유도해 낼 수 있다.

$$X\oplus Y=(X+Y)\overline{(XY)}=(X+Y)(\overline{X}+\overline{Y})=\overline{X}\,Y+X\,\overline{Y} \tag{2-37}$$

Exclusive-OR 연산을 수행하는 논리 게이트는 다음 그림과 같이 나타낸다.

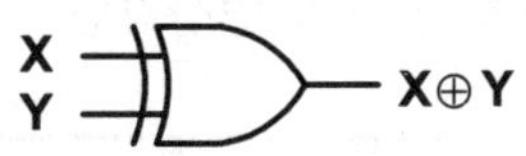

Exclusive-OR 연산을 아래의 공식에 적용하면 다음과 같다.

$$X\oplus 0=X \tag{2-38}$$

$$X\oplus 1=\overline{X} \tag{2-39}$$

$$X\oplus X=0 \tag{2-40}$$

$$X\oplus \overline{X}=1 \tag{2-41}$$

$$X\oplus Y=Y\oplus X \text{ [교환법칙]} \tag{2-42}$$

$$(X \oplus Y) \oplus Z = X \oplus (Y \oplus Z) = X \oplus Y \oplus Z \text{ [결합법칙]} \tag{2-43}$$

$$X(Y \oplus Z) = XY \oplus XZ \text{ [분배법칙]} \tag{2-44}$$

$$\overline{(X \oplus Y)} = X \oplus \overline{Y} = \overline{X} \oplus Y = XY + \overline{X}\,\overline{Y} \tag{2-45}$$

요 약

[Exclusive-OR 연산의 요약]

- 배타적 논리합의 출력은 입력 논리 변수 X와 Y, 둘 중 어느 하나만이 1일 경우에만 1이 된다.

예제 2-9

다음 식 $XY \oplus XZ$를 분배법칙을 이용하여 증명하시오.

[풀이] $XY \oplus XZ = XY\overline{(XZ)} + \overline{(XY)}XZ = XY(\overline{X} + \overline{Z}) + (\overline{X} + \overline{Y})XZ$

$= \overline{X} \cdot XY + XY\overline{Z} + \overline{X} \cdot XZ + X\overline{Y}Z$

$= 0 + XY\overline{Z} + 0 + X\overline{Y}Z$

$= XY\overline{Z} + X\overline{Y}Z$

$= X(Y\overline{Z} + \overline{Y}Z) = X(Y \oplus Z)$

한편 동치 연산(Equivalence operations)은 아래와 같이 정의된다.

$$0 \equiv 0 = 1, \quad 0 \equiv 1 = 0, \quad 1 \equiv 0 = 0, \quad 1 \equiv 1 = 1$$

여기서 "≡" 기호는 동치 연산의 연산자임을 나타내며 진리표는 다음과 같다.

X Y	X ≡ Y
0 0	1
0 1	0
1 0	0
1 1	1

동치 연산의 정의와 진리표로부터 $X = Y$일 경우에만 $(X \equiv Y) = 1$이 된다는 사실을 알았다. 즉 $X = Y = 1$이거나 $X = Y = 0$일 때 $(X \equiv Y) = 1$이 된다. 이것을 식으로 적어보면 다음과 같다.

$$(X \equiv Y) = XY + \overline{X}\,\overline{Y} \tag{2-46}$$

동치 연산은 Exclusive-OR 연산의 보수 형태이다.

$$
\begin{aligned}
\overline{(X \oplus Y)} &= \overline{(\overline{X}\,Y + X\,\overline{Y})} = (X + \overline{Y})(\overline{X} + Y) \\
&= X\,Y + \overline{X}\,\overline{Y} = (X \equiv Y)
\end{aligned}
\tag{2-47}
$$

동치 연산은 Exclusive-OR 연산과 같이 교환적이고 결합적이다. 즉 교환 법칙과 결합 법칙이 적용될 수 있다.

동치 연산을 수행하는 논리 게이트는 다음 그림과 같다.

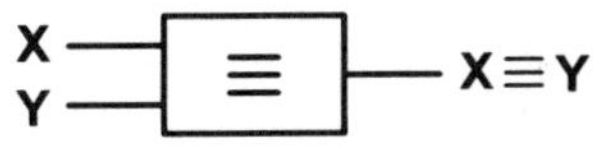

동치 게이트는 Exclusive-OR 연산의 보수이므로 보수 출력이 달린 Exclusive-OR 게이트를 대신 사용하기도 한다.

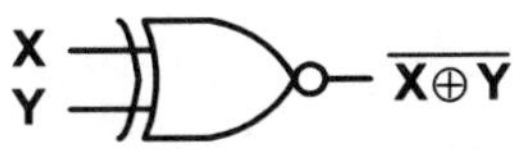

따라서, 동치 게이트를 Exclusive-NOR 게이트(⊙)라고 부르기도 한다.

요 약

[Exclusive-NOR 연산의 요약]

- 동치 연산의 출력은 입력 논리 변수 X와 Y가 같을 경우에만 1이 된다.

다음에 보이는 Exclusive-OR와 동치 연산뿐만 아니라 AND와 OR 연산을 포함하고 있는 부울 식을 최소화시키기 위해서는, ⊕와 ≡ 연산을 줄이기 위해 식 (2-36)과 식 (2-46)을 적용하는 것이 바람직하다.

그 예로 다음 식을 최소화하면,

$$F = (\overline{A}B \equiv C) + (B \oplus A\overline{C})$$

식 (2-36)과 식 (2-46)에 의해

$$
\begin{aligned}
F&=[(\overline{A}\,B)\,C+\overline{(\overline{A}\,B)}\;\overline{C}]+[\,\overline{B}(A\overline{C})+B\,\overline{(A\,\overline{C})}\,]\\
&=\overline{A}\,BC+(A+\overline{B})\,\overline{C}+A\overline{B}\,\overline{C}+B(\overline{A}+C)\\
&=B(\underset{Y_1}{\overline{A}}\;\underset{Z_1}{C}+\underset{X_1}{\overline{A}}\;+\;C)+\overline{C}(\underset{X_2}{A}\;+\;\overline{B}+\underset{Y_2}{A}\;\;\underset{Z_2}{\overline{B}})
\end{aligned}
$$

$$
\begin{aligned}
&(Y_1+X_1)(Z_1+X_1)(X_2+Y_2)(X_2+Z_2)\\
&=B[(\overline{A}+\overline{A}+C)\,(C+\overline{A}+C)]+\overline{C}[(A+\overline{B}+A)\,(A+\overline{B}+\overline{B})]\\
&=B[(\overline{A}+C)\,(\overline{A}+C)]+\overline{C}[(A+\overline{B})\,(A+\overline{B})]\\
&=B(\overline{A}+C)+\overline{C}(A+\overline{B})
\end{aligned}
$$

가 된다.

그리고 여러 개의 Exclusive-OR나 동치 연산을 포함하고 있는 부울 식을 다룰 때 아래 식을 사용하면 유용하다.

$$\overline{(X\overline{Y}+\overline{X}\,Y)}=X\,Y+\overline{X}\;\overline{Y} \tag{2-48}$$

[증명]

$$
\begin{aligned}
\overline{(X\overline{Y}+\overline{X}\,Y)}&=\overline{(X\overline{Y})}\;\overline{(\overline{X}\,Y)}=(\overline{X}+Y)\,(X+\overline{Y})\\
&=\overline{X}\,X+\overline{X}\;\overline{Y}+X\,Y+Y\,\overline{Y}=X\,Y+\overline{X}\;\overline{Y}
\end{aligned}
$$

예를 들어, $\overline{A}\oplus B\oplus C$는 아래와 같이 나타낼 수 있다.

$$
\begin{aligned}
\overline{A}\oplus B\oplus C&=[\overline{A}\;\overline{B}+\overline{(\overline{A})}\,B]\oplus C\\
&=(\overline{A}\;\overline{B}+A\,B)\,\overline{C}+\overline{(\overline{A}\;\overline{B}+AB\,)}\;C\\
&=(\overline{A}\;\overline{B}+A\,B)\,\overline{C}+[\,\overline{(\overline{A}\;\overline{B})}\;\overline{(AB)}\,]\;C\\
&=(\overline{A}\;\overline{B}+A\,B)\,\overline{C}+[\,(A+B)\;\;(\overline{A}+\overline{B})]\,C\\
&=(\overline{A}\;\overline{B}+A\,B)\,\overline{C}+(A\,\overline{A}+A\,\overline{B}+\overline{A}\,B+B\overline{B})\,C\\
&=(\overline{A}\;\overline{B}+A\,B)\overline{C}+(\overline{A}\,B+A\overline{B})\,C \quad \text{식 (2-36)에 의해}\\
&=\overline{A}\;\overline{B}\;\overline{C}+A\,B\overline{C}+\overline{A}\,BC+A\,\overline{B}\;C \quad \text{식 (2-48)에 의해}
\end{aligned}
$$

2-9 정 논리(Positive logic)와 부 논리(Negative logic)

논리 게이트들은 다이오드, 트랜지스터 또는 다른 논리 소자들을 사용하여 만들어진다. 이 절에서는 입출력 게이트에 나타난 전압 레벨(Voltage level)과 게이트에서 실행되는 논리 함수 사이의 관계를 알아보겠다.

정상적인 조건에서 동작할 수 있는 논리 게이트는 입력 단자에 인가되는 전압이 두 개(0, 또는 +V Volts)의 값 중에 하나로 제한된다. 이 정상적인 입력 전압이 하나의 논리 게이트에 인가되었을 때, 출력 단자에 나타나는 전압은 두 개의 전압 가운데 하나라고 가정할 수 있다.

표 2-9는 그림 2-12의 논리 게이트에 대한 입출력 전압을 보여준다. 이제 각각의 입출력 전압은 두 개의 정상적인 값, 0 볼트나 +V 볼트 중 하나를 가질 수 있다고 가정해 보자.

그림 2-12의 논리 게이트에서 입력 단자의 수가 3개이므로 표 2-9에는 8가지의 서로 다른 입력 전압 조합이 있을 수 있다.

예를 들어, 입력 전압들이 $e_1 = 0$, $e_2 = e_3 = +V$ 볼트라고 가정하면 출력 전압 e_o는 0 볼트가 된다.

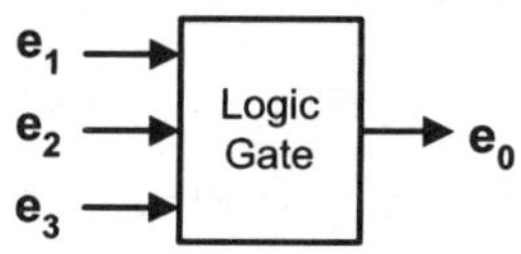

[그림 2-12] 논리회로

[표 2-9] 전압

e_1	e_2	e_3	e_0
0	0	0	0
0	0	+V	0
0	+V	0	0
0	+V	+V	0
+V	0	0	0
+V	0	+V	0
+V	+V	0	0
+V	+V	+V	+V

논리 게이트에 의해 실현된 논리 함수를 결정하기 위해서는 전압 레벨을 논리 값(0, 또는 1)으로 해석해야 한다. 전압 레벨을 해석하는 두 가지의 방법들은 다음과 같다.

a. 0 볼트를 논리 0으로, +V 볼트를 논리 1로 하는 정 논리

b. +V 볼트를 논리 0으로, 0 볼트를 논리 1로 하는 부 논리

일반적으로 두 개의 전압 레벨이 주어진다면 정 논리와 부 논리는 다음과 같이 정의된다.

- 정 논리 : 두 개의 전압 레벨 중에 낮은 것을 논리 0으로 대치하고 높은 것을 논리 1로 대치한다.
- 부 논리 : 두 개의 전압 레벨 중에 높은 것을 논리 0으로 대치하고 낮은 것을 논리 1로 대치한다.

실제로 이 두 가지 방법들은 모두 사용되므로 숙달해 두어야 한다.

앞서 설명한 표 2-9를 정 논리에 의해 전환시켜 보면 다음과 같은 표 2-10을 얻을 수 있다.

[표 2-10] 정 논리

e_1	e_2	e_3	e_0
0	0	0	0
0	0	1	0
0	1	0	0
0	1	1	0
1	0	0	0
1	0	1	0
1	1	0	0
1	1	1	1

e_1, e_2, e_3가 모두 1일 경우에만 e_o가 1이 되므로 즉, $e_0 = e_1 \cdot e_2 \cdot e_3$이 되어 정 논리에 대한 AND 함수가 실행된다.

만약 표 2-9를 부 논리에 의해 전환시켜 보면 다음과 같은 표 2-11을 얻을 수 있다.

e_1, e_2 혹은 e_3가 1일 때에 e_o는 1이 되므로, $e_0 = e_1 + e_2 + e_3$이 되어 부 논리에 의한 OR 함수가 실행된다. 이러한 사실을 기반으로 부 논리로 실현된 어떤 함수는 정 논리에서 그 함수의 쌍대가 됨을 알 수 있다.

[표 2-11] 부 논리

e_1	e_2	e_3	e_0
1	1	1	1
1	1	0	1
1	0	1	1
1	0	0	1
0	1	1	1
0	1	0	1
0	0	1	1
0	0	0	0

예제 2-10

정 논리로 표현된 다음 주어진 식을 부 논리로 표현하시오.

$$G = AB\overline{C} + \overline{A}\,\overline{B}C$$

입출력 전압이 0 볼트와 +5 볼트일 때, 정 논리에서는 0 볼트를 논리 "0"으로, +5 볼트를 논리 "1"로 해석한다.

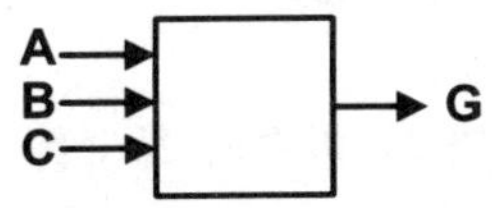

[풀이] 부 논리에서는 0 볼트를 논리 1로, +5 볼트를 논리 0으로 해석한다. 그러면 예제에서 제시한 식은 다음과 같이 된다.

$$G = (A + B + \overline{C})(\overline{A} + \overline{B} + C)$$

정 논리로 실현된 논리 회로의 함수를 안다면 부 논리 정리(Negative logic theorem)를 적용하여 부 논리에 대한 논리 함수를 쉽게 구할 수 있다.

■ 부 논리 정리 ■

정 논리에 의해 입출력 변수가 결정될 때 조합 논리 회로(Combinational logic network)가 어떤 함수 F로 실현된다면, 입출력 변수가 부 논리로 결정될 때에는 함수 F의 쌍대(FD)를 실현할 수가 있다.

[증명]

그림 2-13(a)는 모든 변수들에 대해 정 논리를 적용한 경우이고, (b)는 부 논리 변수들을 사용하여 입출력을 나타낸 것이다.

(a) 정 논리 (b) 부 논리

[그림 2-13] 논리 적용

예를 들어 i 번째 단자에 적용된 주어진 입력에서 $x_i = 1$이면 $w_i = 0$이고 $x_i = 0$이면 $w_i = 1$이 되므로, $x_i = \overline{w_i}$가 되며 이와 유사하게 $z = \overline{y}$ 가 된다. 정 논리 변수들에 대하여 $z = f(x_1, x_2, \ldots, x_n)$이라고 하자.

그러면 부 논리 변수들에서는 다음과 같이 적어 볼 수 있다.

$$\overline{y} = f(\overline{w_1}, \overline{w_2}, \ldots, \overline{w_n})$$

그러므로,

$$y = \overline{[f(\overline{w_1}, \overline{w_2}, \ldots, \overline{w_n})]} = f^D(w_1, w_2, \ldots, w_n)$$

이 되는 것은 함수의 쌍대가 그 함수의 보수를 취하고 다시 그에 대한 보수를 취한 후 각각의 변수들을 대치함으로써 얻을 수 있다. 만일 예제 2-10에서 했던 것과 같이 정·부 논리에 같은 변수 이름을 썼다면 정 논리에 대한 부 논리는 아래와 같이 표시된다.

$$z = \overline{[f(\overline{x_1}, \overline{x_2}, \ldots, \overline{x_n})]} = f^D(x_1, x_2, \ldots, x_n)$$

"부 논리 정리"를 적용함으로써 정 논리에 대한 AND 연산의 실현과 부 논리에 대한 OR 연산의 실현을 하나의 연산으로 할 수 있음을 알았다.

Exclusive-OR의 쌍대가 아래와 같으므로

$$(x \oplus y)^D = (\overline{x}\,y + x\overline{y})^D = (\overline{x} + y)(x + \overline{y}) = \overline{x}\,\overline{y} + xy = (x \equiv y) \qquad (2\text{–}49)$$

정 논리에 대한 Exclusive-OR를 실현하는 연산은 부 논리에 대한 동치 연산을 실현한다.

연습문제

01 논리 회로의 논리 상태를 표현한 것 중 옳지 않은 것은?

① 1, 0 ② High, Low
③ On, Off ④ Input, Output

02 NOT 게이트에 대한 설명으로 옳은 것은?

① 입력이 1일 때 출력은 0이다
② 두 입력이 모두 1일 때 출력이 1이다
③ 두 개의 입력이 서로 같지 않을 때만 출력이 1이다
④ 두 입력 중 어느 하나의 입력이 1일 때 출력이 0이다

03 아래 스위칭 회로의 논리식이 옳은 것은?

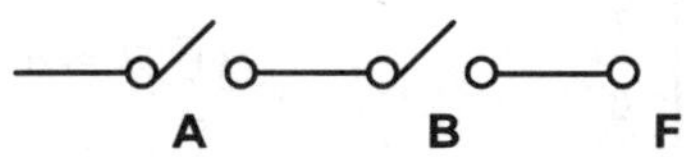

① F = A+B ② F = A・B ③ F = A−B ④ F = A/(B+A)

04 입력이 모두 0(Low)일 때만 출력이 1(High)로 나오는 게이트는?

① AND 게이트 ② NAND 게이트 ③ OR 게이트 ④ NOR 게이트

05 2개의 입력을 가지는 경우, 그 입력이 모두 같을 때에는 '0'이고, 다를 때에는 '1'이 되는 동작을 하는 회로는?

① XOR ② NAND ③ OR ④ AND

06 다음 진리표를 나타내는 회로는?

A	B	Y
0	0	0
0	1	1
1	0	1
1	1	0

① NOR
② XOR
③ ENOR
④ AND

07 Exclusive-OR 설명으로 옳은 것은?

① 입력이 같을 때 출력=1, 서로 다를 때 출력=0 발생
② 입력이 같을 때 출력=0, 서로 다를 때 출력=1 발생
③ 보통 동치 게이트(Equivalence gate)라 불린다.
④ mod-2 합산 형태로 취급할 수 없다.

08 컴퓨터의 연산장치에서 2개의 자료 11011101, 01101101을 Exclusive-OR 연산하였을 때의 결과는?

① 01001111　② 10110000　③ 11111101　④ 01001101

09 다음 진리표에 상당하는 논리식은?

입력		출력
A	B	T
0	0	0
0	1	1
1	0	1
1	1	0

① $T = \overline{A} \cdot B + A \cdot \overline{B}$
② $T = A \cdot B + \overline{A} \cdot \overline{B}$
③ $T = A \cdot \overline{A} + B \cdot \overline{B}$
④ $T = A \cdot \overline{A} + \overline{A} \cdot \overline{B}$

10 다음 게이트의 출력은?(단, A=B=S=1)

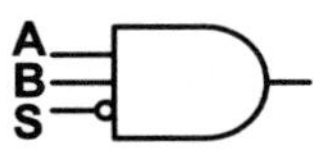

① 0　② 1　③ AB　④ S

11 다음 2진수 연산 중 올바른 결과를 표현하고 있는 것은?

① 01 + 10 = 11　② 11 − 10 = 10
③ 11 AND 10 = 11　④ 01 OR 10 = 01
⑤ 11 XOR 10 =10

12 두 개의 자료$(11001011)_2$과 11110000_2의 데이터를 ALU에 의해 어떤 연산이 수행되어 $(11000000)_2$의 결과가 나왔다. 이 때 ALU에서 이루어진 연산은?

① XOR 연산　② OR 연산
③ NOT 연산　④ AND 연산

13 아래 그림과 같은 논리회로가 A = 101, B = 011, C = 100이 동시에 같은 주기로 입력되었을 때 X에 출력되는 값은?

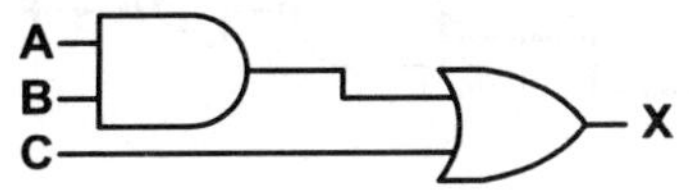

① 000
② 001
③ 100
④ 101

14 다음 회로도의 A 값이 1100이고, B 값이 0001일 때 출력 F의 값은?

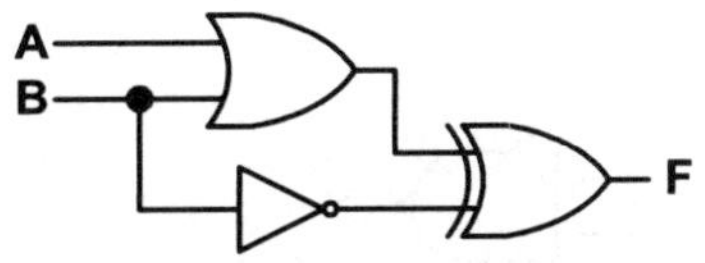

① 0011
② 1100
③ 1101
④ 1011

15 A 값이 0011, B 값이 0101일 때 그림에서 출력 Y 값은?

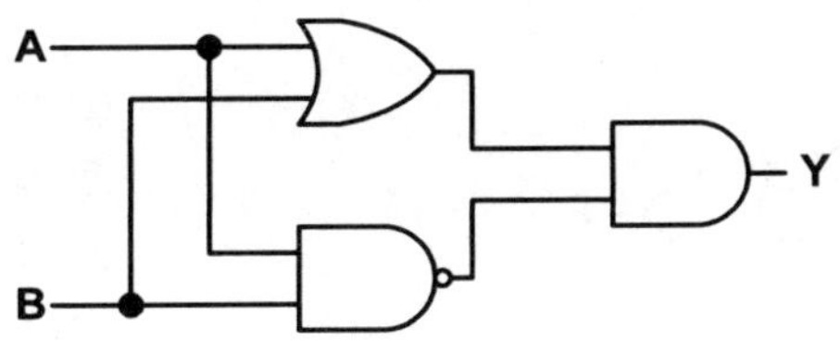

① 1001
② 1100
③ 0011
④ 0110

16 다음 출력 결과는?

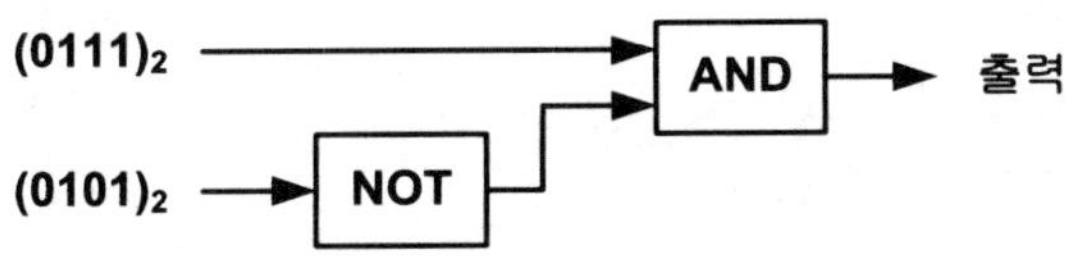

① $(0000)_2$
② $(0101)_2$
③ $(1111)_2$
④ $(0010)_2$

17 논리회로에 의해 계산된 결과 X는?

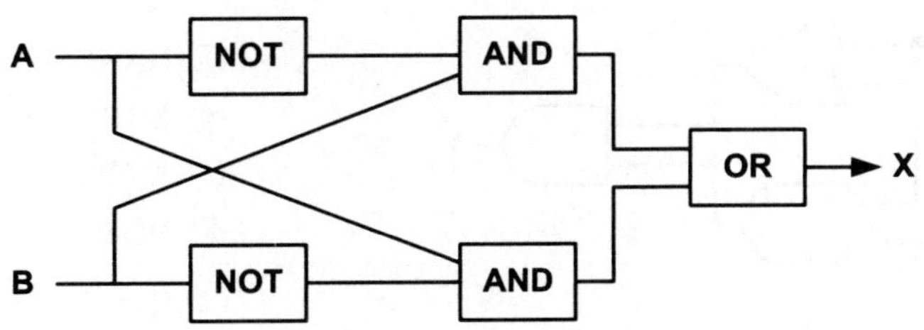

① $X=\overline{A+B}$
② $X=\overline{A}+\overline{B}$
③ $X=A\oplus B$
④ $X=A+B$

18 다음 회로를 간단화하면?

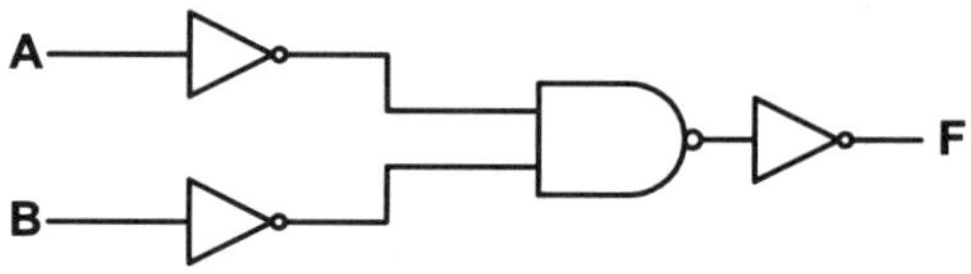

① 

② 

③ 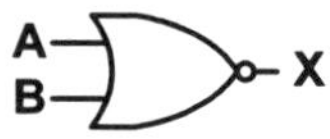

④ 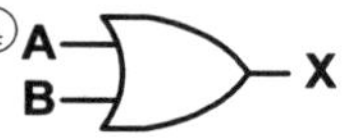

19 그림과 같은 기능을 나타내는 게이트(Gate)는?

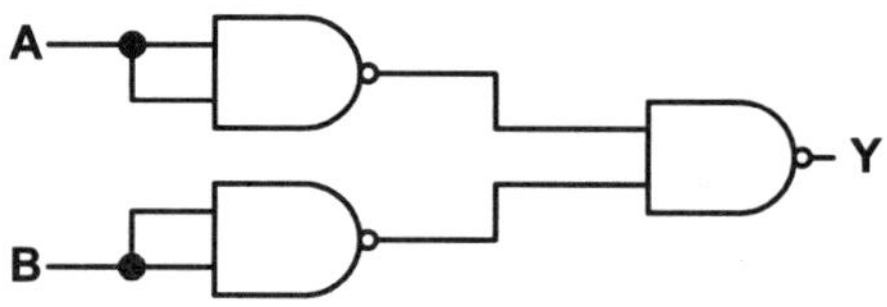

① AND 게이트
② OR 게이트
③ NAND 게이트
④ NOR 게이트

20 그림의 논리회로는 어떤 게이트 함수와 같은가?

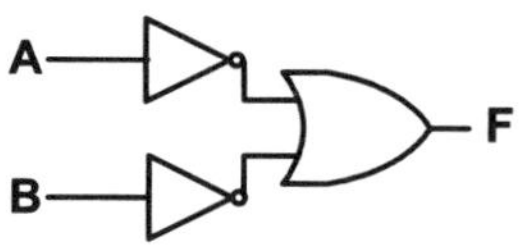

① NOR
② NAND
③ XOR
④ AND

21 다음 게이트 회로의 명칭은?

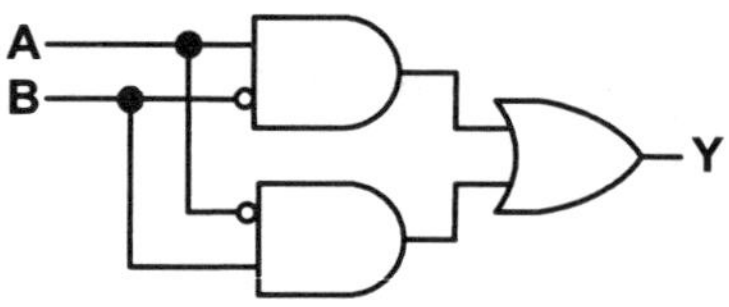

① Exclusive-OR
② AND
③ NOR
④ NAND

22 그림과 같은 논리회로의 기능은 어떤 게이트인가? (단, X: Exclusive의 약자임)

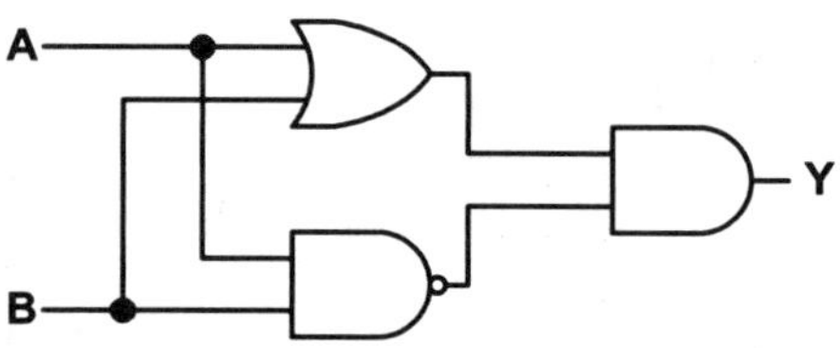

① NAND
② XOR
③ XNOR
④ NOR

23 다음 회로에 대한 진리표는?

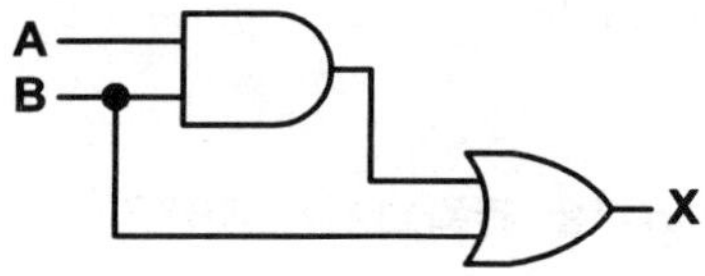

①

A	B	X
0	0	0
0	1	1
1	0	1
1	1	1

②

A	B	X
0	0	0
0	1	1
1	0	0
1	1	1

③

A	B	X
0	0	0
0	1	0
1	0	0
1	1	1

④

A	B	X
0	0	1
0	1	0
1	0	1
1	1	0

24 다음 논리회로 법칙 중 서로 잘못 연결된 것은?

① 교환법칙 : $A+B=B+A$
② 결합법칙 : $A \cdot (B+C)=A \cdot B+A \cdot C$
③ 분배법칙 : $A+(B \cdot C)=(A+B) \cdot (A+C)$
④ 드모르간의 법칙 : $\overline{A \cdot B}=\overline{A}+\overline{B}$

25 논리식 $A+\overline{A}B$를 간단히 하면?

① $A+B$　② $\overline{A}+B$　③ $\overline{A}+\overline{B}$　④ A

26 다음 논리식 중 성립되지 않는 것은?

① $A \cdot A=A$　② $A=\overline{\overline{A}}$　③ $A+\overline{A}=A$　④ $A \cdot \overline{A}=0$

27 논리식 $Y=AB+A\overline{B}+\overline{A}B$를 최소화한 것은?

① $A+B$　② $\overline{A}+\overline{B}$　③ $\overline{A+B}$　④ AB

28 $A \cdot \overline{B}+B+A \cdot C$를 간단히 하면?

① $A+B$ ② $\overline{A}+B$ ③ $A+\overline{B}$ ④ $\overline{A}+\overline{B}$

29 다음 $Y=\overline{A}\,\overline{B}C+A\overline{B}C+BC$를 간략화시킨 것은?

① 1 ② A ③ B ④ C

30 $(X+Y)\cdot(X+\overline{Y})$를 간략히 하면?

① $X+Y$ ② $X\cdot Y$ ③ X ④ Y

31 다음 논리식 중 올바르지 않은 것은?

① $A+A+AB=A$
② $\overline{A}+AB=\overline{A}+B$
③ $(A+B)\ (A+\overline{B})=A$
④ $A(A+B)=B$

32 다음 논리식 $A+AB+A+1$를 간단히 표현하면?

① 1 ② A ③ B ④ 0

33 논리식 $X=A\cdot B+A\cdot C+A\cdot\overline{B}\cdot\overline{C}$를 간단히 한 결과식은?

① A ② $\overline{A}$ ③ AB ④B

34 $X=(A+B)\ \overline{(A \cdot B)}$와 같은 것은?

① $A+\overline{B}$
② $\overline{A}B+A\overline{B}$
③ $A+B$
④ $\overline{A}+B$

35 부울 대수 식의 정리 중 옳지 않은 것은?

① $A+AB=A$
② $A+\overline{A}B=A+B$
③ $A+0=A$
④ $A(\overline{A}+AB)=A+B$

36 다음 부울 함수의 대수식이 올바르게 성립하지 않는 것은?

① $\overline{X \cdot Y}=\overline{X}+\overline{Y}$
② $X \cdot \overline{X}=0$
③ $X+X=2X$
④ $X+\overline{X}Y=X+Y$

37 부울 대수(Boolean algebra)가 옳지 않은 것은?

① $A+\overline{A}\cdot B=A$　　② $A\cdot A=A$

③ $A+A\cdot\overline{B}=A$　　④ $A\cdot(A+B)=A$

38 논리식 $A(\overline{A}+B)$를 간단히 하면?

① 1　　② 0　　③ AB　　④ B

39 논리식 $\overline{A}B+AB+\overline{A}\,\overline{B}$를 정리하면?

① $A+B$　　② $\overline{A}+B$　　③ $A+\overline{B}$　　④ $\overline{A}+\overline{B}$

40 부울 대수의 정리 중 옳지 않은 것은?

① $\overline{A\cdot B}=\overline{A}+\overline{B}$　　② $A\cdot(A+B)=A$

③ $A+\overline{A}B=A+B$　　④ $A(\overline{A}+AB)=A+B$

41 A=1, B=0, C=1, D=0일 때, 논리 값이 1이 되는 것은?

① $A\overline{B}+C\overline{D}$　　② $\overline{A}B+\overline{C}D$　　③ $\overline{A}\,\overline{B}+\overline{C}\,\overline{D}$　　④ $AB+CD$

42 다음 회로의 출력 Y 값은?

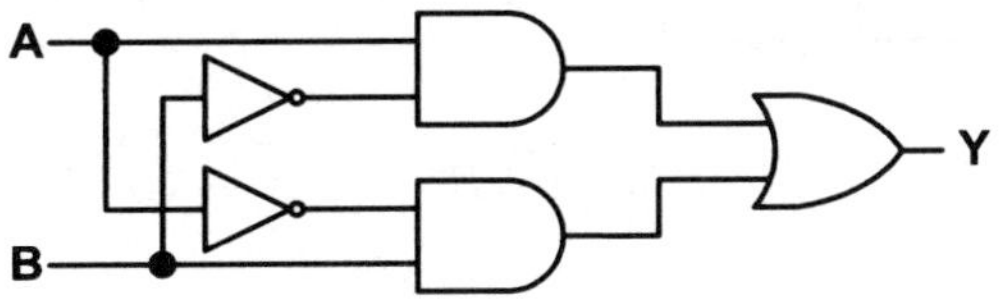

① $Y=AB+\overline{(AB)}$

② $Y=\overline{(AB)}+A\overline{B}$

③ $Y=A\overline{B}+AB$

④ $Y=A\overline{B}+\overline{A}B$

43 논리 회로를 바르게 표시한 논리식은?

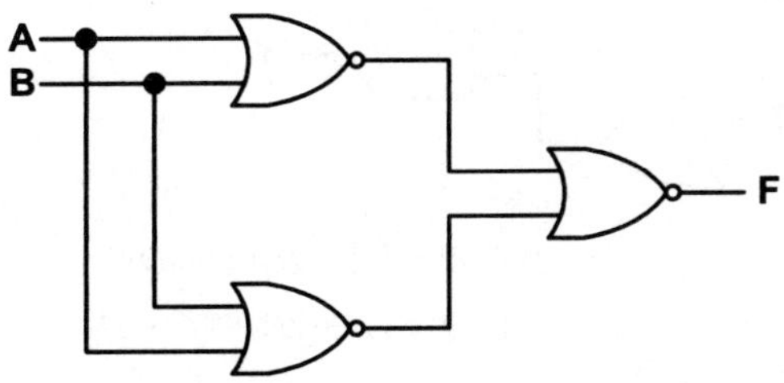

① $F=A\cdot B$

② $F=\overline{A}+\overline{B}$

③ $F=\overline{A}\cdot\overline{B}$

④ $F=A+B$

44 다음 논리 회로의 출력은?

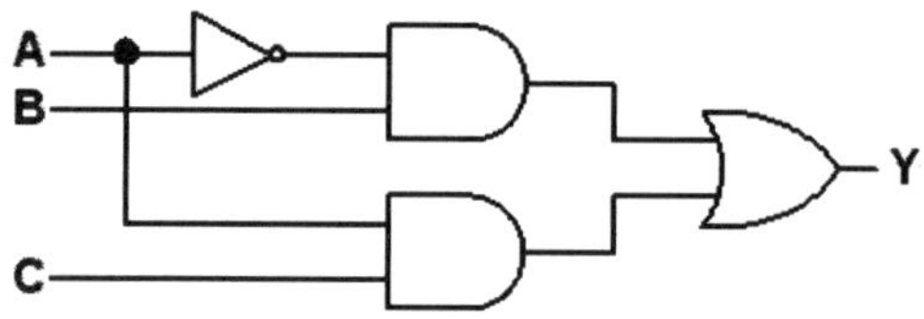

① $Y=\overline{A}B+AC$ ② $Y=\overline{A}BC$ ③ $Y=A\overline{B}+C$ ④ $Y=\overline{A}+B+C$

45 다음 회로의 출력 f가 0이 되기 위한 조건은?

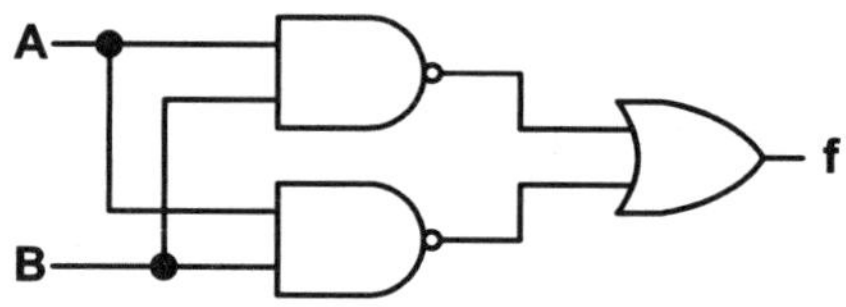

① A = 0, B = 0 ② A = 0, B = 1
③ A = 1, B = 0 ④ A = 1, B = 1

46 다음 논리 회로의 출력 F는?

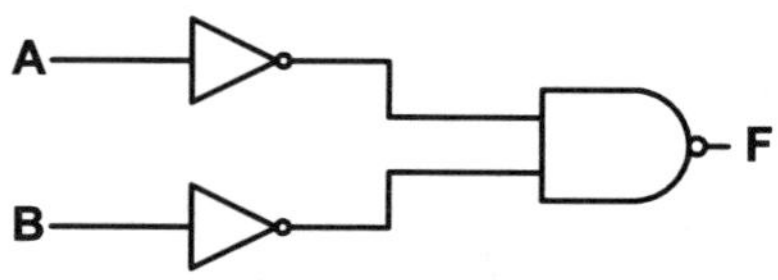

① $A \cdot B$ ② $A+B$ ③ $\overline{A \cdot B}$ ④ $\overline{A+B}$

47 다음 논리 회로의 논리식은?

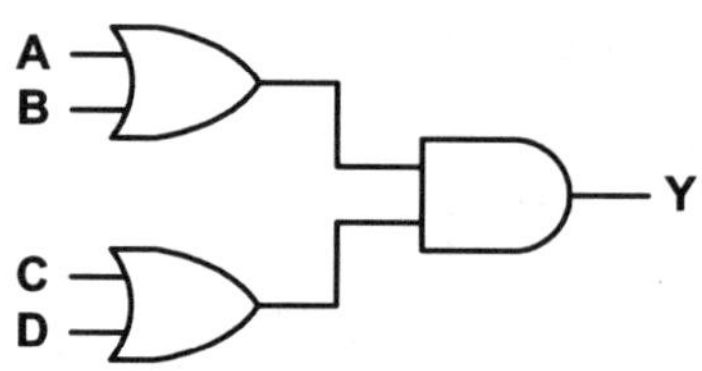

① $Y=AB+CD$ ② $Y=(A+B)(C+D)$
③ $Y=AB(C+D)$ ④ $Y=(A+B)+(C+D)$

48 다음 논리 회로에 대한 진리표 중 옳지 않은 것은?

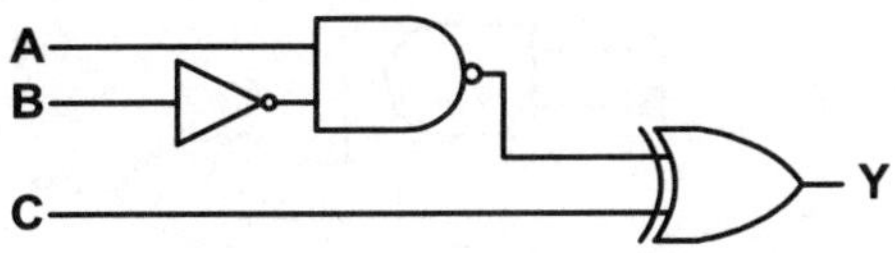

B	C	Y	
0	0	$\overline{A}$	①
0	1	A	②
1	0	0	③
1	1	0	④

49 다음과 같은 회로의 출력 F는?

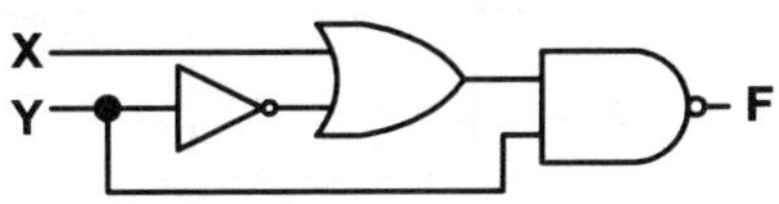

① $\overline{X}+\overline{Y}$ ② $X\overline{Y}$ ③ XY ④ $X+Y$

50 다음과 같은 논리 회로의 출력 Y는?

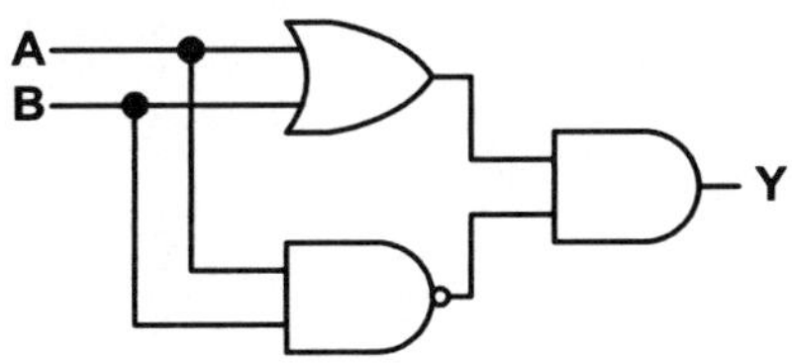

① $AB+\overline{A}B$
② $(A+\overline{B})\cdot\overline{A}\cdot\overline{B}$
③ $AB\cdot(\overline{A}+\overline{B})$
④ $(A+B)\cdot(\overline{A}+\overline{B})$

51 다음과 같은 회로의 출력은?

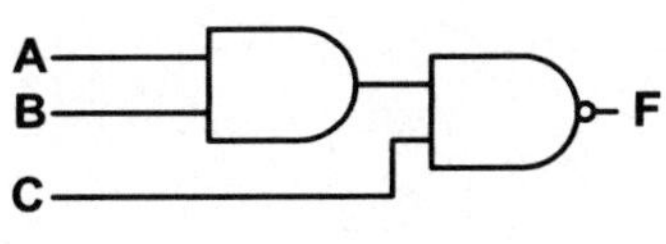

① $A+B\overline{C}$ ② $\overline{AB}+\overline{C}$ ③ ABC ④ $A+B+C$

52 그림의 회로를 논리식으로 표시한 것 중 옳은 것은?

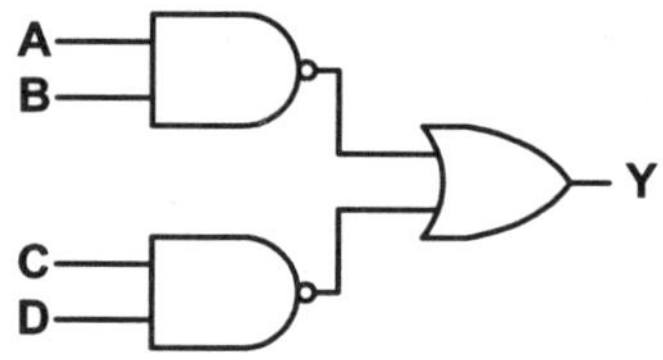

① $Y=\overline{AB}+\overline{CD}$　　② $Y=(A+B)(C+D)$

③ $Y=AB+CD$　　④ $A=\overline{A+B}+\overline{C+D}$

53 세 입력 중(X, Y, Z) 어떤 입력이든 두 입력 이상이 정 논리(Logical-one)일 때 출력이 정 논리(Logical-one)가 되는 회로를 설계할 때의 논리식은?

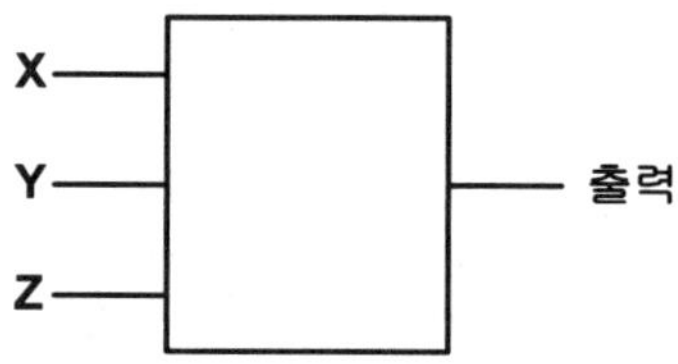

① $X+Y+Z$　　② $XYZ+\overline{X}YZ+X\overline{Y}Z$

③ $\overline{X}YZ+X\overline{Y}Z+XY\overline{Z}$　　④ $XY+YZ+XZ$

제 3 장

부울 대수식의 간략화

Algebraic Simplification

3-1 Consensus 정리

컨센서스(Consensus) 이론은 부울 식을 간략화하는 데 매우 유용한 정리이다. 이러한 컨센서스 이론은 하나의 항에 변수가 나타나고 또 다른 항에서 그 변수의 보수가 존재하는 쌍의 항들이 주어지면, 두 개의 항에서 선택된 변수와 그 변수의 보수를 제외하고 남은 변수들을 곱함으로써 얻어진다.

이러한 컨센서스 이론을 이용하여 $XY+\overline{X}Z+YZ$ 형태의 부울 식을 간략화 하면 부울 식에서 공통항 YZ항을 제거하여 등가식 $XY+\overline{X}Z$로 간략화할 수 있다. 여기서 제거된 YZ항을 "공통항(Consensus term)"이라고 한다.

예를 들면, ab와 $\overline{a}c$의 컨센서스는 bc이고, abd와 $\overline{b}d\overline{e}$의 컨센서스는 $(ad)(d\overline{e})=ad\overline{e}$가 된다. 그러나 $a\overline{b}d$와 $\overline{a}b\overline{d}$항의 경우는 컨센서스가 없다.

식 (3-1)을 컨센서스 이론을 이용하여 증명하면 다음과 같다.

$$XY+\overline{X}Z+YZ=XY+\overline{X}Z \tag{3-1}$$

[증명]

$$\begin{aligned}XY+\overline{X}Z+YZ &= XY+\overline{X}Z+(X+\overline{X})YZ\\ &=(XY+XYZ)+(\overline{X}Z+\overline{X}YZ)\\ &=XY(1+Z)+\overline{X}Z(1+Y)=XY+\overline{X}Z\end{aligned}$$

식 (3-1)은 컨센서스 이론을 이용하여 부울 식에서 공통항을 제거함으로써 간략화를 증명하였다.

다음 식에서도 컨센서스 항을 구해보면,

$$\bar{a}\,\bar{b}+ac+b\,\bar{c}+\bar{b}\,c+ab=\bar{a}\,\bar{b}+ac+b\,\bar{c}$$

가 된다. 위 식에서 $\bar{a}\,\bar{b}$ 와 ac 항의 컨센서스 $\bar{b}\,c$ 와, ac 와 $b\,\bar{c}$ 항의 컨센서스 ab 를 구할 수가 있다. 따라서 2개의 컨센서스 항 $\bar{b}\,c$ 와 ab 를 제거할 수 있다.

일반적으로 컨센서스 항을 알 수 있는 방법은 한 변수를 포함하고 있는 항과 다른 항에 그 변수의 보수를 포함한 쌍의 항을 우선하여 찾아내는 것이 가장 중요한 사항이다.

한편, 식 (3-1)에 대한 쌍대 컨센서스 이론의 형식은 다음과 같다.

$$(X+Y)(\overline{X}+Z)(Y+Z)=(X+Y)(\overline{X}+Z) \tag{3-2}$$

이 경우에 컨센서스는 **선택된 변수와 그 변수의 보수를 제외하고 쌍의 항에 남은 변수들을 더하는 형식**이 된다. 이러한 방법을 "쌍대 컨센서스 이론"이라 한다.

다음의 식에서 쌍대 컨센서스 이론을 적용하여 컨센서스 항을 제거하면 컨센서스 항 $(a+b+\bar{d})$ 를 제거하여 2개의 항으로 최소화할 수 있다.

$$(a+b+\bar{c})(a+b+\bar{d})(b+c+\bar{d})=(a+b+\bar{c})(b+c+\bar{d})$$

요 약

[Consensus 이론의 요약]

- 두 개의 항에서 선택된 변수와 그 변수의 보수를 제외하고 남은 변수들의 곱으로 구해진다.
- 공통항을 구하기 위한 변수의 선택은 한번에 하나의 변수만 인정된다.

예제 3-1

다음 식을 컨센서스 이론을 이용하여 간략화하시오.

① $\overline{A}BD$

$$\overline{A}\,\overline{C}D+\overline{A}BD+BCD+ABC+AC\overline{D}$$

② ABC

$$=\overline{A}\,\overline{C}D+BCD+AC\overline{D}$$

[풀이] 만약 위 식에서 제일 먼저 두 번째 항과 네 번째 항의 컨센서스 항이 되는 BCD를 구해 세 번째 항인 BCD를 제거하게 되면 더 이상 제거할 항이 없게 되며, 또 다른 항을 제거하는 데 사용할 수도 없다.

따라서, 컨센서스 이론으로 제거될 수 있는 항이 더 이상 없음을 알 수 있다.

하지만, 먼저 BCD를 제거하지 않고 브래킷(Bracket) ①과 ②에서 구해진 컨센서스 항에 의해 다른 두 개의 항을 제거한다. 이렇게 하면 BCD 항이 제거되지 않음을 알 수 있다. 제일 먼저 BCD 항을 제거했다면 4개의 항으로 되지만, BCD 항을 제거하지 않음으로써 3개의 항으로 줄일 수가 있다.

경우에 따라서는 단순히 항을 제거함으로써 직접 최소수의 항을 갖는 논리식을 구하기가 어려울 수도 있다. 컨센서스 이론을 이용하여 먼저 공통 항을 구해 원래의 식에 더하고, 그 다음에 더해진 항을 이용하여 다른 항들을 제거할 수 있다.

예를 들어, 다음 논리식을 살펴보자.

$$F = ABCD + \overline{B}CDE + \overline{A}\,\overline{B} + BC\overline{E}$$

위 식에서 모든 쌍의 항을 비교해보면 컨센서스 항의 형식임을 알 수 있다. 즉, $ABCD$와 $\overline{B}CDE$의 컨센서스 항 $ACDE$, $\overline{A}\,\overline{B}$와 $BC\overline{E}$의 컨센서스 항 $\overline{A}C\overline{E}$가 유일한 컨센서스 항임을 알 수 있다. 하지만 위 식에서 제거해야 할 공통항을 찾을 수가 없기 때문에 컨센서스 이론을 사용하여 더 이상 식을 간략화 할 수 없다.

그러나 앞에서 구한 컨센서스 항 $ACDE$를 원래의 식 F에 더한다면 다음과 같은

$\overline{B}CDE$

$$F = ABCD + \overline{B}CDE + \overline{A}\,\overline{B} + BC\overline{E} + ACDE$$

$ABCD$

식이 되어, 컨센서스 이론을 사용하여 $ABCD$와 $\overline{B}CDE$를 제거할 수 있고 F는 다음과 같이 줄어든다.

$$F = \overline{A}\,\overline{B} + BC\overline{E} + ACDE$$

$ACDE$ 항은 불필요한 여분 항이 아니므로 F는 더 이상 최소화되지 않는다.

3-2 논리식의 대수적 간략화

이 절에서는 논리식을 간략화하는데 부울 대수 이론을 적용하도록 하겠다. 논리식을 간략화하는 것은 매우 중요하다. 왜냐하면 게이트를 사용하여 논리식을 구현할 때, 즉 논리 회로를 설계할 때 회로를 최소화할 수 있기 때문이다. 5장에서 논리 함수를 간략화하는 도식적 방법에 대해 배우겠지만 먼저 대수적 방법에 대해 알아보도록 하자.

논리 함수를 간략화하는 데는 부분곱과 인수화 외에 항 결합법(Combining terms), 항 제거법(Eliminating terms), 문자 제거법(Eliminating literals), 그리고 여분항 더하기(Adding redundant terms) 등의 방법이 있다.

(1) 항 결합법

항 결합법은 $XY+X\overline{Y}=X$의 정리를 적용하여 두 항을 결합한다.

예) $ab\overline{c}\,\overline{d}+abc\overline{d}=ab\overline{d}\,[X=ab\overline{d},\ Y=c]$ (3–3)

식 (3–3)에서와 같이 항 결합법으로 항을 결합할 때 결합되는 두 항은 정확하게 같은 변수로 이루어져야 하고, 이들 변수 중 하나는 다른 항에 있는 변수에 대해 보수관계로 존재해야 한다.

물론, 이 방법은 X와 Y가 더 복잡한 다음의 논리식으로 되어 있을 때도 적용할 수 있다.

예) $(a+bc)(d+\overline{e})+\overline{a}(\overline{b}+\overline{c})(d+\overline{e})=d+\overline{e}$
$[X=d+\overline{e},\ \ Y=a+bc,\ \ \overline{Y}=\overline{a}(\overline{b}+\overline{c})]$ (3–4)

(2) 항 제거법

일반적으로 여분항들을 제거하는 데는 $X+XY=X$의 정리를 이용한다. 그리고, 또 다른 방법으로 컨센서스 이론을 이용하여 컨센서스 항을 제거하기도 한다. $(XY+\overline{X}Z+YZ=XY+\overline{X}Z)$

예) ① $\overline{a}b+\overline{a}bc=\overline{a}b\ \ [X=\overline{a}b,\ \ Y=c]$
② $\overline{a}b\overline{c}+bcd+\overline{a}bd=\overline{a}b\overline{c}+bcd\ \ [X=c,\ Y=bd,\ Z=\overline{a}b]$ (3–5)

(3) 문자 제거법

문자 제거법은 $X+\overline{X}Y=X+Y$의 정리를 이용하여 여분의 문자를 제거한다. 이 정리를 적용하기 위해서는 먼저 간단한 형태의 인수화가 필요하다.

예) $\overline{A}B+\overline{A}\,\overline{B}\,\overline{C}\,\overline{D}+ABC\overline{D}$

$$
\begin{aligned}
&=\overline{A}(B+\overline{B}\,\overline{C}\,\overline{D})+ABC\overline{D}=\overline{A}(B+\overline{C}\,\overline{D})+ABC\overline{D}\\
&=\overline{A}B+\overline{A}\,\overline{C}\,\overline{D}+ABC\overline{D}\\
&=B(\overline{A}+AC\overline{D})+\overline{A}\,\overline{C}\,\overline{D}=B(\overline{A}+C\overline{D})+\overline{A}\,\overline{C}\,\overline{D}\\
&=\overline{A}B+BC\overline{D}+\overline{A}\,\overline{C}\,\overline{D}
\end{aligned}
\qquad (3\text{–}6)
$$

위에서 보인 (1), (2), (3)의 방법을 적용한 후에 얻어지는 논리식이 반드시 최소의 항 또는 최소 문자를 갖는 것은 아니다. 왜냐하면, (1), (2), (3)의 방법을 적용하여 더 이상 간략화를 할 수 없는 상태에서도 다음에 설명하는 의도적인 여분항을 추가하여 최소화를 시도할 수 있기 때문이다.

(4) 여분항 더하기

여분항 $X\overline{X}$와 $(X+\overline{X})$를 어떤 식에 더하거나 곱해서, 또는 $XY+\overline{X}Z$에 YZ를 더하거나, X에 XY를 더하는 등과 같은 여러 가지 여분의 항들을 추가하여 최소화를 시도하는 방법이다. 이때 추가되는 여분항은 기존의 식에서 다른 항들과 결합할 수 있거나, 다른 항들을 제거하는데 도움이 되는 여분항을 선택한다.

예) $WX+XY+\overline{X}\,\overline{Z}+W\overline{Y}\,\overline{Z}$

(컨센서스 이론에 의해 첫 번째와 세 번째 항의 공통항 $W\overline{Z}$를 추가)

$= WX+XY+\overline{X}\,\overline{Z}+W\overline{Y}\,\overline{Z}+W\overline{Z}$ ($W\overline{Y}\,\overline{Z}$를 제거)

$= WX+XY+\overline{X}\,\overline{Z}+W\overline{Z}(\overline{Y}+1)$ (3–7)

$\downarrow W\overline{Z}\cdot 1$

$\downarrow W\overline{Z}$

$= WX+XY+\overline{X}\,\overline{Z}+W\overline{Z}$ (공통항 $W\overline{Z}$를 제거)

$= WX+XY+\overline{X}\,\overline{Z}$

다음은 앞에서 설명한 4가지 방법을 모두 사용하여 포괄적인 예를 들어 설명하겠다.

예) $\overline{A}\,\overline{B}\,\overline{C}\,\overline{D}+\overline{A}B\overline{C}\,\overline{D}+\overline{A}BD+\overline{A}B\overline{C}D+ABCD+AC\overline{D}+\overline{B}C\overline{D}$

[①]　　　　[②]

$$=\overline{A}\,\overline{C}\,\overline{D}(\overline{B}+B)+\overline{A}BD(1+\overline{C})+ABCD+AC\overline{D}+\overline{B}C\overline{D}$$

$$=\overline{A}\,\overline{C}\,\overline{D}+\overline{A}BD+ABCD+AC\overline{D}+\overline{B}C\overline{D}$$

[③]

$$=\overline{A}\,\overline{C}\,\overline{D}+BD(\overline{A}+AC)+AC\overline{D}+\overline{B}C\overline{D}$$

$$=\overline{A}\,\overline{C}\,\overline{D}+BD(\overline{A}+C)+AC\overline{D}+\overline{B}C\overline{D}$$

$$=\overline{A}\,\overline{C}\,\overline{D}+\overline{A}BD+BCD+AC\overline{D}+\overline{B}C\overline{D} \tag{3–8}$$

(컨센서스 이론에 의해 3, 4번 항의 공통항 ABC를 여분항으로 추가)

[④]

공통항 BCD

$$=\overline{A}\,\overline{C}\,\overline{D}+\overline{A}BD+BCD+AC\overline{D}+\overline{B}C\overline{D}+ABC$$

공통항 $AC\overline{D}$

$$=\overline{A}\,\overline{C}\,\overline{D}+\overline{A}BD+\overline{B}C\overline{D}+ABC$$

첫 번째 단계[①]로 $\overline{A}\,\overline{B}\,\overline{C}\,\overline{D}$와 $\overline{A}B\overline{C}\,\overline{D}$를 항 결합법을 적용하여 결합하면 $\overline{A}\,\overline{C}\,\overline{D}$로 간략화 되고, 두 번째[②]로 $\overline{A}BD$와 $\overline{A}B\overline{C}D$는 항 제거법에 의해 $\overline{A}BD(1+\overline{C})$로 결합한 다음 $\overline{A}BD$로 표현할 수 있다. 여기에서 생성된 $\overline{A}BD$와 $ABCD$는 [③]$BD(\overline{A}+AC)$로 재결합한 후, 문자 제거법의 $X+\overline{X}Y=X+Y$를 적용하면 $\overline{A}BD$와 BCD로 표현할 수 있다. 세 번째 단계[④]로 컨센서스 이론에 의해 공통항 ABC를 구하여 여분항으로 추가한 후, $\overline{A}BD$와 ABC의 공통항 BCD, 그리고 $\overline{B}C\overline{D}$와 ABC의 공통항 $AC\overline{D}$를 제거하면 4개의 항으로 최소화된다.

만약 간략화된 논리식을 곱의 합 형태 대신에 합의 곱 형식으로 표현하고 싶다면 앞서 설명한 쌍대 이론을 적용하면 된다.

예) $(\overline{A}+\overline{B}+\overline{C})(\overline{A}+\overline{B}+C)(\overline{B}+C)(A+C)(A+B+C)$

$(X+Y)(X+\overline{Y})=X$정리 적용　　$X(X+Y)=X$정리 적용

$$=(\overline{A}+\overline{B})(\overline{B}+C)(A+C)=(\overline{A}+\overline{B})(A+C) \tag{3–9}$$

컨센서스 이론에 의해 공통항$(\overline{B}+C)$ 삭제

일반적으로 최소의 항 또는 최소의 문자를 갖는 부울 식을 결정하는 쉬운 방법은 없다. 최소의 곱의 합과 최소의 합의 곱 식을 찾는 체계적인 방법은 뒷장에서 논의하도록 하겠다.

예제 3-2

다음 식을 증명하시오.

$$\overline{A}B\overline{D}+BCD+AB\overline{C}+A\overline{B}D=AD+B\overline{C}\overline{D}+\overline{A}BC$$

[풀이] 먼저 컨센서스 항들을 구하여 여분항으로 추가한다. 그리고 항을 결합하여 식을 정리한다. 마지막으로 컨센서스 이론에 의해 항을 삭제한다.

$\overline{A}B\overline{D}+BCD+AB\overline{C}+A\overline{B}D$

$=\overline{A}B\overline{D}+BCD+AB\overline{C}+A\overline{B}D+\underset{①}{\overline{A}BC}+\underset{②}{B\overline{C}\overline{D}}+\underset{③}{ABD}$

① $\overline{A}B\overline{D}$와 BCD의 공통항 $\overline{A}BC$를 여분항으로 추가

② $\overline{A}B\overline{D}$와 $AB\overline{C}$의 공통항 $B\overline{C}\overline{D}$를 여분항으로 추가

③ BCD와 $AB\overline{C}$의 공통항 ABD를 여분항으로 추가

위 식은 네 번째 항과 일곱 번째 항의 공통변수 $AD(\overline{B}+B)=AD$에 의해 다음 식으로 된다.

$=\underset{④}{\overline{A}B\overline{D}}+\underset{⑤}{BCD}+\underset{⑥}{AB\overline{C}}+AD+B\overline{C}\overline{D}+\overline{A}BC$

$=AD+B\overline{C}\overline{D}+\overline{A}BC$ (3-10)

④ $\overline{A}B\overline{D}$는 $B\overline{C}\overline{D}$와 $\overline{A}BC$의 공통항으로 컨센서스 이론에 의해 제거

⑤ BCD는 AD와 $\overline{A}BC$의 공통항으로 〃

⑥ $AB\overline{C}$는 AD와 $B\overline{C}\overline{D}$의 공통항으로 〃

예제 3-3

다음 식을 간략화하시오.

$$a\overline{b}c\overline{d}e+acd+ac\overline{f}g\overline{h}+acd\overline{e}+\overline{e}\overline{h}+abc\overline{d}e$$

[풀이] $a\overline{b}c\overline{d}e$와 $abc\overline{d}e$항에 $XY+X\overline{Y}=X$의 정리를 적용하면 다음의 식과 같이 된다.

$=ac\overline{d}e(\overline{b}+b)+acd+ac\overline{f}g\overline{h}+acd\overline{e}+\overline{e}\overline{h}$

$=ac\overline{d}e+acd+ac\overline{f}g\overline{h}+acd\overline{e}+\overline{e}\overline{h}$

또한 acd와 $acd\overline{e}$항에 $X+X\overline{Y}=X$의 정리를 적용하여 전개하면 다음 식과 같이 된다.

$=ac\overline{d}e+acd(1+\overline{e})+ac\overline{f}g\overline{h}+\overline{e}\overline{h}$

$=ac\overline{d}e+acd+ac\overline{f}g\overline{h}+\overline{e}\overline{h}$

그리고 $X+\overline{X}Y=X+Y$의 정리를 이용하여 $ac\overline{d}e$항과 acd항으로부터 문자를 제거하면

$$=ac(\overline{d}e+d)+ac\overline{f}g\overline{h}+\overline{e}\overline{h}$$

$$=ac(e+d)+ac\overline{f}g\overline{h}+\overline{e}\overline{h}$$

$$=ace+acd+ac\overline{f}g\overline{h}+\overline{e}\overline{h}$$

와 같은 식이 되고, 다음 단계로 ace와 $\overline{e}\overline{h}$의 공통항 $ac\overline{h}$를 여분항으로 추가하여 정리해 보면 다음과 같은 식이 된다.

$$=ace+acd+ac\overline{f}g\overline{h}+\overline{e}\overline{h}+ac\overline{h}$$

아울러 방금 추가한 $ac\overline{h}$와 $ac\overline{f}g\overline{h}$항을 $X+XY=X$의 정리에 적용하여 다시 적어보면 다음과 같다.

$$=ace+acd+ac\overline{h}(\overline{f}g+1)+\overline{e}\overline{h}$$

마지막으로 공통항을 구하여 컨센서스 이론에 의해 제거하면 최종적인 부울 식은 다음과 같이 3개의 항으로 최소화된다.

$$=ace+acd+ac\overline{h}+\overline{e}\overline{h}$$

공통항 $ac\overline{h}$

$$=ace+acd+\overline{e}\overline{h}$$

예제 3-4

다음 식을 간략화하시오.

$$Z=(A+\overline{C}+\overline{F}+G)(A+\overline{C}+F+G)(A+B+\overline{C}+\overline{D}+G)$$
$$(A+C+E+G)(\overline{A}+B+G)(B+\overline{C}+F+G)$$

[풀이] 위 식에서 첫 번째 항과 두 번째 항에 $(X+Y)(X+\overline{Y})=X$ 정리를 적용하면, 다음과 같은 식을 얻을 수 있다.

$$=(A+\overline{C}+G)(A+B+\overline{C}+\overline{D}+G)(A+C+E+G)$$
$$(\overline{A}+B+G)(B+\overline{C}+F+G)$$

또한 이 식으로부터 첫 번째 항과 두 번째 항에 $X(X+Y)=X$의 정리를 적용하면

$$=(A+\overline{C}+G)(A+C+E+G)(\overline{A}+B+G)(B+\overline{C}+F+G)$$

와 같은 식이 된다.

그리고, 위 식으로부터 첫 번째 항과 두 번째 항을 결합하면 다음과 같이 되며

$$(A+\overline{C}+G)(A+C+E+G)=A+G+\overline{C}(C+E)$$

$$=A+G+\overline{C}E=(A+\overline{C}+G)(A+E+G)$$

따라서 다음과 같이 식을 정리해 볼 수 있다.

$$= \underbrace{(A+\overline{C}+G)(A+E+G)}_{\text{공통항 } (B+\overline{C}+G)}(\overline{A}+B+G)(B+\overline{C}+F+G)$$

다음 단계로 부울 식을 더욱 간략화하기 위해서 공통항을 구해 여분항으로 추가하면 다음과 같은 식을 얻을 수 있다.

$$= (A+\overline{C}+G)(A+E+G)(\overline{A}+B+G)(B+\overline{C}+F+G)(B+\overline{C}+G)$$

그런 다음 네 번째와 다섯 번째 항에 $X(X+Y)=X$의 정리를 사용하여 다음의 식을 얻는다.

$$= (A+\overline{C}+G)(A+E+G)(\overline{A}+B+G)(B+\overline{C}+G)$$

마지막 단계로, 여분항으로 추가했던 공통항 $B+\overline{C}+G$를 컨센서스 이론에 의해 다시 제거하면 최종적인 부울 식은 다음과 같이 3개의 항으로 최소화된다.

$$Z= (A+\overline{C}+G)(A+E+G)(\overline{A}+B+G)$$

연습문제

01 논리함수를 간략화하는 방법 중 대수적 방법이 아닌 것은?

① 항 결합법　　② 항 제거법
③ 컨센서스 정리　　④ 카르노 맵

02 다음 논리식 $\overline{A}\,\overline{B}+AC+\overline{B}C$를 컨센서스 이론을 사용하여 간략화한 것 중 맞는 것은?

① $\overline{A}\,\overline{B}+AC$　　② $\overline{A}\,\overline{B}+\overline{B}C$
③ $AC+\overline{B}C$　　④ $\overline{A}\,\overline{B}+AC+\overline{B}C$

03 다음 논리식 $\overline{W}\,\overline{Y}+WYZ+X\overline{Y}Z+W\overline{X}Y$를 컨센서스 이론을 사용하여 간략화한 것 중 맞는 것은?

① $\overline{W}\,\overline{Y}+X\overline{Y}Z+W\overline{X}Y$　　② $\overline{W}\,\overline{Y}+W\overline{X}Y+WXZ$
③ $\overline{W}\,\overline{Y}+WYZ+W\overline{X}Y$　　④ $WYZ+X\overline{Y}Z+W\overline{X}Y$

04 다음 논리식 $B\overline{C}\,\overline{D}+AB\overline{C}+A\overline{C}D+\overline{A}B\overline{D}$를 컨센서스 이론을 사용하여 간략화한 것 중 맞는 것은?

① $AB\overline{C}+A\overline{C}D$　　② $A\overline{C}D+\overline{A}B\overline{D}$
③ $AB\overline{C}+A\overline{C}D+\overline{A}B\overline{D}$　　④ $B\overline{C}\,\overline{D}+AB\overline{C}+\overline{A}B\overline{D}$

05 다음 논리식$(A+B+C)(B+\overline{C}+D)(A+B+D)(\overline{A}+\overline{B}+\overline{D})$를 컨센서스 이론을 사용하여 간략화한 것 중 맞는 것은?

① $(A+B+C)(B+\overline{C}+D)(A+B+D)$
② $(B+\overline{C}+D)(A+B+D)(\overline{A}+\overline{B}+\overline{D})$
③ $(A+B+C)(A+B+D)(\overline{A}+\overline{B}+\overline{D})$
④ $(A+B+C)(B+\overline{C}+D)(\overline{A}+\overline{B}+\overline{D})$

06 다음 논리식 $\overline{A}\,\overline{C}\,\overline{D}+A\overline{C}+BCD+\overline{A}C\overline{D}+\overline{A}BC+A\overline{B}\,\overline{C}$를 컨센서스 이론을 사용하여 간략화한 것 중 맞는 것은?

① $\overline{A}\,\overline{C}\,\overline{D}+A\overline{C}+BCD+\overline{A}C\overline{D}$　　② $A\overline{C}+BCD+\overline{A}C\overline{D}+A\overline{B}\,\overline{C}$
③ $\overline{A}\,\overline{D}+A\overline{C}+BCD$　　④ $\overline{A}\,\overline{D}+A\overline{C}+BCD+\overline{A}BC$

제 4 장 부울 함수

Boolean Functions

4-1 개요

이 장에서는 논리 회로를 설계할 때, 어떤 논리 게이트들을 조합하여 설계할 것인가에 대해 공부하기로 한다. 설계의 첫 번째 과정에서는 부울 함수를 진리표나 부울 대수 표현식으로 변환하는 것이 일반적이다. 부울 함수가 진리표로 주어지게 되면 해당 함수를 두 가지의 대수 표준형식 중 하나인 표준 곱의 합(Standard sum of products, or Canonical sum of products) 혹은 최소항(Minterm) 전개식과 또 다른 형태의 하나인 표준 합의 곱(Standard product of sums, or Canonical product of sums) 혹은 최대항(Maxterm) 전개식으로 유도해 낼 수 있다.

그러면 두 번째 과정에서는 표준형으로 표현된 논리식을 간략화시킨 후, NOT, AND, OR 등의 게이트들을 사용하여 논리 회로로 나타낼 수 있다.

조합 논리 회로의 설계시 그 진행하는 과정을 정리해보면 다음과 같다.

① 먼저 원하는 회로의 동작을 표현하는 진리표를 작성한다.
② 진리표로부터 출력 함수를 구한다.
③ 간략화된 논리식을 구한다.
④ 논리 게이트들을 사용하여 간략화된 함수를 구현한다.

4-2 진리표를 이용한 조합 논리 회로 설계

이 절에서는 진리표를 이용하여 논리 회로를 설계하는 방법에 대해 설명한다. 지금부터 우리가 설계하고자 하는 논리 회로는 그림 4-1과 같이 세 개의 입력과 한 개의 출력을 갖는다. 표 4-1에서 입력 변수 A, B, C는 2진수의 입력 조합에서 첫 번째, 두 번째, 세 번째 비트를 각각 나타내고, f와 $\overline{f}$는 출력 함수임을 나타낸다.

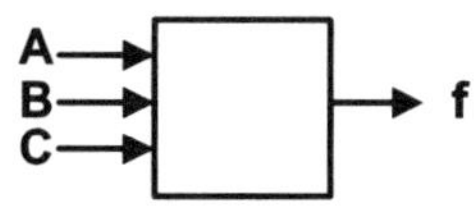

[그림 4-1] 논리 회로

[표 4-1] 진리표

A B C	f	$\overline{f}$
0 0 0	0	1
0 0 1	0	1
0 1 0	0	1
0 1 1	1	0
1 0 0	1	0
1 0 1	1	0
1 1 0	1	0
1 1 1	1	0

표 4-1의 진리표에서 출력이 $f=1$인 것에 대해 A, B, C값의 대수 표현식을 유도해보면, $\overline{A}BC$는 $A=0, B=1, C=1$일 때 출력 f가 1이 된다. 마찬가지로 $A\overline{B}\,\overline{C}$는 입력 조합 100에 대해서만 출력 f가 1이고, $A\overline{B}C$는 입력 조합 101에 대해서만, $AB\overline{C}$는 입력 조합 110에 대해서만, 그리고 ABC는 입력 조합 111에 대해서만 출력 f가 1이 된다. 이들 항을 함께 OR하면 식 (4-1)과 같다.

$$f=\overline{A}BC+A\overline{B}\,\overline{C}+A\overline{B}C+AB\overline{C}+ABC \tag{4-1}$$

식 (4-1)은 입력 변수 ABC가 5가지 조합들 011, 100, 101, 110, 111 중에 하나로 주어질 때 출력 f가 1이 되는 논리식이다. 위에서 보이는 입력 조합 이외에 다른 조합들이 주어진다면(000, 001, 010 등), 출력 f는 0이 된다.

식 (4-1)은 최소의 소자로 구현하기 위해 먼저 항들을 결합시킨 후에 문자를 소거함으로써 식 (4-2)와 같이 간략화할 수 있다.

$$\begin{aligned} f &= \overline{A}BC+A\overline{B}(\overline{C}+C)+AB(\overline{C}+C) \\ &= \overline{A}BC+A\overline{B}+AB \\ &= \overline{A}BC+A(\overline{B}+B)=\overline{A}BC+A \\ &= A+BC \end{aligned} \tag{4-2}$$

식 (4-1)과 간략화된 식 (4-2)는 다음 그림 4-2와 같이 나타낼 수 있다. 그림 4-2(a)의 입력 변수 쪽에 보수 발생을 나타내는 인버터가 요구되지만 생략하였다.

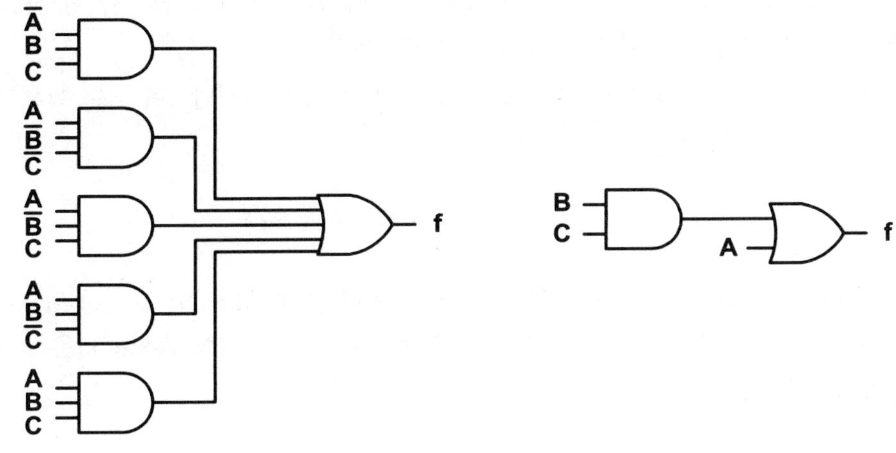

(a) 식 (4-1)의 회로 (b) 식 (4-2)의 회로

[그림 4-2] 식 (4-1)과 식 (4-2)의 논리 회로

한편 출력 함수 f의 표현에 있어 $f=1$이 되는 항을 기준으로 표현하지 않고, 반대로 $f=0$으로 되는 항을 기준으로 표현할 수도 있다. 표 4-1에서 정의된 출력 함수 f는 세 가지 입력 변수의 조합에 대해 0이다. 즉 A, B, C가 000일 때$(A+B+C)$ 출력 f가 0이 된다. 또한 입력 조합이 001일 때$(A+B+\overline{C})$ 출력 f가 0이고, 입력 조합이 010일 때$(A+\overline{B}+C)$ 출력 f가 0이 된다. 이들 항을 함께 AND를 취하면 식 (4-3)과 같다.

$$f=(A+B+C)(A+B+\overline{C})(A+\overline{B}+C) \tag{4-3}$$

식 (4-3)은 입력 변수 ABC가 3가지 조합들 000, 001, 010 중에 하나로 주어질 때 출력 f가 0이 되는 논리식이다. 위에서 보이는 입력 조합 이외에 다른 조합들이 주어진다면(011, 100, 101, 110, 111 등), 출력 f는 1이 된다. 식 (4-3)은 식 (4-1)과 동일한 함수 f를 나타내고 있는 것이기 때문에 같은 표현식, 즉 식 (4-2)의 형태와 같이 간략화되어야 한다. 먼저 항을 결합한 후 제2분배 법칙을 적용하여 전개하면 다음 식 (4-4)와 같이 간략화된다.

$$\begin{aligned} f &= (A+B+C)(A+B+\overline{C})(A+\overline{B}+C) \\ &= (A+B)(A+\overline{B}+C) \\ &= A+B(\overline{B}+C)=A+BC \end{aligned} \tag{4-4}$$

식 (4-3)을 유도하는 또 다른 방법은 우선 $\overline{f}=1$인 항들을 곱의 합 형태의 표현식으로 나타낸 다음, 그 결과의 보수를 구하면 된다.

표 4-1에서 $\overline{f}$는 입력 조합이 000, 001, 010 등에 대해서만 1이 되는 함수이다. 따라서 $\overline{f}$는 다음과 같은 식이 되고,

$$\overline{f}=\overline{A}\,\overline{B}\,\overline{C}+\overline{A}\,\overline{B}\,C+\overline{A}\,B\,\overline{C}$$

이렇게 구해진 함수 $\overline{f}$의 보수를 취하면 식 (4-3)을 얻을 수 있게 된다.

바로 다음 절에서 언급하겠지만 **최소항(minterm)과 최대항(Maxterm)은 서로 보수 관계를 갖는다.**

4-3 최소항과 최대항 전개식

우리는 식 (4-1)에서 표현된 각 항들을 최소항이라고 한다. 일반적으로 n개의 변수들로 이루어진 최소항은 그 변수가 진리나 보수 형태, 둘 중 어느 한 가지 형태로 나타나는 n 문자(Literal)의 곱 형태이다(여기서 Literal이란 그 변수 자체이거나 보수를 말함). 표 4-2에는 세 입력 변수 A, B, C에 대한 표현 가능한 모든 최소항들을 나타내었다. 각각의 최소항들은 입력 변수 ABC의 조합에 따라 어느 한 개의 조합에 대해서만 1의 값을 갖는다. 예를 들면 $A=B=C=0$이면 $\overline{A}\,\overline{B}\,\overline{C}$가 1이 되고, $A=B=0$이고 $C=1$이면 $\overline{A}\,\overline{B}\,C$가 1이 된다.

한편 최소항은 가끔 생략된 형태로 표현하기도 한다. 즉, $\overline{A}\,\overline{B}\,\overline{C}$는 m_0로 $\overline{A}\,\overline{B}\,C$는 m_1로 나타내기도 한다. 통상 진리표의 i번째 행과 일치하는 최소항은 m_i(여기서 i는 10진수로 나타냄)로 표시한다.

함수 f를 식 (4-1)과 같이 최소항들의 합으로 표현하였을 때, 이런 표현식을 최소항 전개식 또는 표준화된 곱의 합 형식이라고 한다. 진리표의 i번째 행에 대해 $f=1$이면, i번째 행과 일치하는 입력 변수의 조합에 대해서만 $m_i=1$이기 때문에, 해당 m_i는 최소항 전개식에 반드시 포함되어 있어야 한다. 함수 f에 나타난 최소항들은 진리표에서 출력 함수를 가리키는 f의 열에 표현된 1과 대응 관계를 갖기 때문에, 함수 f에 대한 최소항 전개식은 유일(Unique)하게 된다.

[표 4-2] 세 가지 변수에 대한 최소항과 최대항

행번호	ABC	최소항	최대항
0	000	$\overline{A}\,\overline{B}\,\overline{C}=m_0$	$A+B+C=M_0$
1	001	$\overline{A}\,\overline{B}\,C=m_1$	$A+B+\overline{C}=M_1$
2	010	$\overline{A}\,B\,\overline{C}=m_2$	$A+\overline{B}+C=M_2$
3	011	$\overline{A}\,B\,C=m_3$	$A+\overline{B}+\overline{C}=M_3$
4	100	$A\,\overline{B}\,\overline{C}=m_4$	$\overline{A}+B+C=M_4$
5	101	$A\,\overline{B}\,C=m_5$	$\overline{A}+B+\overline{C}=M_5$
6	110	$A\,B\,\overline{C}=m_6$	$\overline{A}+\overline{B}+C=M_6$
7	111	$A\,B\,C=m_7$	$\overline{A}+\overline{B}+\overline{C}=M_7$

또한 식 (4-1)은 다음과 같은 m (minterm) 표기법으로 다시 쓸 수 있다.

$$f(A, B, C) = m_3 + m_4 + m_5 + m_6 + m_7 \tag{4-5}$$

식 (4-1)은 또 다른 표현 방법으로 다음과 같이 10진수의 첨자만을 열거하여 쓸 수도 있다.

$$f(A, B, C) = \sum m(3,4,5,6,7) \tag{4-5a}$$

우리는 식 (4-3)에서 표현된 각 합의 항을 최대항이라고 한다. 일반적으로 n 변수의 최대항은 각각의 변수가 진리 또는 보수의 형태 둘 중 어느 한 가지 형태로 나타난다. 표 4-2에는 입력 변수 A, B, C에 대한 표현 가능한 모든 최대항들을 나타내었다. 각각의 최대항들은 입력 변수 ABC의 조합에 따라 어느 한 개의 조합에 대해서만 0의 값을 갖는다.

예를 들면 $A=B=C=0$이면 $A+B+C=0$이고, $A=B=0$이고 $C=1$이면 $A+B+\overline{C}=0$이 된다.

최대항 표현은 종종 M(Maxterm) 표기법을 사용하여 간략화된 형태로 쓰기도 한다. 통상 진리표의 i 번째 행과 일치하는 최대항을 M_i로 표기한다. 각 최대항은 대응된 최소항의 보수가 된다. 즉, 최대항 M_i는 최소항 $\overline{m_i}$와 같다. 한마디로 $M_i=\overline{m_i}$가 된다.

함수 f를 식 (4-3)과 같이 최대항들의 곱으로 표현하였을 때, 이런 표현식을 최대항 전개식 또는 표준화된 합의 곱 형식이라고 한다.

만약 진리표의 i 번째 행에 대해 $f=0$이면 M_i는 반드시 최대항 전개식에 나타나야 한다. 왜냐하면 진리표에서 i 번째 행과 일치하는 입력 변수의 조합에 대해서만

$M_i = 0$이기 때문이다. 주의할 것은 최대항들은 함께 곱해지는데 만약 그들 중의 하나가 0이었다면 f는 0이 된다. 함수 f에 나타난 최대항들은 진리표에서 출력 함수를 가리키는 f의 열에 표현된 0과 대응 관계를 갖기 때문에, 함수 f에 대한 최대항 전개식은 유일하게 된다.

또한 식 (4-3)은 다음과 같은 M 표기법으로 다시 쓸 수 있다.

$$f(A, B, C) = M_0 M_1 M_2 \tag{4-6}$$

식 (4-3)은 또 다른 표현 방법으로 다음과 같이 10진수의 첨자만을 열거하여 쓸 수도 있다.

$$f(A, B, C) = \Pi M(0,1,2) \tag{4-6a}$$

식 (4-6a)에서 Π는 곱을 의미한다.

만약 $f \neq 1$이라면 $f = 0$이기 때문에, m_i가 f의 최소항에 포함되지 않으면 M_i는 최대항 전개식에 포함된다. 따라서 10진수의 첨자를 사용하여 표현한 식에서 n 변수로 된 함수 f의 최소항 전개식이 주어지면, 최대항 전개식은 최소항의 첨자 번호가 아닌 10진 정수($0 \leq i \leq 2n - 1$)를 나열함으로써 구해진다. 이 방법을 사용하면 식 (4-6a)는 식 (4-5a)로부터 바로 구할 수 있다.

함수 f의 최소항 또는 최대항 전개식이 주어지면, 함수 f의 보수($\overline{f}$)에 해당하는 최소항, 최대항 전개식은 쉽게 구할 수 있다. 따라서 $\overline{f}$가 1일 때는 f가 0일 때이므로, $\overline{f}$에 대한 최소항 전개식은 함수 f의 최소항 전개식에 표현되지 않았던 최소항들을 포함하게 된다. 따라서 식 (4-5)에 표현되지 않았던 최소항들을 다음 식 (4-7)과 같이 적어 볼 수 있다.

$$\overline{f}(A, B, C) = m_0 + m_1 + m_2 = \sum m(0,1,2) \tag{4-7}$$

같은 방법으로 $\overline{f}$에 대한 최대항 전개식은 함수 f에 포함되지 않았던 최대항들로 구성된다. 따라서 식 (4-6)으로부터 다음과 같은 식이 구해진다.

$$\overline{f}(A, B, C) = M_3 M_4 M_5 M_6 M_7 = \Pi M(3,4,5,6,7) \tag{4-8}$$

최소항의 보수는 최대항과 일치하기 때문에, 식 (4-8)은 식 (4-5)의 보수를 취해 구하기도 한다.

$$\overline{f} = \overline{m_3 + m_4 + m_5 + m_6 + m_7} = \overline{m_3}\,\overline{m_4}\,\overline{m_5}\,\overline{m_6}\,\overline{m_7}$$
$$= M_3 M_4 M_5 M_6 M_7$$

같은 방법으로 식 (4-7)은 식 (4-6)의 보수를 취해 얻어진다.

$$\overline{f} = \overline{M_0 M_1 M_2} = \overline{M_0} + \overline{M_1} + \overline{M_2} = m_0 + m_1 + m_2$$

일반적으로 논리식은 진리표 또는 대수식을 이용하여 최소항 또는 최대항 전개식으로 변환된다. 만약 진리표에 입력 변수들이 모든 표현 가능한 조합으로 구성되어 있다면 최소항과 최대항 전개식은 논의된 방법에 의해 얻어질 수 있다. 한편 또 다른 방법으로 최소항 전개식을 구할 수 있는데, 우선 곱의 합 형태로 식을 정리한 다음, 표준 최소항을 이루지 못하고 빠진 변수들이 발생된 항에 $X+\overline{X}=1$의 정리를 사용하여 변수를 첨가해 나가면, 원하는 최소항 전개식을 구할 수 있다.

예제 4-1

$f(a,b,c,d)=\overline{a}(\overline{b}+d)+ac\overline{d}$의 최소항 전개식을 구하시오.

[풀이]

$$\begin{aligned} f &= \overline{a}\,\overline{b}+\overline{a}d+ac\overline{d} \\ &= \overline{a}\,\overline{b}(c+\overline{c})+\overline{a}d(b+\overline{b})+ac\overline{d}(b+\overline{b}) \\ &= \overline{a}\,\overline{b}c+\overline{a}\,\overline{b}\,\overline{c}+\overline{a}bd+\overline{a}\,\overline{b}d+abc\overline{d}+a\overline{b}c\overline{d} \\ &= \overline{a}\,\overline{b}c(d+\overline{d})+\overline{a}\,\overline{b}\,\overline{c}(d+\overline{d})+\overline{a}bd(c+\overline{c})+\overline{a}\,\overline{b}d(c+\overline{c})+abc\overline{d}+a\overline{b}c\overline{d} \end{aligned}$$

0011 0010 0001 0000 0111 0101

$$\begin{aligned} &= \overline{a}\,\overline{b}cd+\overline{a}\,\overline{b}c\overline{d}+\overline{a}\,\overline{b}\,\overline{c}d+\overline{a}\,\overline{b}\,\overline{c}\,\overline{d}+\overline{a}bcd+\overline{a}b\overline{c}d \\ &\quad +\overline{a}\,\overline{b}cd+\overline{a}\,\overline{b}\,\overline{c}d+abc\overline{d}+a\overline{b}c\overline{d} \end{aligned} \tag{4-9}$$

0011(×)0001(×) 1110 1010

식 (4-9)에서 중복되는 항들(×)은 $X+X=X$ 정리에 의해 둘 중 어느 하나는 제거된다. 또한 식 (4-9)는 십진 표현식으로도 변환될 수 있다. 따라서 식 (4-9)를 다시 정리해 보면 다음과 같다.

0000 0001 0010 0011 0101 0111

$$\begin{aligned} f &= \overline{a}\,\overline{b}\,\overline{c}\,\overline{d}+\overline{a}\,\overline{b}\,\overline{c}d+\overline{a}\,\overline{b}c\overline{d}+\overline{a}\,\overline{b}cd+\overline{a}b\overline{c}d+\overline{a}bcd \\ &\quad +a\overline{b}c\overline{d}+abc\overline{d} \end{aligned}$$

1010 1110

$$f=\sum m(0,1,2,3,5,7,10,14) \tag{4-10}$$

또한 f 의 최대항 전개식은 최소항 전개식에서, 즉 식 (4-10)에서 빠진 10진 정수 (0-15 사이)를 나열함으로써 얻어질 수 있다.

$$f = \Pi M(4, 6, 8, 9, 11, 12, 13, 15)$$

최대항 전개식을 구하는 또 다른 방법은 합의 곱 함수 f 에 의해 얻어지는데, $X\overline{X} = 0$ 의 정리를 사용하여 각 합의 항에서 빠진 변수들을 구하여 첨가해 나가면 원하는 최대항 전개식을 구할 수 있다.

예를 들면,

$$f = (\overline{a} + c\overline{d})(a + \overline{b} + d) = (\overline{a} + c)(\overline{a} + \overline{d})(a + \overline{b} + d)$$

먼저 문제의 함수를 $X + YZ = (X + Y)(X + Z)$ 의 정리를 사용하여 인수화시킨다.

$$= (\overline{a} + b\overline{b} + c + d\overline{d})(\overline{a} + b\overline{b} + c\overline{c} + \overline{d})(a + \overline{b} + c\overline{c} + d)$$

$$= (\overline{a} + b\overline{b} + c + d)(\overline{a} + b\overline{b} + c + \overline{d})(\overline{a} + b\overline{b} + c + \overline{d})$$

$$(\overline{a} + b\overline{b} + \overline{c} + \overline{d})(a + \overline{b} + c\overline{c} + d)$$

$$= \underset{1000}{(\overline{a} + b + c + d)}\underset{1100}{(\overline{a} + \overline{b} + c + d)}\underset{1001}{(\overline{a} + b + c + \overline{d})}\underset{1101}{(\overline{a} + \overline{b} + c + \overline{d})}$$

$$\underset{1011}{(\overline{a} + b + \overline{c} + \overline{d})}\underset{1111}{(\overline{a} + \overline{b} + \overline{c} + \overline{d})}\underset{0100}{(a + \overline{b} + c + d)}\underset{0110}{(a + \overline{b} + \overline{c} + d)}$$

※ 여기서 Bar가 붙은 변수는 “1”로, 붙지 않은 변수는 “0”으로 해석

$$= \Pi M(4, 6, 8, 9, 11, 12, 13, 15) \tag{4-11}$$

최대항을 십진 표현식으로 바꿀 때 주의할 점은 보수로 표시된 변수는 1로 대치되고, 보수로 표현되지 않은 변수는 0으로 대치한다는 점이다.

함수 f 의 최소항 전개식의 항들은 진리표에서 $f = 1$ 에 대한 대응 관계를 갖기 때문에 최소항 전개식 f 는 유일하다. 따라서 다음에 보이는 예제에서 양변의 최소항 전개식을 구하고, 이 전개식들이 같다는 것을 보여줌으로써 이 식이 타당하다는 것을 증명할 수 있다.

예제 4-2

$\overline{a}c + \overline{b}\,\overline{c} + ab = \overline{a}\,\overline{b} + bc + a\overline{c}$ 임을 증명하시오.

[증명] 양변에 대해 최소항 전개식을 구하여 비교 증명한다. 그러기 위해서는 표준 최소항에서 빠진 변수를 첨가함으로써 최소항 전개식을 구할 수 있다. 좌변의 경우 각 최소항에 $(b+\overline{b})$ 와 $(a+\overline{a})$, $(c+\overline{c})$ 를 첨가하여 전개하면 다음과 같은 6개의 최소항으로 표현된다.

$$\overline{a}c(b+\overline{b}) + \overline{b}\,\overline{c}(a+\overline{a}) + ab(c+\overline{c})$$
$$= \overline{a}bc + \overline{a}\,\overline{b}c + a\overline{b}\,\overline{c} + \overline{a}\,\overline{b}\,\overline{c} + abc + ab\overline{c}$$
$$= m_3 + m_1 + m_4 + m_0 + m_7 + m_6$$

우변의 경우도 좌변의 경우와 같은 조건으로 전개하면 다음과 같은 6개의 최소항으로 표현된다.

$$\overline{a}\,\overline{b}(c+\overline{c}) + bc(a+\overline{a}) + a\overline{c}(b+\overline{b})$$
$$= \overline{a}\,\overline{b}c + \overline{a}\,\overline{b}\,\overline{c} + abc + \overline{a}bc + ab\overline{c} + a\overline{b}\,\overline{c}$$
$$= m_1 + m_0 + m_7 + m_3 + m_6 + m_4$$

따라서 양변의 최소항 전개식을 비교한 결과 동일하기 때문에 예제의 식은 타당하다고 할 수 있다.

요 약

[최소항 전개식]

- 간략화 되지 않은 최소항들의 합으로 표현

[최대항 전개식]

- 간략화 되지 않은 최대항들의 곱으로 표현

※ 진리표에서 입력 조건이 주어졌을 때, 함수 f를 최소항 전개식으로 표현하였거나 최대항 전개식으로 표현하였을 때, 간략화된 상태의 식은 동일하게 된다.

4-4 일반적인 최소항과 최대항 전개식

표 4-3은 일반적인 세 변수를 갖는 함수를 진리표로 나타내었다. 각 a_i는 0 또는 1의 값을 가지는 정수이다. 어떤 함수를 표현하기 위해서는, 모든 a_i에 값을 할당하여야 한다. 각 a_i는 두 가지 방법으로 나타낼 수 있기 때문에, 진리표에서 F는 2^8에 해당하는 256가지의 다른 조합을 갖는 함수가 존재할 수 있다. 입력 변수가 n개일 경우

진리표는 2^n 개의 행이 존재한다. F의 값은 각 열에서 0 또는 1이 될 수 있으므로, n 개의 변수에 대해 가능한 함수의 수는 2^{2^n} 개가 된다.

표 4-3으로부터 세 변수들의 일반적인 함수에 대한 최소항 전개식은 다음과 같이 쓸 수 있다.

$$F = a_0 m_0 + a_1 m_1 + a_2 m_2 + ,..., + a_7 m_7 = \sum_{i=0}^{7} a_i m_i \qquad (4\text{–}12)$$

이 식에서 만약 $a_i = 1$이면 최소항 m_i는 전개식에 존재하고, $a_i = 0$이라면 대응되는 최소항은 존재하지 않는다. 세 변수들의 일반적 함수에 대한 최대항 전개식은 다음 식 (4-13)과 같다.

$$\begin{aligned} F &= (a_0 + M_0)(a_1 + M_1)(a_2 + M_2),...,(a_7 + M_7) \\ &= \prod_{i=0}^{7} (a_i + M_i) \end{aligned} \qquad (4\text{–}13)$$

이 식에서 만약 $a_i = 1$이면, $a_i + M_i = 1$이 되어 M_i(최대항)는 전개식에서 제거된다. 만약 $a_i = 0$이라면 M_i는 최대항 전개식에 존재한다.

[표 4-3] 세 변수에 대한 일반적인 진리표

ABC	F	$2^{2^n} = 2^8 = 256$
000	a_0	0 0 0 0 0 　　　　 0 1
001	a_1	0 0 0 0 0 　　　　 1 1
010	a_2	0 0 0 0 0 　　　　 1 1
011	a_3	0 0 0 0 0 ……… 1 1
100	a_4	0 0 0 0 0 　　　　 1 1
101	a_5	0 0 0 0 1 　　　　 1 1
110	a_6	0 0 1 1 0 　　　　 1 1
111	a_7	0 1 0 1 0 　　　　 1 1

식 (4-13)으로부터 $\overline{F}$의 최소항 전개식은 다음 식 (4-14)와 같이 전개할 수 있다.

$$\overline{F} = \overline{\left[\prod_{i=0}^{7} (a_i + M_i)\right]} = \sum_{i=0}^{7} \overline{a_i}\ \overline{M_i} = \sum_{i=0}^{7} \overline{a_i}\ m_i \qquad (4\text{–}14)$$

F에 존재하지 않는 최소항들은 $\overline{F}$에는 존재한다는 점에 유의하자. 또한 식 (4-12)로부터 다음 식 (4-15)와 같이 $\overline{F}$의 최대항 전개식을 구할 수 있다.

$$\overline{F} = \overline{\left[\sum_{i=0}^{7} a_i m_i\right]} = \prod_{i=0}^{7} (\overline{a_i} + \overline{m_i}) = \prod_{i=0}^{7} (\overline{a_i} + M_i) \qquad (4\text{–}15)$$

F에는 존재하지 않는 최대항들이 $\overline{F}$에는 존재함에 유의하자. 앞에서 보인 식 (4-12), (4-13), (4-14), (4-15)를 n 변수로 정리하면 다음 관계를 얻을 수 있다.

$$F = \sum_{i=0}^{2^n-1} a_i m_i = \prod_{i=0}^{2^n-1} (a_i + M_i) \qquad (4\text{–}16)$$

$$\overline{F} = \sum_{i=0}^{2^n-1} \overline{a_i} m_i = \prod_{i=0}^{2^n-1} (\overline{a_i} + M_i) \qquad (4\text{–}17)$$

n 변수로 된 두 개의 서로 다른 최소항 m_i와 m_j가 주어지면, 둘 중 하나의 최소항에서 임의의 변수가 보수로 나타나고, 다른 최소항에서는 보수가 아닌 변수의 형태로 나타난다. 그러므로 만약 $i \neq j$면 $m_i m_j = 0$이다. 예를 들어 변수 $n = 3$이라고 할 때, $m_1 m_3 = (\overline{A}\,\overline{B}\,C)(\overline{A}\,B\,C) = 0$이 된다.

두 개 함수 f_1과 f_2의 최소항 전개식들이 다음과 같이 주어지면

$$f_1 = \sum_{i=0}^{2^n-1} a_i m_i \qquad\qquad f_2 = \sum_{j=0}^{2^n-1} b_j m_j \qquad (4\text{–}18)$$

두 함수의 곱은 다음과 같다.

$$\begin{aligned} f_1 f_2 &= (\sum_{i=0}^{2^n-1} a_i m_i)(\sum_{j=0}^{2^n-1} b_j m_j) \sum_{i=0}^{2^n-1} \sum_{j=0}^{2^n-1} a_i b_j\, m_i m_j \\ &= \sum_{i=0}^{2^n-1} a_i b_j m_i \quad [i = j\text{가 아니면 } m_i m_j = 0\text{이기 때문에}] \end{aligned} \qquad (4\text{–}19)$$

이 식에서 크로스로 곱한 모든 최소항$(i \neq j)$들은 f_1과 f_2, 모두에 존재하는 최소항들만 남고 나머지는 제거된다. 예를 들어,

$$f_1 = \sum m(0, 2, 3, 5, 9, 11) \qquad f_2 = \sum m(0, 3, 9, 11, 13, 14)$$

와 같을 경우 두 함수의 곱은 다음과 같다.

$$f_1 f_2 = \sum m(0, 3, 9, 11)$$

아래의 표 4-4에서 F와 $\overline{F}$의 최소항과 최대항 전개식 사이의 변환 과정을 요약해 보면 모든 전개식들은 10진 정수의 목록처럼 쓸 수 있다. 이 표를 사용할 때 기억할 것은 n 변수로 구성된 함수에 대한 진리표는 2^n 개의 행을 가지므로, 최소항(또는 최대항)의 개수는 0부터 최대 $2^n - 1$개이다. 그리고 표 4-5는 표 4-1을 표 4-4에 적용하여 설명한 것이다.

[표 4-4] 전개식 형태의 변환

		필요한 형태			
		F의 최소항 전개식	F의 최대항 전개식	$\overline{F}$의 최소항 전개식	$\overline{F}$의 최대항 전개식
주어진 형태	F의 최소항 전개식		함수 F의 최대항 전개식은 최소항 전개식 목록에서 빠진 십진 정수이다.	함수 $\overline{F}$의 최소항 전개식의 최소항들은 함수 F에는 나타나지 않는다.	함수 $\overline{F}$의 최대항 전개식은 F의 최소항 전개식의 번호와 동일하다.
	F의 최대항 전개식	함수 F의 최소항 전개식은 최대항 전개식 목록에서 빠진 십진 정수이다.		함수 $\overline{F}$의 최소항 전개식은 F의 최대항 전개식의 번호와 동일하다.	함수 $\overline{F}$의 최대항 전개식의 최대항들은 함수 F에는 나타나지 않는다.

[표 4-5] 표 4-1을 표 4-4에 적용

		필요한 형태			
		f의 최소항 전개식	f의 최대항 전개식	$\overline{f}$의 최소항 전개식	$\overline{f}$의 최대항 전개식
주어진 형태	$f = \sum m(3,4,5,6,7)$		$\Pi M(0,1,2)$	$\sum m(0,1,2)$	$\Pi M(3,4,5,6,7)$
	$f = \Pi M(0,1,2)$	$\sum m(3,4,5,6,7)$		$\sum m(0,1,2)$	$\Pi M(3,4,5,6,7)$

4-5 불완전하게 규정된 함수

대규모 디지털 시스템은 보통 여러 개의 부 회로로 나뉘어진다.

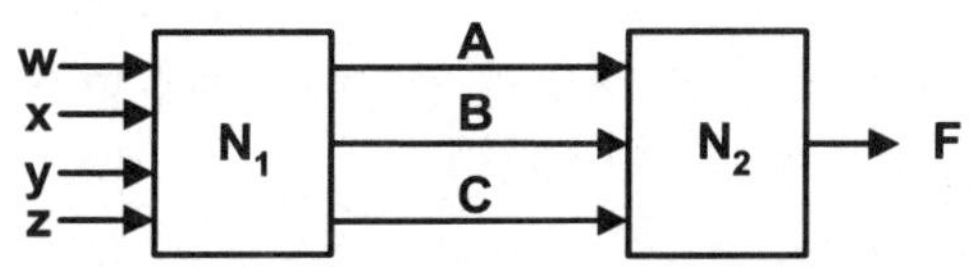

[그림 4-3] 디지털 시스템

N_1 회로의 출력이 N_2 회로의 입력으로 사용될 경우 이 회로가 어떻게 구동되는지를 알아보자.

가령, N_1 회로의 출력이 A,B,C 변수들의 모든 가능한 조합으로 만들어지지 않는다고 하자.

N_1 회로의 입력 W,X,Y,Z의 조합 중에 N_1 회로의 출력 A,B,C에 나타나지 않는, 즉 001 또는 110에 해당하는 출력을 할 수 없는 입력이 있다고 가정하여 진리표를 구성하면 다음 표 4-6과 같다.

따라서 N_2 회로를 설계할 때, ABC=001 또는 110에 대한 F값의 상술은 불필요하다. 왜냐하면 이 값들의 조합은 N_2 회로의 입력으로 나타나지 않기 때문이다.

여기에서 ABC=001과 110은 N_2 회로의 입력으로 사용되지 않았다. 이런 입력들의 집합을 우리는 불완전하게 규정된 함수라고 정의한다.

[표 4-6] 불완전하게 규정된 진리표

A B C	F
0 0 0	1
0 0 1	×
0 1 0	0
0 1 1	1
1 0 0	0
1 0 1	0
1 1 0	×
1 1 1	1

표 4-6에서 ×의 표시는 입력 조합 ABC=001 또는 110에 대한 출력 함수 F를 0으로 사용하든지 1로 사용하든지 관계없다는 표시이다. 이런 경우 함수 F는 불완전하게 규정되어 있다고 정의하고, 최소항 $\overline{A}\,\overline{B}C$와 $AB\overline{C}$는 "돈 캐어(Don't care) 상태"라고 한다. 표 4-6에서 ×의 표시는 돈 캐어 표시를 나타낸다.

일반적으로 우리가 함수를 실현시킬 때 반드시 돈 캐어 상태(상관치 않는 상태)의 값을 결정해야 한다. 이 값을 어떻게 결정하느냐에 따라 함수를 간략화하는데 많은 도움이 되기도 한다.

① 두 개의 돈 캐어 모두를 0으로 선택하였을 경우 함수 F는 다음 식 (4-20)과 같이 된다.

$$\begin{aligned} F &= \overline{A}\,\overline{B}\,\overline{C} + \overline{A}BC + ABC \\ &= \overline{A}\,\overline{B}\,\overline{C} + (\overline{A} + A)BC = \overline{A}\,\overline{B}\,\overline{C} + BC \end{aligned} \qquad (4\text{–}20)$$

② 첫 번째 ×를 1로, 두 번째 ×를 0으로 선택하였을 경우는 다음과 같다.

$$\begin{aligned} F &= \overline{A}\,\overline{B}\,\overline{C} + \overline{A}\,\overline{B}C + \overline{A}BC + ABC \\ &= \overline{A}\,\overline{B}(\overline{C} + C) + (\overline{A} + A)BC = \overline{A}\,\overline{B} + BC \end{aligned} \qquad (4\text{–}21)$$

③ 첫 번째 ×를 0으로, 두 번째 ×를 1로 선택하였을 경우는 다음과 같다.

$$\begin{aligned} F &= \overline{A}\,\overline{B}\,\overline{C} + \overline{A}BC + AB\overline{C} + ABC \\ &= \overline{A}\,\overline{B}\,\overline{C} + (\overline{A} + A)BC + AB(\overline{C} + C) \\ &= \overline{A}\,\overline{B}\,\overline{C} + BC + AB \end{aligned} \qquad (4\text{–}22)$$

④ 마지막으로 두 개의 돈 캐어 모두를 1로 선택하였을 경우는 다음과 같이 된다.

$$\begin{aligned} F &= \overline{A}\,\overline{B}\,\overline{C} + \overline{A}\,\overline{B}C + \overline{A}BC + AB\overline{C} + ABC \\ &= \overline{A}\,\overline{B}(\overline{C} + C) + (\overline{A} + A)BC + AB(\overline{C} + C) \\ &= \overline{A}\,\overline{B} + BC + AB \end{aligned} \qquad (4\text{–}23)$$

따라서 두 번째의 경우에서 선택한 값이 가장 간단한 함수가 됨을 알 수 있다.

우리는 경우에 따라선 불완전하게 규정된 함수를 고려하여 함수를 전개하는 것이, 함수를 최소화하는데 도움이 될 수 있다는 사실에 대해 공부해 보았다.

앞으로 불완전하게 규정된 함수에 대해 최소항 전개식을 쓸 때 "m"을 최소항으로 사용할 것이고, "d"는 돈 캐어 상태의 최소항임을 나타낼 것이다.

표 4-6에서 나타낸 함수 F의 최소항 전개식에 돈 캐어 상태를 고려하여 나타내면 다음 식과 같이 된다.

$$F=\sum m(0,3,7)+\sum d(1,6)$$

돈 캐어 상태의 최소항은 돈 캐어 상태의 최대항과 대응된다. 예를 들면, 만약 입력 조합 001에 $F=\times$ (Don't care)이면 m_1은 돈 캐어 상태 최소항이고, M_1은 돈 캐어 상태 최대항이다. 우리는 "D"를 사용해서 "돈 캐어 상태 최대항"을 표현하고, 표 4-6에 있는 함수 F의 최대항 전개식을 쓰면

$$F=\prod M(2,4,5)\cdot \prod D(1,6)$$

이 된다. 이것은 함수 F에 최대항 M_2, M_4, M_5가 존재하는 것과 돈 캐어 상태 최대항 M_1과 M_6가 있음을 나타낸다.

예제 4-3

회로에 4개의 입력 (A,B,C,D)를 BCD로 표현하였다. 만약 입력에 의해 표현된 10진 정수가 3으로 나누어질 때 출력 Z가 1이 되는 회로를 설계하시오.(이때, BCD 부호값이 입력으로 들어올 때만 유효하다고 가정한다)

[증명] 입력 조건들 중 숫자 0, 3, 6, 9에 해당하는 입력은 3에 의해 나누어질 수 있다. 따라서 입력 조합 $ABCD$=0000, 0011, 0110, 1001에 대해 $Z=1$이 된다. 4변수 표현된 입력 조합들 중 1010, 1011, 1100, 1101, 1110, 그리고 1111은 BCD 부호가 아니기 때문에 돈 캐어 상태가 된다. 따라서 설계에 중요한 기초가 되는 진리표는 아래와 같이 작성할 수 있다.

진리표와 대응되는 돈 캐어를 고려한 출력 함수는 다음과 같다.

$$Z=\sum m(0,3,6,9)+\sum d(10,11,12,13,14,15)$$

$$\begin{aligned}Z&=\overline{A}\,\overline{B}\,\overline{C}\,\overline{D}+\overline{A}\,\overline{B}CD+\overline{A}BC\overline{D}+A\overline{B}\,\overline{C}D\\&\quad+A\overline{B}CD+AB\overline{C}D+ABC\overline{D}+ABCD\\&=\overline{A}\,\overline{B}\,\overline{C}\,\overline{D}+(\overline{A}+A)\overline{B}CD+(\overline{A}+A)BC\overline{D}\\&\quad+A\overline{B}D(\overline{C}+C)+ABD(\overline{C}+C)\\&=\overline{A}\,\overline{B}\,\overline{C}\,\overline{D}+\overline{B}CD+BC\overline{D}+A\overline{B}D+ABD\\&=\overline{A}\,\overline{B}\,\overline{C}\,\overline{D}+\overline{B}CD+BC\overline{D}+AD(\overline{B}+B)\\&=\overline{A}\,\overline{B}\,\overline{C}\,\overline{D}+\overline{B}CD+BC\overline{D}+AD\end{aligned}$$

진리표

$ABCD$	Z
0 0 0 0	1
0 0 0 1	0
0 0 1 0	0
0 0 1 1	1
0 1 0 0	0
0 1 0 1	0
0 1 1 0	1
0 1 1 1	0
1 0 0 0	0
1 0 0 1	1
1 0 1 0	×
1 0 1 1	×
1 1 0 0	×
1 1 0 1	×
1 1 1 0	×
1 1 1 1	×

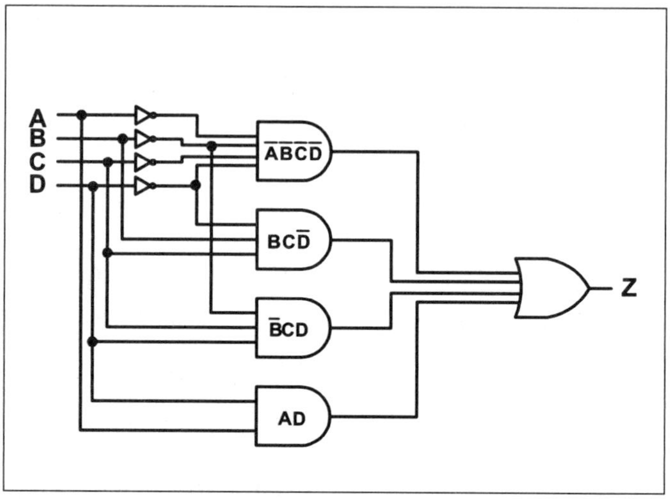

출력 함수 Z를 최소화한 후 구현시키는 데 있어, 가장 간단한 형태의 논리 회로를 설계하기 위해서는 반드시 몇 개의 돈 캐어 상태(×)를 0(1010과 1100)으로 하고, 몇 개는 1(1011, 1101, 1110, 1111 등)로 해야 한다. 가장 쉬운 방법은 5장에서 다루게 될 카르노 맵을 사용하는 것이다.

4-6 가산기와 감산기

지금까지 배운 학습 내용들을 토대로 하여 이제부터 가산기와 감산기를 설계해 보자. 가산기에는 1비트(피가수: Augend) 더하기 1비트(가수: Addend)의 가산만을 할 수 있는 반가산기와 1비트 더하기 1비트, 그리고 아래 자리에서 올라오는 자리올림수까지 함께 가산 처리를 할 수 있는 전가산기가 있다. 그리고 감산기도 가산기와 마찬가지로 반감산기와 전감산기가 있다.

먼저 **반가산기**(Half adder : H·A)에 대해 알아보기로 하자.

반가산기는 단지 한 비트씩의 데이터 A와 B를 2진 덧셈으로 수행한 후, 그 결과를 자리올림수와 합으로 출력한다. 반가산기를 설계하기 위해서는, 먼저 입력과 출력 변수를 포함하는 모든 표현 가능한 입력 조합과 출력의 형태를 나타내는 진리표를 작성해야 한다. 표 4-7은 A와 B 2개의 입력과 2개의 출력 C와 S를 갖는 반가산기의 진리표를 나타낸다. 예를 들어 $A=1$, $B=0$인 경우는 2진 덧셈을 수행하면 자리올림수 C가 0이 되고, 합 S는 1이 된다.

[표 4-7] 반가산기 진리표

A	B	Carry	Sum
0	0	0	0
0	1	0	1
1	0	0	1
1	1	1	0

그러면 우리는 표 4-7의 진리표로부터 다음과 같은 출력 함수들을 얻을 수 있다.

$$C = A\,B$$
$$S = \overline{A}\,B + A\,\overline{B} = A \oplus B \qquad (4\text{–}24)$$

2개의 입력과 2개의 출력을 갖는 반가산기 회로는 다음 그림 4-4와 같이 한 개의 Exclusive-OR 게이트와 한 개의 AND 게이트를 사용하여 구성할 수 있다.

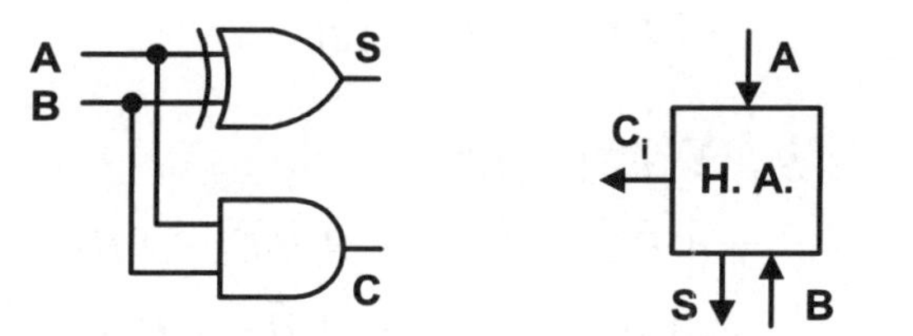

(a) 반가산기 회로 (b) 반가산기 블록도

[그림 4-4] 반가산기

한편 전가산기(Full adder : F · A)는 입력 데이터 A와 B, 그리고 아래 자리에서 발생되어 올라오는 자리올림수 C_i 등 3개의 데이터를 동시에 2진 덧셈으로 처리한 후, 그 결과를 자리올림수 C_{i+1}과 합 S로 출력할 수 있는 회로이다. 전가산기 또한 설계를 하기 위해서는 다음과 같은 과정이 요구된다. 먼저 입력과 출력 변수를 포함하는 모든 표현 가능한 입력 조합과 출력의 형태를 나타내는 진리표를 작성해야 한다. 표 4-8은 A와 B, 그리고 C_i 등 3개의 입력과 2개의 출력 C_{i+1}과 S를 갖는 전가산기의 진리표를 나타낸다. 예를 들어 $A=0, B=1, C_i=1$인 경우, 2진 덧셈을 수행하면 자리올림수 C_{i+1}이 1이 되고, 합 S는 0이 된다. 또한 $A=1, B=1, C_i=1$인 경우는 C_{i+1}이 1이 되고, 합 S도 1이 된다.

[표 4-8] 전가산기 진리표

A	B	C_i	C_{i+1}	S
0	0	0	0	0
0	0	1	0	1
0	1	0	0	1
0	1	1	1	0
1	0	0	0	1
1	0	1	1	0
1	1	0	1	0
1	1	1	1	1

표 4-8의 진리표로부터 전가산기를 설계하기 위한 출력 함수들을 다음 식 (4-25), (4-26)과 같이 구할 수 있다.[식 (2-47) 참고]

$$\begin{aligned} C_{i+1} &= \sum m(3,5,6,7) \\ &= \overline{A}BC_i + A\overline{B}C_i + AB\overline{C_i} + ABC_i \\ &= (\overline{A}B + A\overline{B})C_i + AB(\overline{C_i} + C_i) \\ &= (A \oplus B)C_i + AB \end{aligned} \tag{4-25}$$

$$\begin{aligned} S &= \sum m(1,2,4,7) \\ &= \overline{A}\,\overline{B}C_i + \overline{A}B\overline{C_i} + A\overline{B}\,\overline{C_i} + ABC_i \\ &= (\overline{A}B + A\overline{B})\overline{C_i} + (\overline{A}\,\overline{B} + AB)C_i \\ &= (A \oplus B)\overline{C_i} + \overline{(A \oplus B)}C_i \\ &= (A \oplus B) \oplus C_i = A \oplus B \oplus C_i \end{aligned} \tag{4-26}$$

3개의 입력과 2개의 출력을 갖는 전가산기 회로는 다음 그림 4-5와 같은 논리 회로로 구성할 수 있다.

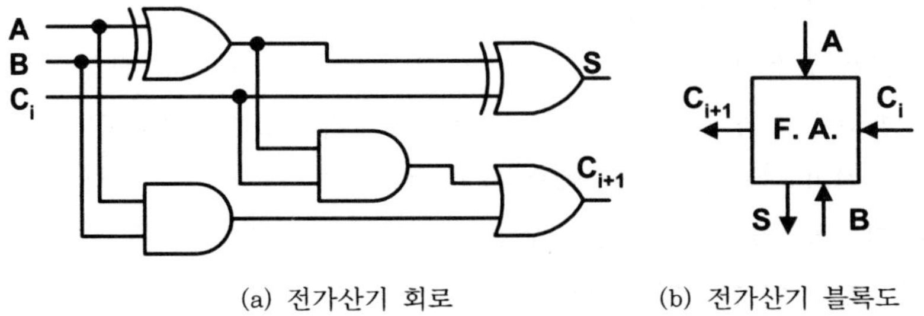

(a) 전가산기 회로 (b) 전가산기 블록도

[그림 4-5] 전가산기

전가산기를 2개 이상 연결하여 병렬 가산기를 만들 수 있다. 이미 1장에서 배운 내용이지만 보수의 가산 방법을 통해 병렬 가산기를 사용하면 뺄셈마저도 가산의 방법으로 처리할 수 있게 된다.

연산 회로 중에서 뺄셈의 기능을 수행하는 회로로는 반감산기와 전감산기가 있다.

지금부터 **반감산기**(Half subtracter : H·S)에 대해 알아보기로 하자.

반감산기는 반가산기와 유사한 형태로 동작하며, 단지 한 비트씩의 데이터 피감수(Minuend) X와 감수(Subtrachend) Y의 2진 뺄셈을 수행하는 논리 회로이다. 이때 X, Y의 감산에 의해 얻어지는 차(Difference)와 한 비트 윗자리로부터 빌려오는 자리내림수(Borrow)가 발생한다.

반감산기를 설계하기 위해서는, 먼저 입력과 출력 변수를 포함하는 모든 표현 가능한 입력 조합과 출력의 형태를 나타내는 진리표를 작성해야 한다. 표 4-9는 X와 Y 2개의 입력과 2개의 출력 B와 D를 갖는 반감산기의 진리표를 나타낸다. 예를 들어 $X=1,\ Y=0$인 경우, 2진 뺄셈을 수행하면 자리내림수의 발생이 필요 없기 때문에 B가 0이 되고, 차 D는 1이 된다. 그러나 $X=0, Y=1$의 경우는 사정이 다르다. 이러한 경우 2진 뺄셈을 수행하면 자리내림수의 발생이 요구되어 B가 1이 되며, 차 D 또한 1이 된다.

[표 4-9] 반감산기 진리표

X	Y	B	D
0	0	0	0
0	1	1	1
1	0	0	1
1	1	0	0

그러면 우리는 표 4-9의 진리표로부터 다음과 같은 출력 함수들을 얻을 수 있다.

$$B=\overline{X}\,Y$$
$$D=\overline{X}\,Y+X\,\overline{Y}=X\oplus Y \qquad (4\text{–}27)$$

반가산기 회로와 아주 유사한 형태로 표현되는 2개의 입력과 2개의 출력을 갖는 반감산기 회로는 다음 그림 4-6과 같이 한 개의 Exclusive-OR 게이트와 한 개의 NOT 게이트, 그리고 한 개의 AND 게이트를 사용하여 구성할 수 있다.

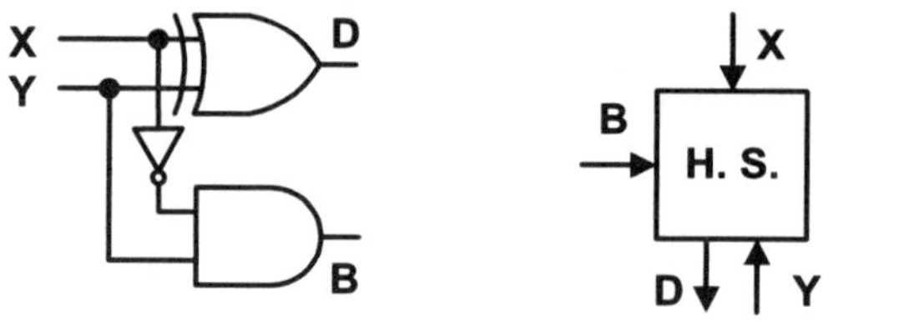

(a) 반감산기 회로 (b) 반감산기 블록도

[그림 4-6] 반감산기

한편 전감산기(Full subtracter : F · S)는 입력 데이터 X와 Y, 그리고 한 비트 아래 자리에서 요구되어지는 자리내림수 B_i 등까지 포함하여 3개의 데이터를 동시에 2진 뺄셈 처리하는 논리 회로이다. 즉 피감수 X와 감수 Y, 그리고 한 비트 아래 자리에서 요구되는 B_i 등을 입력으로 하고, 이들을 입력으로 하여 감산을 하였을 때, 얻어지는 차 D와 한 비트 윗자리$(i+1)$의 자리에서 자리내림수가 필요한가의 여부를 나타내는 B_{i+1}을 출력으로 하는 회로이다. 전감산기 또한 설계를 하기 위해서는 다음과 같은 과정이 요구된다. 먼저 입력과 출력 변수를 포함하는 모든 표현 가능한 입력 조합과 출력의 형태를 나타내는 진리표를 작성해야 한다.

표 4-10은 X와 Y, 그리고 B_i 등 3개의 입력과 2개의 출력 B_{i+1}과 D를 갖는 전감산기의 진리표를 나타낸다. 예를 들어 $X=1, Y=0, B_i=0$인 경우, 2진 뺄셈을 수행하면 윗자리로부터 빌려오는 자리내림수 B_{i+1}는 필요가 없게 되어 0이 되고, 차 D는 1이 된다. 그러나 $X=0, Y=1, B_i=0$인 경우는 자체적으로 뺄셈이 불가능하기 때문에 윗자리로부터 빌려오는 자리내림수 B_{i+1}가 필요하다. 따라서 B_{i+1}은 1이 되고, 차 D도 1이 된다. 그리고 $X=1$, $Y=1$, $B_i=1$ 일 경우는 앞의 경우와 유사하게

[표 4-10] 전감산기 진리표

X	Y	B_i	B_{i+1}	D
0	0	0	0	0
0	0	1	1	1
0	1	0	1	1
0	1	1	1	0
1	0	0	0	1
1	0	1	0	0
1	1	0	0	0
1	1	1	1	1

처리된다. X와 Y만을 감산하는 것 같으면 쉽게 처리할 수 있지만 아래 자리로부터 자리내림수가 요구되기 때문에 연쇄적으로 윗자리로부터 자림내림수의 요건이 발생된다. 따라서 감산의 결과는 다음과 같이 된다. 즉 B_{i+1}은 1이 되며, 차 D 또한 1이 된다.

표 4-10의 진리표로부터 전감산기를 설계하기 위한 출력 함수들을 다음 식 (4-28), (4-29)와 같이 구할 수 있다.[식 (2-47), 식 (4-25), (4-26) 참고]

$$\begin{aligned} B_{i+1} &= \sum m(1,2,3,7) \\ &= \overline{X}\,\overline{Y}B_i + \overline{X}\,Y\overline{B_i} + \overline{X}\,YB_i + XYB_i \\ &= \overline{X}\,Y(\overline{B_i} + B_i) + (\overline{X}\,\overline{Y} + XY)B_i \\ &= \overline{X}\,Y + \overline{(X \oplus Y)}\,B_i \end{aligned} \tag{4-28}$$

$$\begin{aligned} D &= \sum m(1,2,4,7) \\ &= \overline{X}\,\overline{Y}B_i + \overline{X}\,Y\overline{B_i} + X\overline{Y}\,\overline{B_i} + XYB_i \\ &= (\overline{X}\,Y + X\overline{Y})\overline{B_i} + (\overline{X}\,\overline{Y} + XY)B_i \\ &= (X \oplus Y)\overline{B_i} + \overline{(X \oplus Y)}\,B_i \\ &= (X \oplus Y) \oplus B_i = X \oplus Y \oplus B_i \end{aligned} \tag{4-29}$$

3개의 입력과 2개의 출력을 갖는 전감산기 회로는 전가산기와 아주 유사하며 단지 NOT 게이트 2개가 더 첨가된 형태로 다음 그림 4-7과 같은 논리 회로로 구성된다.

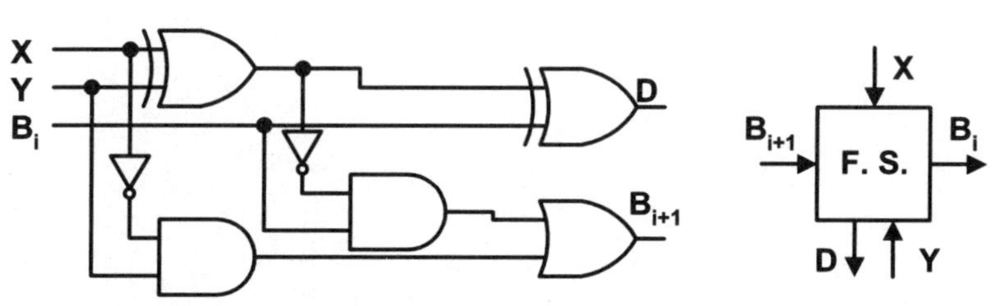

(a) 전감산기 회로 (b) 전감산기 블록도

[그림 4-7] 전감산기

또한 전감산기도 전가산기의 경우처럼 2개 이상 연결하여 동시에 여러 비트의 데이터를 감산 처리할 수 있는 병렬 감산기를 만들 수 있다.

앞에서도 공부하면서 언급했지만 이론적인 보수 가산 방법을 통해 뺄셈 연산을 처리할 수 있었듯이 종종 병렬 감산기는 병렬 가산기로 대치되어 사용하기도 한다. 실제로도 특히 소형 컴퓨터의 경우 CPU(Central processing unit : 중앙처리장치) 내에 구성되는 연산 장치를 설계할 때, 보수기가 부가된 병렬 가산기만을 설계하여도 덧셈과 뺄셈, 그리고 곱셈과 나눗셈까지 처리가 가능하기 때문에 병렬 감산기는 병렬 가산기로 대치될 수 있다.

다음 5장에서는 지금까지 배운 어떤 방법을 통해 논리식을 간략화하는 것 보다, 아주 쉽게 논리식을 간략화할 수 있는 방법들을 경험하게 될 것이다.

연 습 문 제

01 다음 진리표(Truth table)를 간략히 한 결과 Y는?

A	B	Y
0	0	1
0	1	0
1	0	1
1	1	1

① $Y=AB$　② $Y=A+B$　③ $Y=\overline{A}\,\overline{B}$　④ $Y=A+\overline{B}$

02 다음 진리표의 논리식이 옳은 것은?

A	B	C	F
0	0	0	0
0	0	1	1
0	1	0	1
0	1	1	1
1	0	0	0
1	0	1	1
1	1	0	0
1	1	1	1

① $F=\overline{A}B+AC$　② $F=AB+\overline{B}$
③ $F=\overline{A}B+C$　④ $F=AB+B$

03 A, B 두 개의 변수로 구성된 논리함수의 최소항(Minterm)에 속하지 않는 것은?

① AB　② $A\overline{B}$　③ $\overline{A}B$　④ $\overline{AB}$

04 하나의 AND 회로와 X-OR 회로를 조합한 회로는?

① 반가산기　② 전가산기　③ 래치　④ 플립-플롭

05 AND 게이트와 배타적 OR 게이트의 기능을 동시에 가지고 있는 회로는?

① 전가산 회로　② 반가산 회로
③ 전감산 회로　④ 반감산 회로

06 다음 논리회로는?

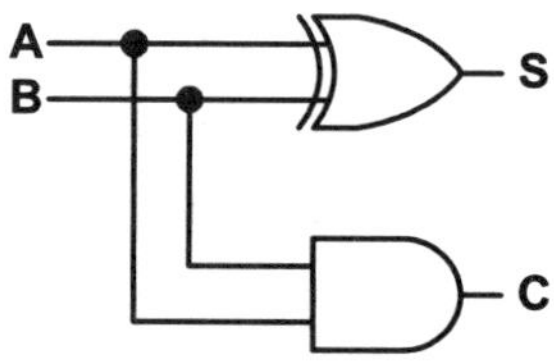

① 일치 회로　② 2진 비교기　③ 반가산기　④ 전가산기

07 반감산기에서 차를 얻기 위하여 사용되는 게이트는?

① NOR　② OR　③ AND　④ 배타적 OR

08 반가산기 회로의 캐리(Carry)와 합(Sum)을 나타내는 논리식은 어느 것인가?

① $S=A \cdot B+\overline{A} \cdot \overline{B}$　$C=\overline{A \cdot B}$
② $S=A \cdot \overline{B}+\overline{A} \cdot B$　$C=\overline{A \cdot B}$
③ $S=\overline{A \cdot B+\overline{A} \cdot \overline{B}}$　$C=A \cdot B$
④ $S=\overline{A \cdot \overline{B+A} \cdot \overline{B}}$　$C=A \cdot B$

09 그림과 같은 논리회로를 설명한 내용 중 옳지 않은 것은?

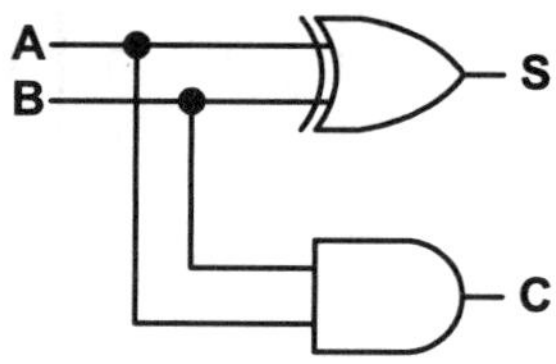

① 반가산기를 나타내는 논리회로이다.　② $S=AB+\overline{A}+\overline{B}$이다.
③ $C=AB$이다.　④ $S=A \oplus B$로 표시할 수 있다.

10 반가산기 회로의 출력으로 옳은 것은?(단, 입력은 A, B 출력은 Sum, Carry이다.)

① $S=A+B,\ C=AB$　② $S=\overline{A}B+A\overline{B},\ C=AB$
③ $S=\overline{A}B+A\overline{B},\ C=\overline{A}\,\overline{B}$　④ $S=\overline{A}\,\overline{B}+AB,\ C=AB$

11 반가산기(Half-Adder)는 2Bit(x,y)를 산술적으로 가산하는 조합회로이며, 이에 해당하는 진리표는 아래와 같다. 캐리(C)와 합(S)를 논리적으로 구한 것은?

① $S=x \oplus y$, $C=xy$　　② $S=xy+x\overline{y}$, $C=\overline{x}y$

③ $S=x \oplus y$, $C=\overline{x}y$　　④ $S=x\overline{y}+y$, $C=xy$

12 다음 그림과 같은 회로의 명칭은?

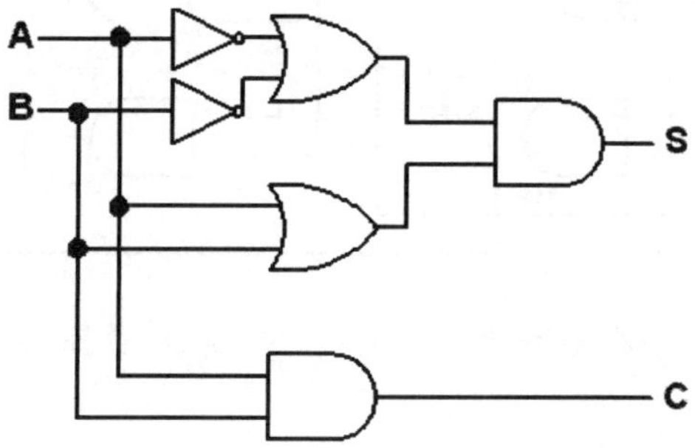

① 승산기　② 비교기　③ 전가산기　④ 반가산기

13 다음 그림의 연산회로 이름은?

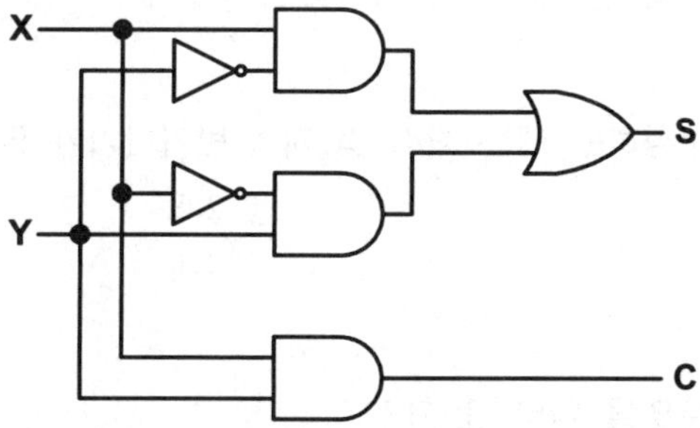

① 반가산기　② 전가산기　③ 반감산기　④ 전감산기

14 다음 그림이 나타내는 논리회로는?

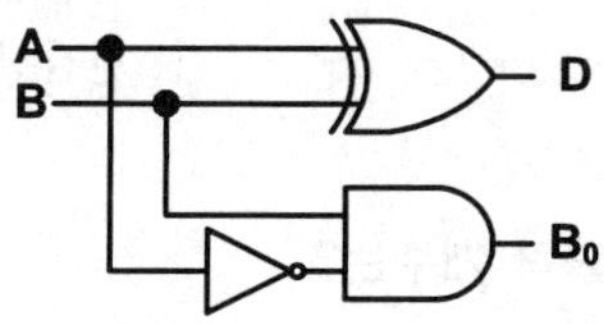

① 반감산기　② 전감산기　③ 반가산기　④ 전가산기

15 반감산기에서 차를 얻기 위해 사용되는 게이트는?

① AND 게이트 ② OR 게이트
③ NOR 게이트 ④ EX-OR 게이트

16 다음 그림의 회로도는 무슨 회로도인가?

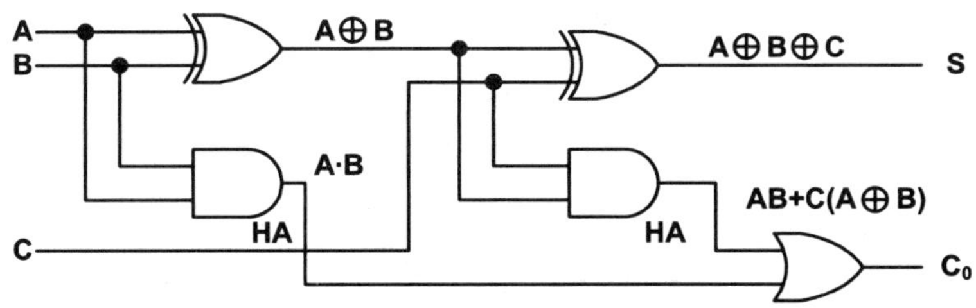

① 전가산기 ② 반가산기 ③ 플립-플롭 ④ 카운터

17 다음 전가산기의 설명 중 옳은 것은?

① 한 개의 반가산기와 두 개의 OR 회로로 구성된다.
② 한 개의 반가산기와 두 개의 AND 회로로 구성된다.
③ 한 개의 반가산기와 한 개의 AND 회로로 구성된다.
④ 두 개의 반가산기와 한 개의 OR 회로로 구성된다.

18 1개의 전가산기를 구성하는 데는 최소 몇 개의 반가산기가 필요한가?

① 1개 ② 2개
③ 3개 ④ 4개

19 다음 논리 회로는 무엇을 나타내는가?

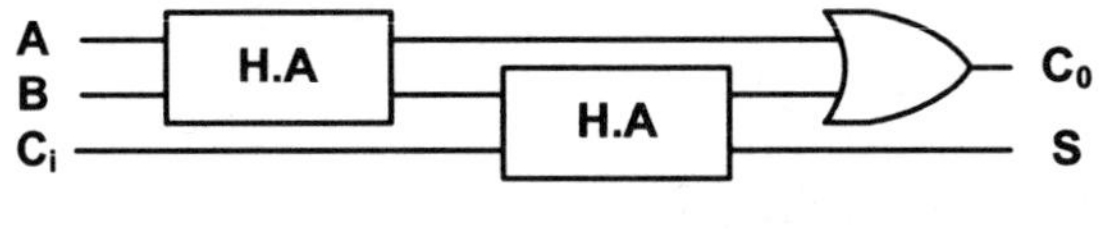

① 반가산기 ② 반감산기
③ 전가산기 ④ 전감산기

20 전가산기(Full adder)의 입출력 개수는?

① 입력 2개, 출력 4개 ② 입력 2개, 출력 3개
③ 입력 3개, 출력 2개 ④ 입력 3개, 출력 3개

21 다음 회로의 기능은?

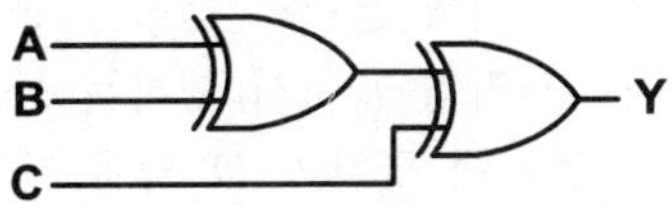

① 반가산기 회로　　② 병렬 2진 가산 회로
③ 3비트의 합 (SUM)을 구하는 회로　　④ 전가산기 회로

22 전가산기의 Carry 비트를 논리식으로 나타낸 것은?

① $C=x \oplus y \oplus z$　　② $C=xy+xz+yz$
③ $C=xy+(x \oplus y)z$　　④ $C=xyz$

23 전가산기의 출력 관련 값으로 S(합)와 C(올림수)를 바르게 나타낸 것은?

① $S=A \oplus B \oplus C$　　$C=A \oplus B+C \oplus (A+B)$
② $S=ABC$　　$C=AB+C(A \oplus B)$
③ $S=ABC$　　$C=A \oplus B+C \oplus (A+B)$
④ $S=A \oplus B \oplus C$　　$C=AB+C(A \oplus B)$

24 전가산기의 출력 S와 C_o의 논리식은?

① $S=\overline{A \oplus B \oplus C_i}$,　　$C_o=AB+BC_i+AC_i$
② $S=A+B+C_i$,　　$C_o=\overline{AB+BC_i+AC_i}$
③ $S=A \oplus B \oplus C_i$,　　$C_o=AB+BC_i+AC_i$
④ $S=\overline{A+B+C_i}$,　　$C_o=\overline{AB+BC_i+AC_i}$

25 그림과 같은 전가산기(Full adder)의 입력이 A=1, B=0, C=1일 때 출력의 Sum : S_o, Carry : C_o는?

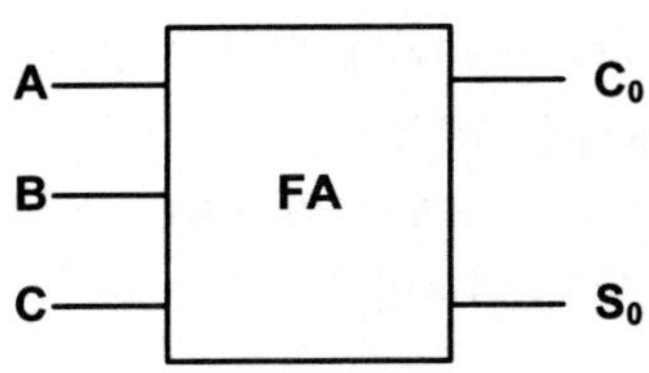

① $C_o=0$, $S_o=0$　　② $C_o=1$, $S_o=0$　　③ $C_o=1$, $S_o=1$　　④ $C_o=0$, $S_o=1$

26 병렬 가산기의 동작을 올바르게 표현한 것은?

① 2진수 각 자리의 덧셈을 2자리씩 끊어서 행하는 동작은 한다
② 2진수 각 자리의 덧셈을 4자리씩 끊어서 행하는 동작을 한다
③ 2진수 각 자리의 덧셈을 동시에 행하여 그 답을 내는 동작을 한다
④ 반가산기를 병렬로 접속하여 구성한 것으로 동작은 2자리씩 끊어서 행한다

27 병렬 2진 가산기에 두 개의 입력 A, B 및 올림수 C를 다음 그림과 같이 인가한다면 수행되는 출력 F의 기능은?

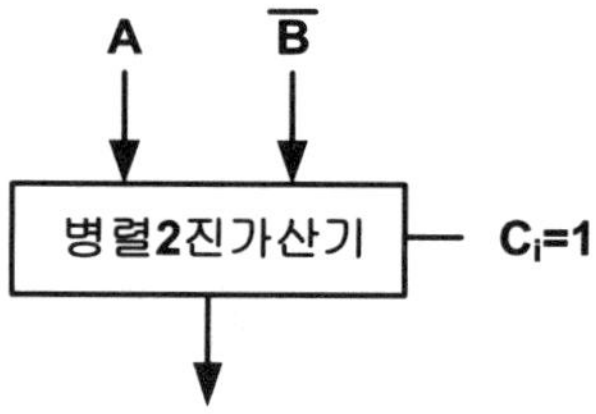

① 올림수를 포함한 덧셈　　② 뺄셈
③ 증가　　④ 감소

28 전감산기의 결과는 차(Difference)를 나타내는 D와 상위 자리에서 빌려오는 것 (Borrow)을 나타내는 B가 있다. D를 최소항의 합으로 올바르게 표현한 것은?

① $D(x, y, z) = \Sigma(0, 2, 4, 6)$　　② $D(x, y, z) = \Sigma(0, 2, 4, 7)$
③ $D(x, y, z) = \Sigma(1, 2, 4, 6)$　　④ $D(x, y, z) = \Sigma(1, 2, 4, 7)$

29 논리회로에서 Carry Look-ahead와 관련 있는 것은?

① 연산　　② 제어
③ 기억　　④ 전달

30 연산회로에 Carry Look-ahead 회로를 사용하는 목적은?

① Carry의 전파(Propagation delay)에 따른 시간 지연을 피하기 위하여
② 연산회로의 복잡도를 줄이기 위하여
③ 전가산기 회로의 대용으로 사용하기 위하여
④ Carry의 발생을 억제시키기 위하여

제 5 장

부울 함수의 간략화

Simplification of Boolean Functions

논리 회로를 설계하는 과정에서 회로가 복잡해지면 많은 게이트가 추가되고 동일한 입력이 중복해서 사용되는 경우가 자주 발생한다. 이런 경우에는 게이트의 수를 줄이고 구현된 회로의 비용을 최소화할 수 있는 논리 함수의 간략화 과정이 필요하다.

부울 함수를 간략화하기 위한 방법으로 진리표나 논리 함수를 이용하는 방법, 부울 대수에 의한 방법, 벤 다이어그램(Ven diagram)에 의한 방법, 논리 함수의 표준 전개법 등이 있는데 이들 방법은 논리 변수가 4개 이상 일 때는 이용하기 불편하다. 따라서 이 장에서는 논리 변수가 4개 이상에서도 체계적인 간략화가 가능한 방법을 소개하고자 한다.

① 카르노 맵을 이용하여 입력 변수가 6개 이하인 경우의 부울 함수를 간략화한다.
② 퀸-멕클로스키(Quine-McCluskey) 방법(테이블 방법이라고도 함)을 이용하여 입력 변수가 10개 이하의 부울 함수를 간략화한다.

5-1 카르노 맵(Karnaugh Map)

일반적으로 2장과 3장, 4장에서 학습한 대수적 기법을 이용하여 논리 함수를 간략화할 때는 다음과 같은 문제가 발생한다.

① 대수적 과정을 체계적으로 적용하기 힘들다.
② 간략화 결과가 완전한 최소화라고 확신할 수 없다.

카르노 맵은 논리 함수의 간략화에 대한 체계적인 방법을 제공하기 때문에 변수가 3개 혹은 4개인 논리 함수를 간략화할 경우에는 매우 유용한 도구이지만 변수가 6개 혹은 그 이상인 경우에는 맵의 형태가 복잡해지기 때문에 최소화하는데 어려움이 있다. 임의의 논리 회로를 OR와 AND 게이트를 이용하여 구현할 때 그 함수를 실현하는 값은 게이트 수와 사용된 게이트의 입력 수에 직접 연관된다.

이 장에서 설명할 카르노 맵의 기법을 이용할 경우 AND와 OR로 구성된 2단 회로망을 최소 값으로 실현시킬 수 있다. 곱의 합 항은 AND 게이트들을 입력으로 받는 단일 OR 게이트로 구성된 2단 회로망과 직접 대응하며, 합의 곱 표현식은 단일 AND 게이트의 입력으로 작용하는 OR 게이트들로 구성된 2단 회로망과 일치한다. 따라서 최소 값을 갖는 2단 AND-OR 게이트 회로망을 얻기 위해서는 합의 곱 형태나 곱의 합 형태로 된 최소 표현식을 얻어야 한다.

임의의 함수에 대한 최소 곱의 합 표현식은 : (a) 최소 개수의 항을 갖고, (b) 이 항들이 최소한의 문자를 갖는 모든 식의 곱의 합 항으로 정의된다.

다시 말해서 최소의 곱의 합은 : (a) 최소 수의 게이트를 갖고, (b) 최소한의 게이트 입력을 갖는 최소 2단 게이트 회로와 직접 대응한다. 함수에 대한 최소항 표현식과는 다르게 최소 곱의 합은 유일하지 않아도 된다. 즉 주어진 함수는 두 개의 다른 최소 곱의 합 형태를 가질 수도 있고, 각각 같은 수의 항과 같은 수의 문자를 갖는다. 최소항 전개식이 주어졌을 때 최소 곱의 합 형태는 아래와 같은 과정을 거쳐 얻어질 수 있다.

① $X\overline{Y}+XY=X$ 정리를 이용하여 항을 조합한다. 가능한 많은 문자를 소거시키기 위해 작업을 반복한다. 또한 $X+X=X$ 정리를 주어진 항에 한번 이상 적용해 본다.

② 컨센서스 정리나 다른 정리를 이용하여 여분의 항을 소거시킨다.

불행하게도 위 과정의 결과는 조합되거나 소거되는 순서에 따라 최종 표현식은 반드시 최소 표현식이 안될 수도 있다.

예제 5-1

아래 표현식에 대한 최소 곱의 합 표현식을 구하라.

[풀이] $F(a,b,c)=\sum m(0,1,2,5,6,7)$

$$F=\overline{a}\,\overline{b}\,\overline{c}+\overline{a}\,\overline{b}c+\overline{a}b\overline{c}+a\overline{b}c+ab\overline{c}+abc$$

$$=\ \overline{a}\,\overline{b}+\overline{b}c+b\overline{c}+ab$$

위의 표현식에서 어떠한 항도 컨센서스 정리로 제거될 수 없다. 그렇지만 다른 순서로 결합되면 아래 식과 같이 최소 곱의 합이 유도된다.

$$
\begin{aligned}
F &= \overline{a}\,\overline{b}\,\overline{c} + \overline{a}\,\overline{b}\,c + \overline{a}b\overline{c} + a\overline{b}c + ab\overline{c} + abc \\
&= \overline{a}\,\overline{b} + b\overline{c} + ac
\end{aligned}
$$

함수에 대한 최소 합의 곱 표현식은 : (a) 최소한의 인수(Factor)를 갖고, (b) 인수의 수가 같은 표현식들은 최소한의 문자를 갖는 합의 곱 항으로 정의된다. 최대항 표현식과는 다르게 함수의 최소 합의 곱은 유일하지 않아도 된다. 최대 항 전개식이 주어졌을 때, 최소 합의 곱은 $(X+Y)(X+\overline{Y}) = X$의 정리를 이용하는 것을 제외하고는 최소 곱의 합 경우와 비슷한 과정을 적용할 수 있다.

예제 5-2

아래 표현식에 대한 최소 합의 곱을 구하라.

[풀이]

$$
\begin{aligned}
F &= (A+\overline{B}+C+\overline{D})(A+\overline{B}+\overline{C}+\overline{D})(A+\overline{B}+\overline{C}+D) \\
&\quad (\overline{A}+\overline{B}+\overline{C}+D)(A+B+\overline{C}+D)(\overline{A}+B+\overline{C}+D) \\
&= (A+\overline{B}+\overline{D}) \quad (\overline{B}+\overline{C}+D) \quad (B+\overline{C}+D) \\
&= (A+\overline{B}+\overline{D}) \quad (\overline{C}+D)
\end{aligned}
$$

요 약

임의의 함수에 대한 최소 곱의 합(Minimum sum-of-product) 표현식의 정의
- 함수가 최소개의 항을 갖고
- 이 항들이 최소한의 문자를 갖는 모든 식의 곱의 합 항으로 표현된다.

(1) 2-변수와 3-변수 카르노 맵

진리표와 동일하게 임의의 함수에 대한 카르노 맵은 독립 변수 값의 모든 조합에 대한 함수 값을 기술한다. 2-변수 카르노 맵은 아래와 같다. 두 개의 변수 중 한 변수의 값을 맵의 상단 영역에 표기하고, 다른 한 변수의 값은 왼쪽 세로 영역에 표기한다. 아래에 나타낸 것처럼 맵에서 각각의 사각형 영역은 진리표의 A와 B에 대한 값과 일치함을 나타낸다.

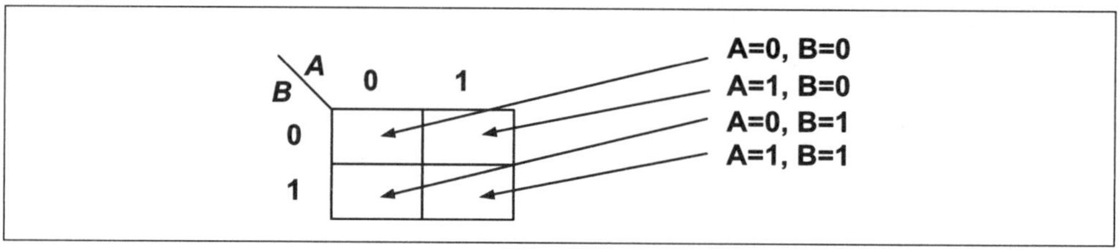

그림 5-1은 함수 F에 대한 진리표와 이에 대응하는 카르노 맵을 보여주고 있다. $A=B=0$ 에 대한 값은 상단 모서리 영역에 기입되고, 다른 영역은 즉 $A=B=1$ 에 대한 표현은 그림 5-1(b)에서와 같은 방법으로 기입된다는 것에 유의하자.

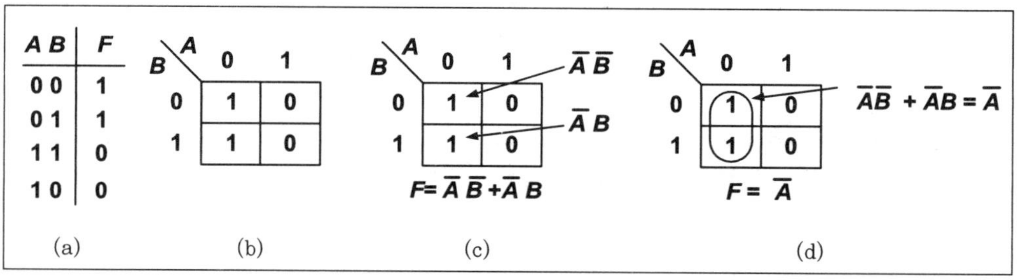

[그림 5-1] 2-변수 카르노 맵의 예

맵에서 "1"은 각각 함수 F의 최소항 하나와 대응된다. 진리표로부터 최소항을 읽을 수 있는 것과 같이 카르노 맵에서도 최소항을 읽을 수 있다. 그림 5-1(c)의 영역 "00"에서의 "1"은 $\overline{A}\,\overline{B}$가 F의 최소항임을 나타낸다. 이와 유사하게 영역 "01"에서의 "1"은 $\overline{A}B$가 최소항임을 나타낸다. 인접된 영역의 최소항들은 단지 하나의 변수 값만이 다르므로 묶여질 수 있다. 그러므로 $\overline{A}\,\overline{B}$와 $\overline{A}B$는 $\overline{A}$ 형태로 묶여지고, 이것은 그림 5-1(d)의 맵에서 대응되는 "1"들을 한 개의 고리로 묶는 것(Looping)으로 나타내어진다.

그림 5-2는 3-변수 진리표와 이에 대응하는 카르노 맵을 보인다. 세 개의 변수 중 하나의 변수 A 의 값은 맵의 상단 영역에 표기하고, 다른 두 개의 변수 BC 값은 맵의 왼쪽 영역에 표기한다. 이웃한 행의 값들은 두 개의 변수 중 한 개의 변수 값만이 다르도록 영역이 나뉘어야 한다. 즉 00, 01, 11, 10으로 구분된다.

예를 들어 입력 조합 $ABC=001$ 은 $A=0$ 이고, $BC=01$ 인 영역에 기입한다. 또한 입력 조합 $ABC=110$ 은 $A=1$ 이고, $BC=10$ 인 영역에 표기한다.

A B C	F
0 0 0	0
0 0 1	0
0 1 0	1
0 1 1	1
1 0 0	1
1 0 1	0
1 1 0	1
1 1 1	0

(a)

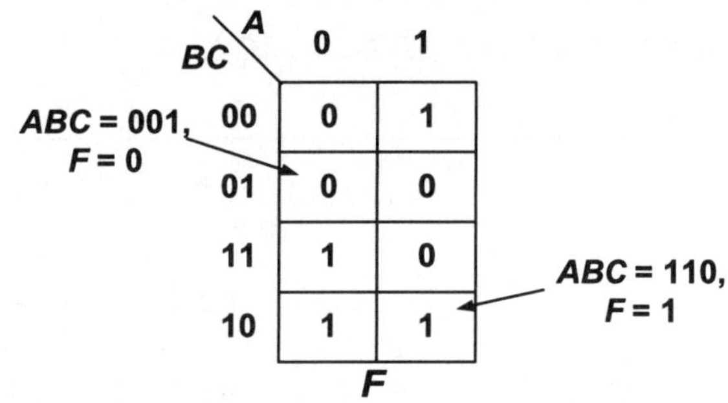

(b)

[그림 5-2] 3-변수 함수에 대한 진리표와 카르노 맵

그림 5-3은 3-변수 맵에서 최소항의 위치들을 보여주고 있다. 맵에서 인접해 있는 최소항들은 단지 하나의 변수가 다르므로 $X\overline{Y}+XY=X$ 정리를 이용하여 묶여질 수 있다. 예를 들어 최소항 "011"($\overline{a}bc$)은 세 개의 최소항들 즉 "001"($\overline{a}\,\overline{b}c$), "010"($\overline{a}b\overline{c}$), "111"($abc$)과 인접해 있기 때문에 서로 묶을 수 있다. 또한 맵의 맨 위와 맨 아래 행에 있는 최소항들은 단지 하나의 변수만이 다르므로 서로 인접해 있다고 말할 수 있다. 따라서 "100"과 "110"은 하나의 쌍(Pair)으로 묶을 수 있다.

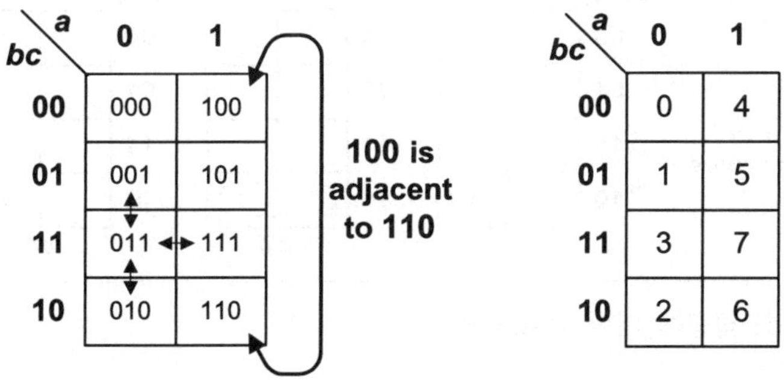

(a) (b)

[그림 5-3] 3-변수 카르노 맵에서 최소항의 위치

어떤 함수의 최소항 전개식이 주어졌을 때, 함수의 최소항에 대응되는 영역에 "1"을 넣고 나머지 영역은 "0"을 넣어 맵 안을 채운다.(편의상 "0"의 표기는 생략 할 수도 있다)

그림 5-4는 $F(a,b,c)=m_1+m_3+m_5$의 구성을 보여주고 있다. 만약 F가 최대항 전개식으로 표현되어 있다면 맵은 최대항에 대응하는 영역에 "0"을 넣고 나머지 영역

에 "1"을 채워 넣는 것으로 만들어진다.

따라서 $F(a,b,c) = M_0 M_2 M_4 M_6 M_7$은 그림 5-4와 같은 맵으로 주어진다.

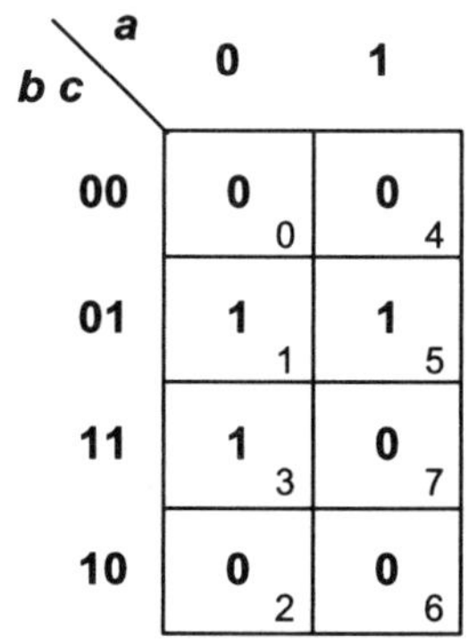

[그림 5-4] $F(a,b,c) = \sum m(1,3,5) = \prod M(0,2,4,6,7)$에 대한 카르노 맵

그림 5-5에는 어떻게 곱 항들이 바로 카르노 맵에 나타나는지를 예를 들어 표현하고 있다.

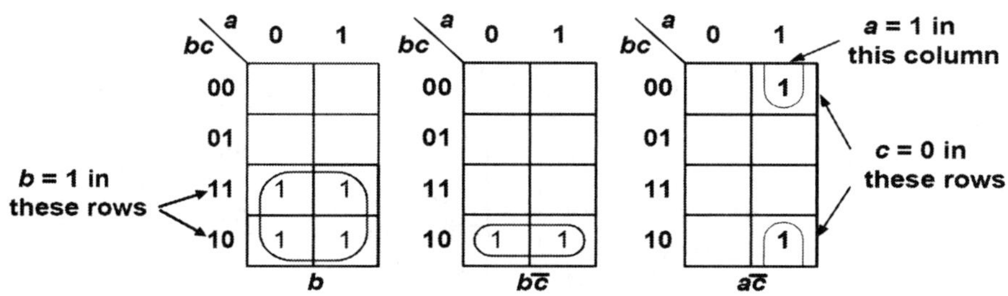

[그림 5-5] 곱항에 대한 카르노 맵

즉 항 b를 만들기 위해서 $b=1$인 맵의 4개의 영역에 "1"이 들어간다. $b=1$이고 $c=0$일 때, 항 $b\bar{c}$는 "1"이므로 $bc=10$인 행의 두 영역에 "1"이 채워진다. $a=1$ 그리고 $c=0$일 때, $a\bar{c}$ 항은 "1"이 되므로 $c=0$인 행과 $a=1$인 열 두 영역에 "1"이 표기된다.

함수가 대수 형태로 주어졌다면 맵을 채우기 전에 최소항으로 전개하는 것이 필요하다. 만약 대수 표현식이 곱의 합 형태로 바뀌었다면 각각의 곱 항들은 맵에서 "1"들의 집합으로 바로 표기될 수 있다. 예를 들어 아래와 같이 함수 f가 주어졌다고 가정하자.

$$f(a,b,c) = ab\bar{c} + \bar{b}c + \bar{a}$$

위의 표현식은 다음과 같은 맵을 만들 수 있다.

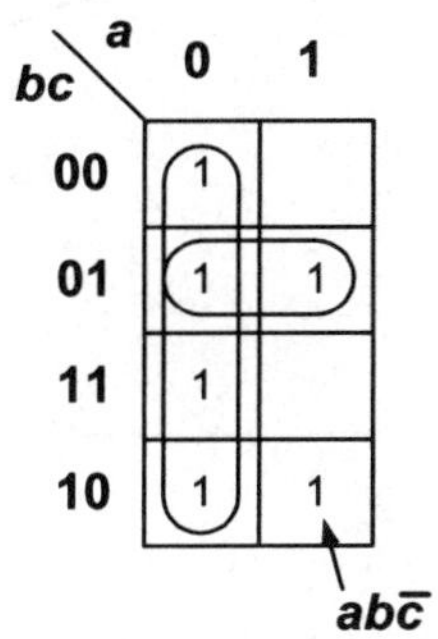

① $a=1$ 이고 $bc=10$ 일 경우 항 $ab\bar{c}$ 는 "1"이 되므로, a 가 "1"인 열과 bc 가"10"인 행에 대응하는 영역에 "1"을 넣는다.

② $bc=01$ 일 경우는 항 $\bar{b}c$가 "1"이 되므로, bc 가 "01"인 행의 양쪽 영역에 "1"을 표기한다.

③ $a=0$ 인 경우는 항 $\bar{a}$가 "1"이 되므로, a 가 "0"인 열의 모든 영역에 "1"을 넣는다.

그림 5-6은 함수의 간략화 표현 방법을 카르노 맵을 이용하여 유도하는 방법을 설명하고 있다. 간략화할 함수를 먼저 그림 5-6(a)처럼 카르노 맵에 기입한다. 맵에서 각각의 영역들의 항들은 단지 하나의 변수만이 다르기 때문에 $X\overline{Y}+XY = X$ 정리를 이용하여 결합시킬 수 있다. 따라서 그림 5-6(b)에서 보는 바와 같이 $\bar{a}\,\bar{b}\,c$ 와 $\bar{a}bc$ 는 $\bar{a}c$ 로 결합될 수 있고, $\bar{a}\,\bar{b}\,c$ 와 $a\bar{b}c$ 는 $\bar{b}c$ 로 결합될 수 있다. 최소항들의 모임에 고리가 둘러진 것은 그들 항들이 합쳐졌다는 것을 나타낸다. 고리로 묶여진 항들은 맵에서 직접 읽어낼 수 있다. 그림 5-6(a)에서 항 T_1 은 $a=0\,(\bar{a})$인 열과 $c=1$ 인 행들에 소속되므로 $T_1 = \bar{a}c$ 이다. T_1에서 두 개의 최소항은 변수 b 가 각기 다르므로, 변수 b 가 소거되었다는 것에 유의해야 한다. 비슷하게 $T_2 = \bar{b}c$ 이므로 T_2는 $bc=01$ 인 행에 소속되고, 또한 T_2 가 $a=0$과 $a=1$ 인 열에 겹쳐서 소속되므로 변수 a 는 소거될 수 있다. 따라서 F에 대한 최소 곱의 합 형식은 $\bar{a}c+\bar{b}c$ 가 된다.

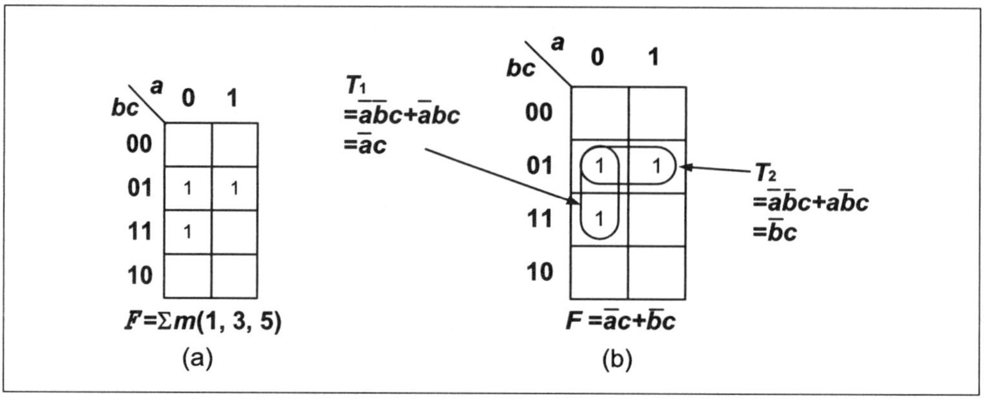

[그림 5-6] 3-변수 함수의 간략화

한편 그림 5-7에서는 F의 보수에 대한 맵을 나타내며, 그림 5-6(b)의 맵에 있는 "1"을 "0"으로 "0"을 "1"로 대치하여 나타내었다. $\overline{F}$를 간략화시킬 때 맨 위 행의 항이 $\bar{b}\,\bar{c}$로 합쳐지고, 맨 아래 행의 항이 $b\bar{c}$로 합쳐짐에 주의하자. $\bar{b}\,\bar{c}$와 $b\bar{c}$는 단지 한 개의 변수 값만 다르므로 맨 위와 맨 아래 행에 있는 네 개의 영역이 묶여질 수 있다. 그 결과 두 개의 변수가 소거되어 $T_1 = \bar{c}$가 된다. 남겨진 "1"은 그림에서와 같이 $T_2 = ab$로 합쳐지고, 결과적으로 $\overline{F}$에 대한 최소 곱의 합은 $\bar{c} + ab$가 된다.

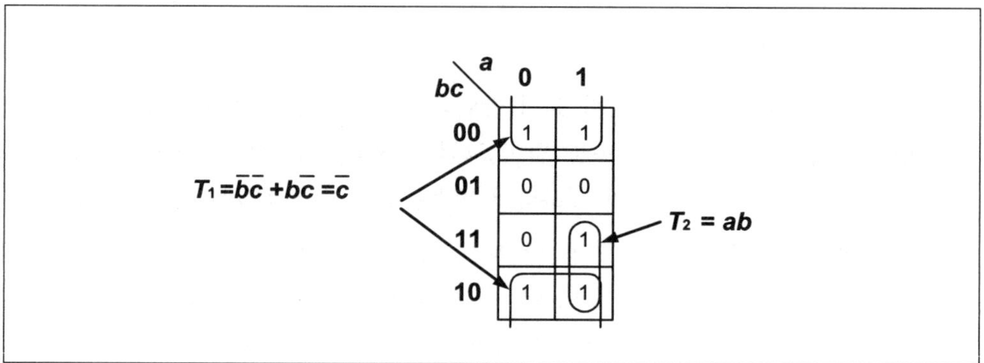

[그림 5-7] 그림 5-6(a)에 대한 보수

또한 카르노 맵은 부울 대수의 기본 정리를 예증해 주기도 한다. 그림 5-8은 컨센서스 정리 $XY + \overline{X}Z + YZ = XY + \overline{X}Z$를 예증한 것이다. 컨센서스 항 YZ는 다른 두 항에 의해서 이미 묶여져 있기 때문에 다시 중복해서 묶을 필요가 없는 여분의 항이 된다.

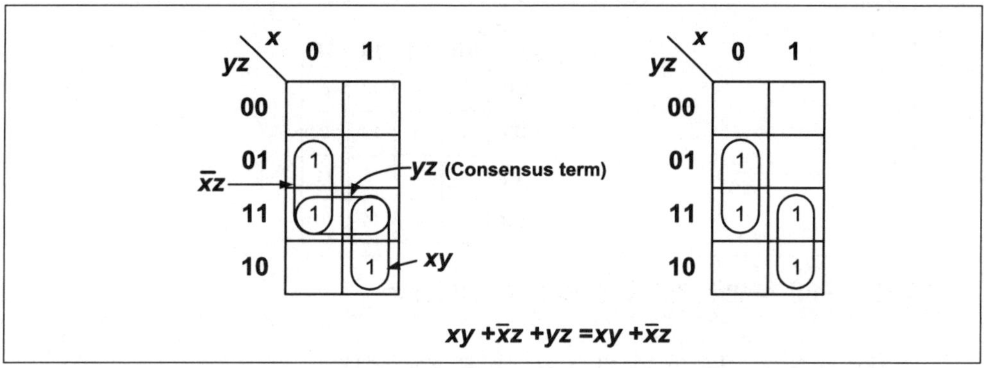

[그림 5-8] 컨센서스 정리를 예증하는 카르노 맵

만일 함수가 두 개 이상의 최소 곱의 합 형태로 된다면 그 함수들의 모든 형태는 맵으로부터 결정할 수 있다. 그림 5-9는 $F=\Sigma m(0,1,2,5,6,7)$ 에 대한 두 가지의 최소해를 보여주고 있다.

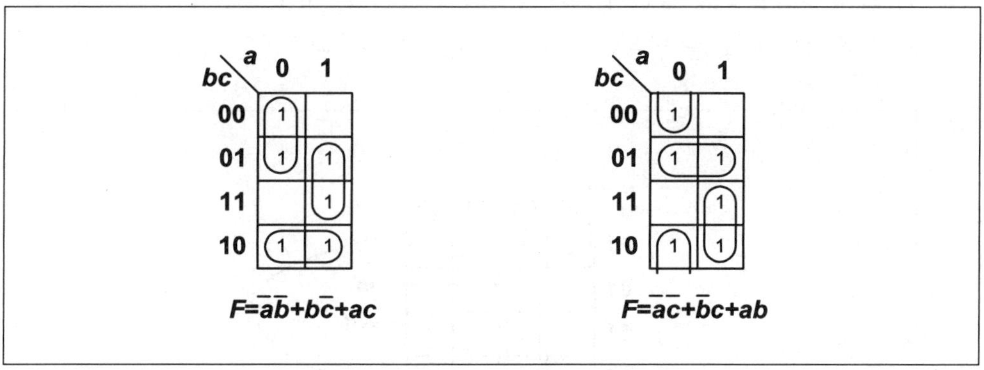

[그림 5-9] 두 개의 최소 형태를 갖는 함수

(2) 4-변수 카르노 맵

그림 5-10은 4-변수 맵에 대한 최소항들의 위치를 나타낸다. 각각의 최소항들은 결합이 가능한 4개의 항과 이웃하여 배치된다. 예를 들어 $m_5(0101)$은 이웃한 최소항들과 단지 한 개의 변수만 다르므로 $m_1(0001)$, $m_4(0100)$, $m_7(0111)$ 혹은 $m_{13}(1101)$과 결합될 수 있다. 이웃한 영역의 의미는 3-변수 맵에서와 같이 맨 위와 맨 아래 행뿐만 아니라 첫 번째 열과 마지막 열도 이웃한 영역으로 되도록 확장되어 있다. 최소항 "0"과 "8", 그리고 "1"과 "9" 등이 이웃된 영역이므로 00, 01, 11, 10의 순으로 세로 열에 표기한다.

CD \ AB	00	01	11	10
00	0	4	12	8
01	1	5	13	9
11	3	7	15	11
10	2	6	14	10

[그림 5-10] 4-변수 카르노 맵에서 최소항의 위치

카르노 맵에 다음의 4-변수 표현식을 작성해보자.

$$f(a,b,c,d) = acd + \bar{a}b + \bar{d}$$

$a = c = d = 1$일 때, 첫째 항은 "1"이므로 열이 $a = 1$이고, 행이 $cd = 11$인 두 영역에 "1"을 채워 넣는다. 다음으로 두 번째 항 $\bar{a}b$는 $ab = 01$일 때, "1"이므로 $ab = 01$인 열에 4개의 "1"을 넣는다. 마지막으로 $\bar{d}$항은 $d = 0$일 때, "1"이므로 $d = 0$인 두개의 행에 8개의 "1"을 넣는다($1 + 1 = 1$ 이므로 중복된 "1"은 넣지 않는다).

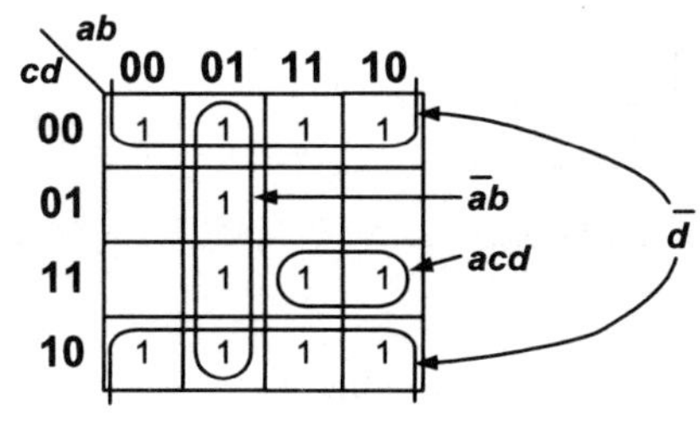

[그림 5-11] $acd + \bar{a}b + \bar{d}$에 대한 카르노 맵

다음으로 그림 5-12에 주어진 함수 f_1과 f_2를 간략화시켜 보자. 이 함수들은 최소항 형태로 표현되어 있으므로 그림 5-10의 맵을 이용하여 각각의 영역에 "1"들의 위치를 결정할 수 있다. 이렇게 하여 맵을 작성하고 나면, "1"들의 이웃된 모임을 묶을 수 있다. **한 개나 두 개, 혹은 3개의 변수를 소거하기 위해 각각 2개(Pair)나 4개(Quad), 또는 8개의 최소항이 서로 묶여진다.** 그림 5-12(a)에서 열이 $b = 1$이고, 행이 $c = 0$인 4개의 "1"들의 모임은 $b\bar{c}$로 표현될 수 있다.

그림 5-12(b)에서 각기 위치를 달리하는 4개의 구석(Corner)에 있는 “1”들은 열이 $b=0$이고, 행이 $d=0$인 영역에 포함되므로 항은 $\bar{b}\,\bar{d}$로 만들기 위해 묶여진다. 그리고 아래쪽 두 행에 위치한 8개의 “1”들은 항 c로 표시된다. 또한 중간 부분에 위치한 고리로 묶여진 한 쌍의 “1”들은 $ab=01$인 열과 $d=1$인 행에 걸쳐 있으므로 $\bar{a}bd$ 항으로 표시된다.

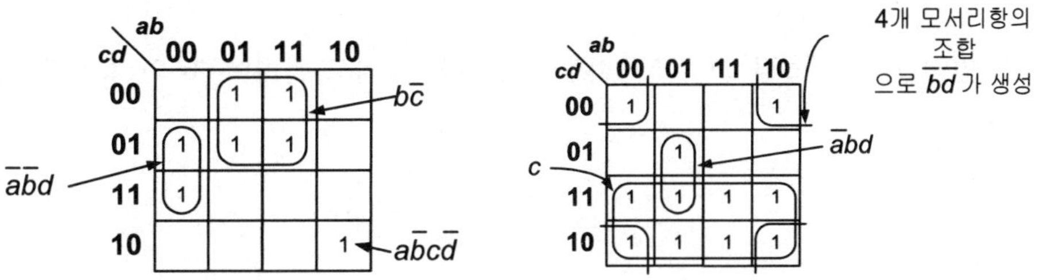

$(a)\ f_1=\sum m(1,3,4,5,10,12,13)$
$=b\bar{c}+\bar{a}\,\bar{b}\,d+a\bar{b}\,c\,\bar{d}$

$(b)\ f_2=\sum m(0,2,3,5,6,7,8,10,11,14,15)$
$=c+\bar{b}\,\bar{d}+\bar{a}\,b\,d$

[그림 5-12] 4-변수 함수의 간략화

카르노 맵 방식은 돈 캐어 상태가 있는 함수에도 쉽게 연장시켜 적용할 수 있다. 필요한 최소항은 맵 상에 “1”로 표시되고 돈 캐어 상태 최소항은 ×로 표시된다. **최소곱의 합 형태로 만들기 위해 항들을 선택할 때, 모든 “1”들은 이 항들에 포함되어야 하지만, 돈 캐어 ×는 결과를 나타내는 식을 간단히 할 수 있을 때에만 사용된다.** 그림 5-13에서 표현식을 간략화하는데 쓰여진 돈 캐어 상태는 13번(m_{13}) 항에 있는 것뿐이다.

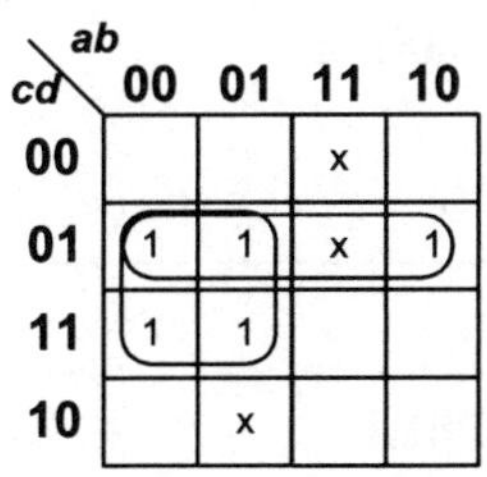

$f=\sum m(1,3,5,7,9)+\sum d(6,12,13)$
$=\bar{a}\,d+\bar{c}\,d$

[그림 5-13] 불완전하게 규정된 함수의 간략화

카르노 맵을 이용하여 함수에 대한 최소 곱의 합을 찾는 것을 그림 5-1, 그림 5-6, 그리고 그림 5-12에서 설명하였다. 최소 합의 곱 형태 또한 맵으로부터 얻어질 수 있다. 함수 f 에서 “0”은 그 함수 보수인 $\overline{f}$ 에서는 “1”이 되므로, $\overline{f}$ 에 대한 최소 곱의 합은 f 의 맵에서 “0”들을 고리로 묶어서 얻을 수 있다. $\overline{f}$ 에 대한 최소 곱의 합의 보수는 f 에 대한 최소 합의 곱이다. 아래의 예는 이 과정을 설명한 것이다.

$$f = \overline{x}\,\overline{z} + wyz + \overline{w}\,\overline{y}\,\overline{z} + \overline{x}y$$

먼저 f 의 “1”들을 그림 5-14에 기입한다. 그리고 출력이 “0”인 최소항들을 구해보면

$$\overline{f} = \overline{y}z + wx\overline{z} + \overline{w}xy$$

와 같이 된다. 여기서 $\overline{f}$ 의 보수, 즉 f 에 대한 최소 합의 곱을 구하면 아래와 같이 전개할 수 있다.

$$f = (y + \overline{z})(\overline{w} + \overline{x} + z)(w + \overline{x} + \overline{y})$$

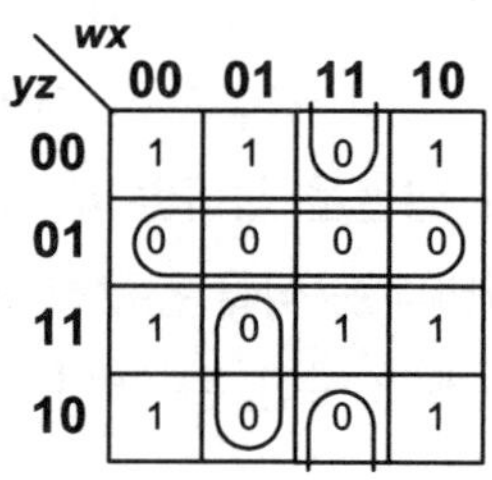

[그림 5-14] f 에 대한 최소 합의 곱

요 약

[카르노 맵]

- 보다 크게 묶을수록 간략화된다
- 가능하면 겹치지 않게 묶는다
- 돈 캐어 민텀 x는 표현식을 간단히 할 수 있을 때만 선택적으로 사용한다.

(3) 필수 주항을 사용한 최소 표현식의 결정

함수 F의 맵 상에서 함께 결합될 수 있는 어떤 “1”들의 모임이나 독립되어 있는 “1”들을 F의 임플리컨트라 불리는 곱의 항으로 표현한다. 그림 5-15에 F의 여러 개의 임플리컨트가 나타나 있다.

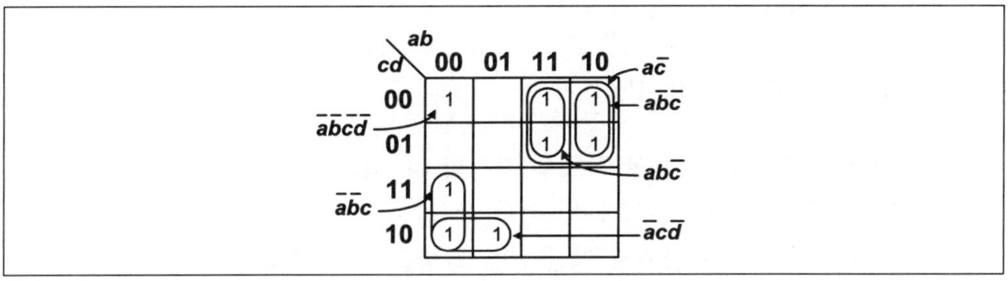

[그림 5-15]

곱의 항에서 변수를 줄이기 위해 다른 항과 더 이상 결합될 수 없다면 이것을 주항(Prime implicant)이라 부른다. 그림 5-15에서 $\bar{a}\,\bar{b}\,c$, $\bar{a}c\,\bar{d}$와 $a\bar{c}$는 변수를 줄이기 위해 다른 항과 더 이상 결합할 수 없으므로 주항이 된다. 이와는 다르게 $\bar{a}\,\bar{b}\,\bar{c}\,\bar{d}$는 $\bar{a}\,\bar{b}c\bar{d}$, 또는 $a\,\bar{b}\,\bar{c}\,\bar{d}$와 결합되어 변수를 줄일 수 있으므로 주항이 되지 못한다. $ab\bar{c}$나 $a\bar{b}\,\bar{c}$도 서로 결합하여 $a\bar{c}$가 될 수 있으므로 주항이 아니다.

함수에 대한 모든 주항은 카르노 맵을 이용하여 얻을 수 있다. 맵 상에서 하나의 “1”이 다른 어떤 “1”과도 이웃하지 않았다면 그 함수에 대한 주항이 된다. 맵 상에서 이웃된 두개의 “1”들이 만일 4개의 “1”들의 모임에 속해 있지 않는다면 주항의 형태이고, 또한 이웃된 4개의 “1”들이 만일 8개의 “1”들의 모임에 속하지 않는다면 주항이 된다.

함수에 대한 최소 곱의 합 표현식은 그 함수에 대한 몇 개의 주항으로 구성된다(전부 필요하지는 않다). 다시 말해서 주항이 아닌 항으로 구성된 합의 곱 표현식은 최소 표현식이 될 수 없다는 것이다.

왜냐하면 비 주항(Non-prime term)이 존재한다면 식은 비 주항과 추가된 최소항을 묶어서 간략화될 수 있기 때문이다(즉 주항이 아니라는 것은 소거시킬 수 있는 변수가 있다는 것이다). 맵으로부터 최소 곱의 합 형을 얻기 위하여 맵 상에 있는 모든 “1”을 포함하는 주항의 최소 수를 알아내야 한다. 그림 5-16에 그려진 함수는 6개의 주항을 갖고 있다. 그 중 3개가 맵 상에 있는 모든 “1”들을 포함하고 있기 때문에, 최소 해는 3개의 주항의 합으로 된다.

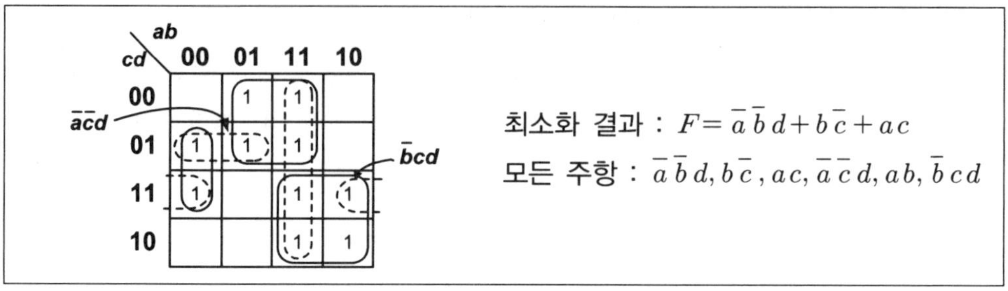

[그림 5-16] 모든 주항의 구성

맵으로부터 모든 주항의 목록을 작성할 때 최소 곱의 합에 포함되지 않은 주항이 있을 수 있다는 점에 주의하자. 비록 주항이 이미 항속의 모든 "1"을 포함했더라도 "1"들의 큰 모임에 포함되지 않았다면 그 항은 아직 주항일 수 있다. 예를 들어 그림 5-16에서 $\bar{a}\bar{c}d$는 또 다른 "1"과 결합하여 변수를 줄일 수 없으므로 주항이다. 그렇지만 abd는 두 개의 다른 "1"과 결합할 수 있으므로 주항이 아니다. 항 $\bar{b}cd$는 그 "1"의 양쪽 다 이미 다른 주항에 포함되었다 하더라도 역시 주항이다. 주항을 발견하는 과정에서 돈 캐어 상태는 "1"과 같이 다루어진다. 그렇지만 전적으로 돈 캐어 상태로만 구성된 주항은 최소 해의 일부분이 절대로 될 수 없다.

일반적으로 함수에 대한 모든 주항이 최소 곱의 합을 형성할 때, 모두 필요한 것은 아니므로 필요한 주항에 대한 체계적 순서가 요구된다. 맵에서 잘못된 순서로 주항이 선택됐다면 최소해가 아니라는 결론을 내릴 수 있다. 예를 들어 그림 5-17에서 CD 항을 먼저 선택하였다면 남은 "1"들을 포함하기 위하여 BD와 $\overline{B}C$, 그리고 AC가 필요하게 되어, 최소 해는 4개항이 된다. 그렇지만 그림 5-17(b)에서처럼 지시된 주항이 먼저 선택되었다면 모든 1이 포함되고 CD는 필요 없게 된다.

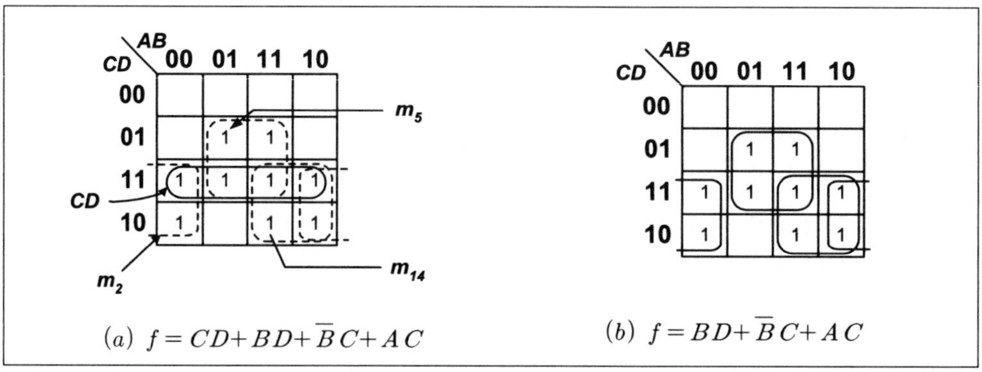

[그림 5-17]

그림 5-17(a)의 맵에서 m_2, m_5, m_{14} 의 최소항들은 단지 하나의 주항에 포함되지만 나머지 최소항들은 두 개의 다른 주항에 포함되는 것에 유의해야 한다. 즉 m_2는 $\overline{B}C$에 의해서만 묶여지지만, m_3는 $\overline{B}C$와 CD 모두에 의해 포함된다. **최소항이 단지 하나의 주항에 의해서만 묶여진다면 이 주항을 필수 주항(Essential prime implicant)이라 하며, 이 항은 최소 곱의 합 표현식에 반드시 포함되어야만 한다.** 따라서 $\overline{B}C$는 m_2가 다른 어떤 주항에도 묶여지지 않으므로 필수 주항이라고 한다. 하지만 CD는 CD속에 있는 각각의 모든 "1"들이 다른 주항에 묶여질 수 있으므로 필수 주항이 아니다. 이와 유사하게 AC는 어떤 다른 주항에서도 m_{14}를 포함하고 있지 않으므로 필수 주항이다. 이 예에서 모든 필수 주항들로 간략화를 유도했다면 CD는 필요하지 않게 된다.

일반적으로 맵으로부터 최소 곱의 합을 얻기 위해서는 먼저 모든 주항을 고리로 묶어야 한다. 맵 상에서 필수 주항을 얻는 한 가지 방법은 맵 상에 아직 묶여지지 않은 "1"들을 찾아서 "1"을 포함하는 또 다른 주항이 있는가를 검사하는 것이다. 만약 어떤 "1"을 포함하는 주항이 두 개 혹은 그 이상이라면 더 이상의 검사가 필요 없이 필수 주항이 아님을 알 수 있다. 또한 맵 상에 있는 각각의 "1"들을 점검하는 방법으로 필수 주항을 찾아낼 수 있다. 예를 들어 그림 5-16에서 m_4는 주항 $b\overline{c}$에 의해 포함되고 m_{10}은 주항 ac에 의해 포함된다. 그 밖의 맵 상의 모든 "1"들은 두 개의 주항에 의해 포함되므로, 필수 주항은 $b\overline{c}$와 ac뿐이다.

더 복잡한 맵 특히 5개 또는 그 이상의 변수를 갖는 맵에서 필수 주항을 찾아내기 위해서는 더욱 체계적인 방법이 필요하다. 이 최소항이 단지 하나의 주항에 포함되는지를 알기 위해 최소항을 점검할 때, 우리는 그 최소항에 대한 모든 인접한 영역들을 검사해야 한다. 만약 주어진 최소항과 그것에 이웃된 모든 "1"들이 단일 항에 묶여진다면 이 항은 필수 주항이 된다. 만약 주어진 최소항에 인접한 모든 "1"들이 단일 항에 포함되어지지 않는다면 더 이상 검토할 필요가 없으며, 이는 필수 주항이 아니다. 그림 5-18은 이 원리를 설명하고 있다.

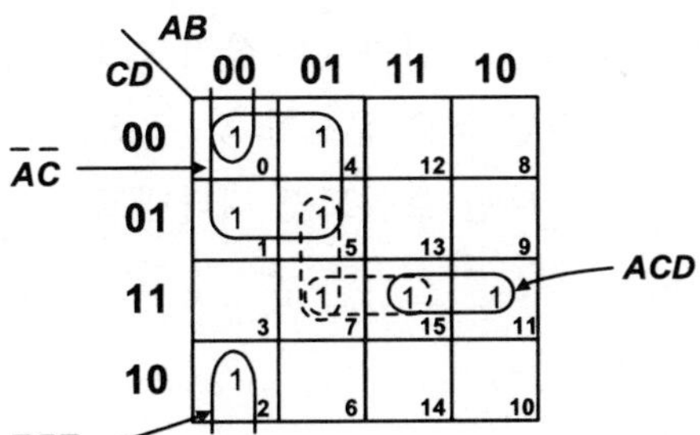

[그림 5-18]

최소항 $m_0(1_0)$에 대하여 인접한 "1"들은 1_1, 1_2, 1_4이다. 어떤 유일항도 이 4개의 "1"을 포함하지 않으므로, 어떤 필수 주항도 아직 보이지 않는다. 1_1에 대하여 이웃된 "1"들은 1_0와 1_5이므로, 1_1, 1_2, 1_4 영역에 있는 이 세 개의 "1"들을 포함하는 항 $(\overline{A}\,\overline{C})$는 필수 주항이 된다. 1_2에 이웃된 "1"은 1_0밖에 없으므로 $\overline{A}\,\overline{B}\,\overline{D}$는 당연히 필수 주항이 된다. 그렇지만 1_7에 이웃된 "1"들(1_5와 1_{15})은 단일 항에 묶여지지 못하므로, $\overline{A}BD$ 또는 BCD는 필수 주항이 되지 못한다. 또한 1_{11}에 이웃된 "1"은 오직 1_{15} 뿐이므로 ACD는 필수 주항이다. 최소 해를 완성하기 위해서는 필수 주항이 아닌 것들 중에 하나가 필요하다. 즉 $\overline{A}BD$ 혹은 BCD 중에 하나가 선택될 수 있다. 최종 해는 아래와 같다.

$$\overline{A}\,\overline{C}+\overline{A}\,\overline{B}\,\overline{D}+ACD+\begin{cases}\overline{A}BD\\ \text{or}\\ BCD\end{cases}$$

맵에 돈 캐어 상태 최소항이 존재할 때 그것이 하나 이상의 주항에 포함되는지를 보기 위하여 점검할 필요는 없다. 그렇지만 돈 캐어 상태가 주항을 만드는 과정에서 "1"들과 함께 결합될 수 있으므로 인접한 "1"에 대하여 하나의 "1"을 점검할 때, 돈 캐어 상태를 마치 "1"처럼 다룰 수 있다. 돈 캐어가 있는 카르노 맵으로부터 최소 곱의 합을 얻는 방법은 다음과 같다.

① 아직 묶여지지 않은 하나의 최소항(하나의 "1")을 선택한다.

② 모든 "1"과 그 최소항의 인접한 ×를 찾는다(n－변수 맵에서 n개의 인접한 영역을 점검한다).

③ 만일 단일 항이 최소항과 모든 이웃된 "1"과 ×들을 포함한다면 그 항은 필수 주항이다. 그렇다면 그 항을 선택한다(②와 ③단계에서는 돈 캐어 상태를 "1"과 같이 다룰 수 있지만 ①단계에서는 그렇게 할 수 없다는 것에 주의하자).

④ 모든 필수 주항이 선택되어질 때까지 ①, ②와 ③단계를 반복한다.

⑤ 맵 상에 남겨진 "1"들을 포함하는 주항의 최소 조합을 구한다(만약 그와 같은 조합이 한 개 이상이라면 최소 문자를 갖는 조합을 선택한다). 그림 5-19는 이들 방법의 처리 과정에 대한 흐름도를 나타내고 있다.

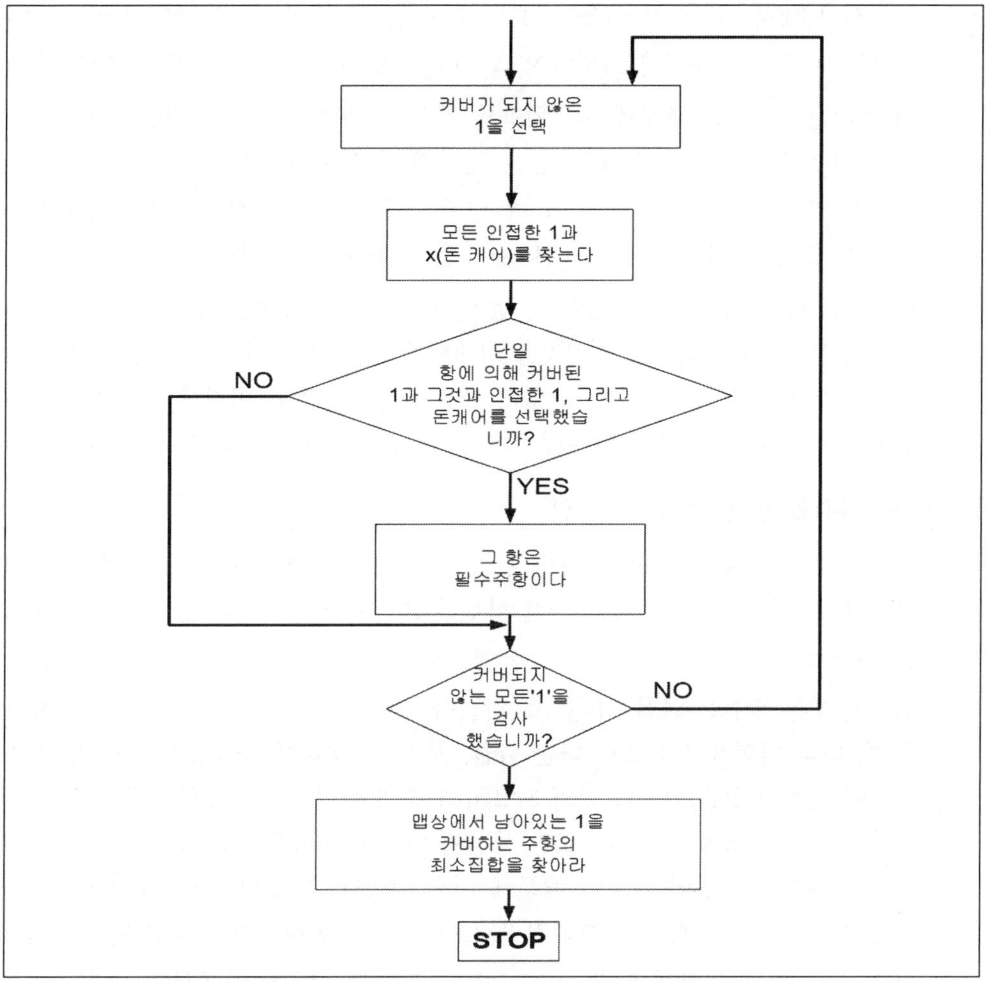

[그림 5-19] 카르노 맵을 이용한 최소 곱의 합을 결정하기 위한 흐름도

다음의 예 그림 5-20은 위의 처리 과정을 설명하고 있다.

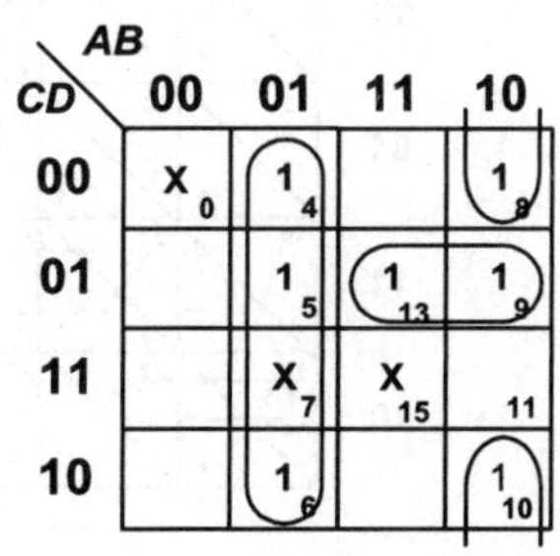

[그림 5-20]

우선 1_4에서 시작하여 이웃된 "1"들과 ×들($\times_0, 1_5$와 1_6)은 단일 항에 묶여지지 않으므로 아직 필수 주항은 나타나지 않는다. 그렇지만 1_6과 그것에 이웃된 "1"과 돈 캐어 ×($\times_7$과 1_4)는 $\overline{A}B$에 포함되므로 $\overline{A}B$는 필수 주항이다. 다음에 1_{13}을 보면 그것에 이웃된 1과 ×($1_5, 1_9$와 $\times_{15}$)는 단일 항에 묶여지지 않으므로 어떤 필수 주항도 보이지 않는다. 비슷하게 1_8과 1_9에 대한 이웃된 항을 검사하여 이것이 필수 주항이 아님을 알 수 있다. 그러나 1_{10}은 단지 1_8과 이웃된다. 따라서 1_{10}과 1_8의 고리에 의한 $A\overline{B}\overline{D}$ 는 필수 주항이다. 먼저 필수 주항을 선택하고 나면 이제는 $A\overline{C}D$가 남아 있는 1들을 포함하므로 이것을 선택한다. 최소항이 선택되어지는 순서를 잘 결정한다면 위의 과정에서 필요한 작업의 양을 줄일 수 있다. 이러한 과정은 5-변수 혹은 6-변수에 대한 최소 해를 얻는데 아주 유용하다는 것을 다음 절에서 알게 될 것이다.

(4) 5-변수와 6-변수 카르노 맵

5-변수 맵은 4-변수 맵 하나를 두 번째 맵에 위에 올려놓음으로써 3차원적 맵으로 구성할 수 있다. 아래층에는 0번째 항부터 15번째까지의 항이 있고, 위층에는 대응하는 16번째 항부터 31번째 항까지가 있으므로 아래층의 항들은 $\overline{A}$을 기본으로 갖고, 위층에 있는 항들은 A를 기본으로 갖는다. 2차원적으로 맵을 나타내기 위하여 4-변수 맵의 각 영역을 사선으로 나눈 다음, 사선 밑 부분에 아래층의 항을 넣고 사선 위 부분에 위층의 항을 넣는다(그림 5-21). 위층의 항이나 아래층의 항들은 4-변수 맵에서와 똑같이 결합될 수 있다. 또한 사선에 의해 나누어진 같은 네모 칸에 있는 두개의 항은 하나의 변수만이 다르기 때문에 서로 결합할 수 있다. 그러나 눈으로 보기에는 이웃되게 나타나는 항이 결합되지 못하는 경우도 있다. 예를 들면 항 m_0와 m_{20}은 서로 다른 열에 위치해 있고 층도 서로 다르므로 이웃하지 못한다.

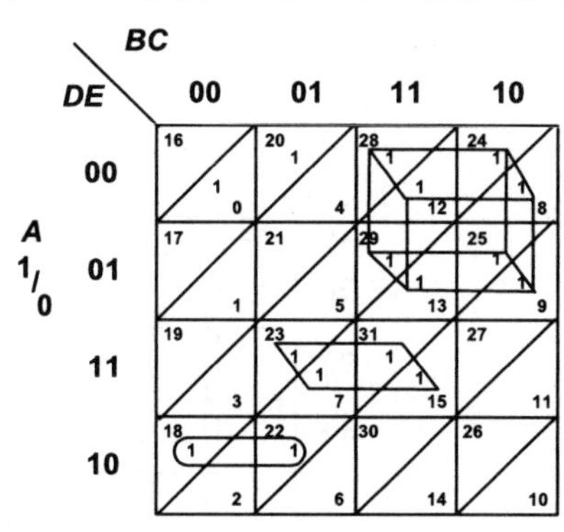

[그림 5-21] 5-변수 카르노 맵

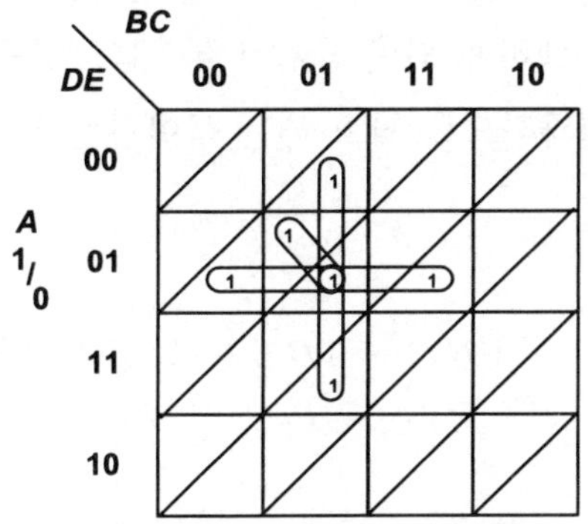

[그림 5-22]

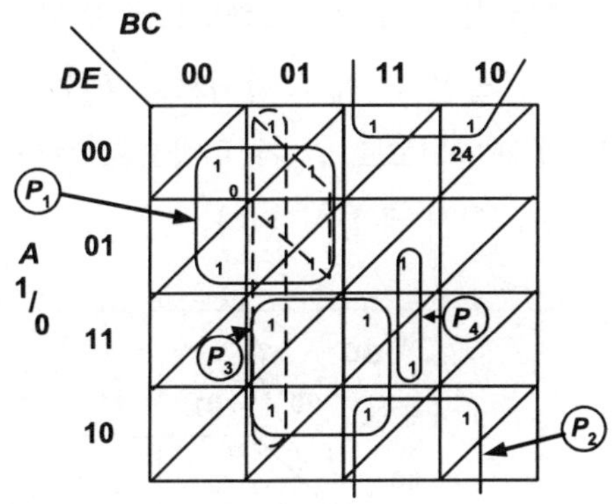

[그림 5-23]

각각의 항은 정확히 5개의 항, 즉 4개의 같은 층에 있는 항과 다른 층에 있는 한 개의 항과 이웃하게 된다(그림 5-22). 이웃된 각 항들을 점검할 때는 5개의 연결 가능한 이웃된 영역에 대하여 일일이 점검해야만 한다.

다음은 맵을 이용한 5-변수 최소화의 두 가지 예를 보인다. 그림 5-23은 다음 함수에 대한 예이다.

$$F(A,B,C,D,E) = \Sigma m(0,1,4,5,13,15,20,21,22,23,24,26,28,30,31)$$

최소항 m_0 에 이웃한 모든 "1"들이 P_1에 포함되므로 P_1은 제일 먼저 주항으로 선택된다. 다음에 최소항 m_{24} 에 이웃한 모든 "1"들이 P_2에 포함되므로 P_2 가 주항으로 선택된다. 맵 상에 남겨진 모든 "1"들은 적어도 2개의 다른 주항에 모두 포함될 수 있으므로 몇 번의 시행착오를 거쳐야만 가장 적당한 최적의 해를 얻을 수 있다. 일련의 과정을 거쳐 남겨진 "1"들은 3개의 주항에 포함된다는 것을 알 수 있다. 그 다음으로 주항 P_3와 P_4를 선택하게 되면 남겨진 두 개의 "1"들은 네 개의 서로 다른 두 그룹에 포함될 수 있다. 결과적으로 최소 해는 묶여지는 상황에 따라 아래와 같이 얻어질 수 있다.

$$F = \underset{P_1}{\overline{A}\,\overline{B}\,\overline{D}} + \underset{P_2}{AB\overline{E}} + \underset{P_3}{ACD} + \underset{P_4}{\overline{A}\,BCE} + \begin{cases} A\overline{B}C \\ \text{or} \\ \overline{B}C\overline{D} \end{cases}$$

그림 5-24는 다음 함수를 만족하는 맵이다.

$$F(A,B,C,D,E) = \Sigma m(0,1,3,8,9,14,15,16,17,19,25,27,31)$$

m_{16}에 이웃되는 모든 "1"은 P_1에 포함되므로 먼저 P_1을 주항으로 선택한다. 또한 m_3에 이웃되는 모든 "1"들은 P_2에 포함되므로 P_2가 다음으로 선택된다. m_8에 이웃되는 모든 1들은 P_3에 포함되므로 P_3가 주항으로 선택된다. 그리고 m_{15}에 인접한 것은 단지 m_{14}이므로 P_4 역시 주항이 된다.

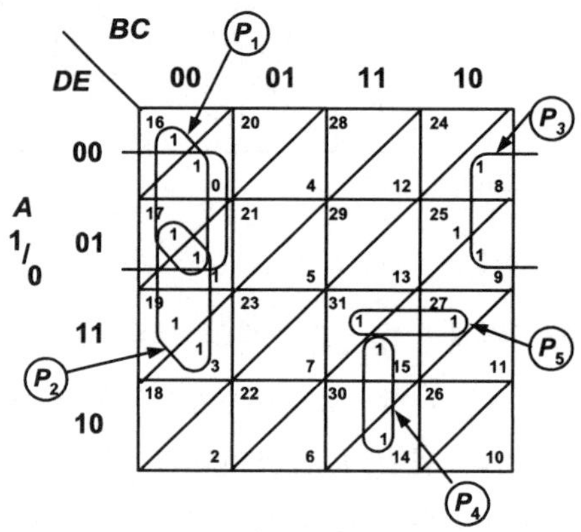

[그림 5-24]

이제 더 이상의 필수 주항은 없고 남겨진 m_{25}의 "1"은 두개의 항 (1-9-17-25) 또는 (17-19-25-27)에 포함되며 최종 해는 아래와 같이 구해진다.

$$F = \underset{P_1}{\overline{B}\,\overline{C}\,\overline{D}} + \underset{P_2}{\overline{B}\,\overline{C}E} + \underset{P_3}{\overline{A}\,\overline{C}\,\overline{D}} + \underset{P_4}{\overline{A}\,BCD} + \underset{P_5}{ABDE} + \begin{Bmatrix} \overline{C}\,\overline{D}E \\ \text{or} \\ A\overline{C}E \end{Bmatrix}$$

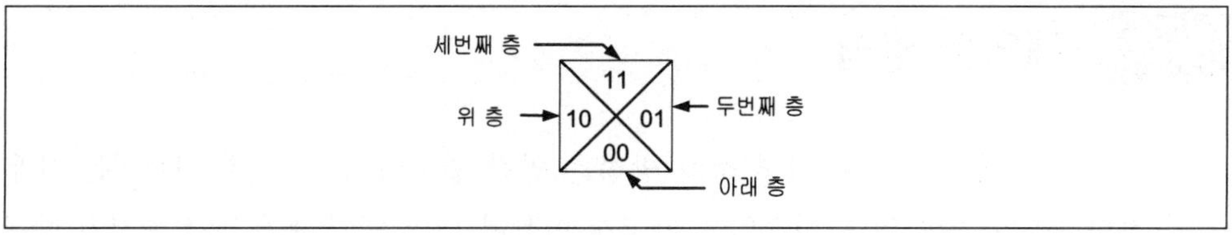

6-변수 맵은 4개의 4-변수 맵을 쌓아 올려 3차원적으로 구성할 수 있다. 변수 AB 값을 각각의 층에 작성하고, 변수 CD와 EF는 각 층의 행과 열에 표기한다. 맨 아래층은 $AB=00$, 두 번째 층은 $AB=01$, 세 번째 층은 $AB=11$, 그리고 맨 위층은 $AB=10$이라고 지정하자. 이렇게 하면 이웃된 층과 단지 한 개의 변수만 다르게 된다(맨 위와 맨 아래층은 이웃한다). 6-변수 맵은 4-변수 맵의 각 영역을 아래에서 보여주는 것처럼 4개의 부분으로 나누어 2차원적으로 나타낼 수 있다. 맨 아래층(00)에는 최소항 $m_0 \sim m_{15}$가 위치하고 두 번째 층 (01)에는 최소항 $m_{16} \sim m_{31}$, 세 번째 층(11)에는 $m_{48} \sim m_{63}$, 그리고 맨 위층 (10)에는 $m_{32} \sim m_{47}$이 기입된다.

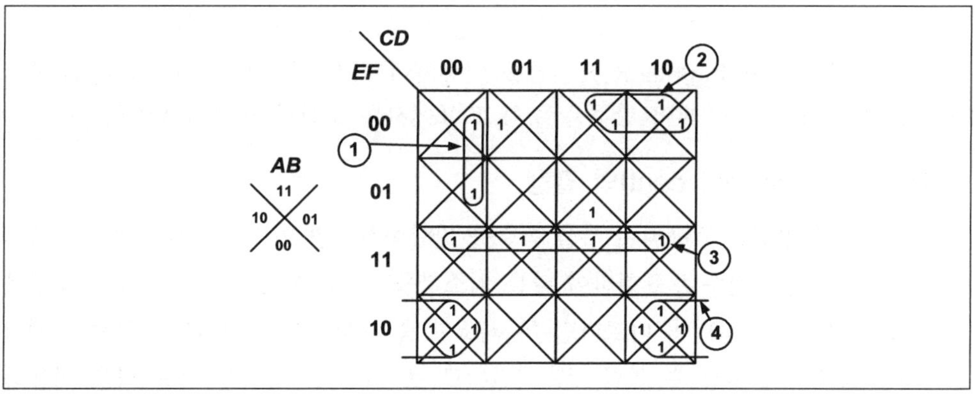

[그림 5-25]

그림 5-25는 6-변수에 대한 예이다. 같은 층에 있을 때에만 행과 열에 인접한 항들이 이웃함을 유의해야 한다. 두 번째 층에 있는 항 "①"은 $\overline{A}B\overline{C}\,\overline{D}\,\overline{E}$이다. 항 "②"는 2층과 3층에 걸쳐 있고 $BC\overline{E}\,\overline{F}$이 된다. 3번째 층에 있는 항 "③"은 $ABEF$이다. 항 "④"는 4개의 층 모두에 걸쳐있어 A와 B가 소거된다. 따라서 항 "④"는 $\overline{D}E\overline{F}$이 된다. 맵 상에 남겨진 두개의 "1"은 어떤 다른 항과도 결합되지 못한다. 이것들의 가장 가까운 항과도 이웃되지 못하는 것은 그 항들과 층이 다르기 때문이다.

5-2 테이블 방법

카르노 맵에 의한 논리 최소화 방법은 입력 변수의 수가 적은 경우에는 매우 효과적인 방법이지만 입력 변수의 수가 5개 이상이 되면 맵이 매우 복잡해지기 때문에 테이블 방법 등의 새로운 방법이 요구된다.

테이블 방법은 Quine이 제안하였고 McCluskey가 일반화한 방법으로 퀸 맥클라스키(Quine-McClusky) 방식이라고도 부른다. 테이블 형식으로 부울 함수를 간략화하기 위해 최소항을 2진수로 바꾼 다음 테이블에서 각 최소항들을 비교하여 간략화를 수행하는 이 방법은, 최소의 곱의 합 형태를 얻기 위해 함수의 최소항 형태를 사용하게 되며 디지털 컴퓨터에서 바로 프로그래밍을 할 수 있는 조직적인 방법이며 전체적인 과정은 크게 두 단계로 나눈다.

① $XY+X\overline{Y}=X$ 정리를 체계적으로 적용하여 각 항에서 가능한 한 많은 문자(Literal)를 제거한다. 결과적으로 남은 항들이 주항이 된다(돈 캐어 항들이 존재하면, 최소항들과 결합시켜 가능한 많은 문자를 제거한다).

② 주항 도표(Implicant chart)를 이용하여 최소 개수의 문자를 갖는 주항 집합을 선택한다(돈 캐어 항들은 주항 도표에서는 포함할 필요가 없다).

(1) 주항(Prime Implicant)의 결정

테이블 방법을 적용하여 부울 함수를 간략화하려면 먼저 최소항들의 목록을 작성한 다음 이들을 2진수로 표현하여 다른 최소항들과 비교한다. 만일 2개의 최소항을 비교하여 하나의 변수만이 다르다면 두 최소항 중에 하나는 제거되고, 문자도 1개가 적은 최소항으로 줄어질 수 있다. 즉 이진수로 표현된 최소항들은 다음 식을 이용하여 적용하여 조합된다.

$$XY+X\overline{Y}=X$$

그 예를 아래와 같이 2진수 표현과 대수적 등가로 보였다.

$$ABC\overline{D}+AB\overline{C}\,\overline{D}=AB\overline{D}$$

1 1 1 0+11 0 0=1 1−0 (−는 제거된 변수를 의미)

이러한 과정을 반복함으로써 주항을 생성하게 되는데, 그 비교 횟수를 줄이기 위하여 최소항을 2진수로 표현한 다음, 최소항들의 “1”의 개수를 조사하여 “1”의 개수에 따라 몇 개의 그룹으로 나누게 된다.

예를 들어 논리식이 아래와 같을 때

$$F(A,B,C,D) = \sum m(0,1,2,5,6,7,8,9,10,14)$$

2진수로 표현된 최소항들을 각 항의 1의 개수에 따른 그룹으로 정렬하면 다음 표 5-1과 같다.

[표 5-1] 주항의 결정

	Ⅰ	Ⅱ	Ⅲ
그룹 0	0 0000 √	0, 1 000- √ 0, 2 00-0 √ 0, 8 -000 √	0, 1, 8, 9 -00- 0, 2, 8, 10 -0-0 0, 8, 1, 9 -00- 0, 8, 2, 10 -0-0
그룹 1	1 0001 √ 2 0010 √ 8 1000 √	1, 5 0-01 1, 9 -001 √ 2, 6 0-10 √ 2, 10 -010 √ 8, 9 100- √ 8, 10 10-0 √	2, 6, 10, 14 --10 2, 10, 6, 14 --10
그룹 2	5 0101 √ 6 0110 √ 9 1001 √ 10 1010 √	5, 7 01-1 6, 7 011- 6, 14 -110 √ 10, 14 1-10 √	
그룹 3	7 0111 √ 14 1110 √		

앞의 표에서 그룹의 번호는 최소항들이 갖고 있는 "1"의 개수를 나타낸다. 즉 그룹 0은 "1"을 갖지 않은 항들이고, 그룹 1은 1개의 "1"을 갖는 항들이며, 그룹 2는 2개의 "1"을 갖고, 그룹 3은 3개의 "1"이 포함된 항들을 의미한다. 최소항들은 오직 하나의 변수만이 다를 때 두 최소항을 결합할 수 있기 때문에, 결과적으로 서로 인접해 있지 않은 그룹에 포함되는 최소항은 비교할 필요가 없으므로 비교 횟수를 줄일 수 있다.

표 5-1에서 Ⅰ열의 그룹 0에 있는 "0000"과 그룹 1에 있는 "0001"을 비교 "000-"로 결합하여 Ⅱ열에 표시하고 비교한 최소항은 반드시 체크 표시 √를 해야 한다. 또한 그룹 1에 있는 "1000"과 그룹 2에 있는 "1001"을 결합하여 "100-"를 만들고 Ⅱ열에 기입한 다음 비교한 최소항은 체크 표시를 해둔다. 다른 최소항도 똑같은 방법으로 수행하면서 비교하면 된다. Ⅱ열에 최소항들도 Ⅰ열에서 했던 방법으로 그룹별로 최소항을 비교하여 Ⅲ열에 기입한다.

Ⅲ열에서 세 쌍의 중복된 항이 존재함을 주목하라[(0, 1 ,8 ,9와 0, 8, 1, 9), (0, 2, 8, 10과 0, 8, 2, 10), (2, 6, 10, 14와 2, 10, 6, 14)] 이들 중복된 항들은 4개의 같은 최소항들이 단지 다른 순서로 조합되었기 때문에 생성된 것이다. 중복되는 항들을 제거한 후에 Ⅲ열의 두 그룹을 비교해보면 더 이상의 비교가 불가능하기 때문에 조합 과정은 끝난다.

따라서 테이블 방법으로 함수 F를 최소화하여 구한 주항들은 다음과 같다.

$$F = \overline{A}\,\overline{C}D + \overline{A}BD + \overline{A}BC + \overline{B}\,\overline{C} + \overline{B}\,\overline{D} + C\overline{D}$$

테이블에서 생성된 6개의 주항들은 최소 개수의 문자로 구성되어 있지만 항의 개수는 최소가 아니므로 함수 F의 곱의 합 표현에 있어 최소 해라고 볼 수는 없다. 따라서 최소수의 필수 주항을 결정하기 위해서는 테이블 방법의 두 번째 과정인 주항 도표를 표 5-2와 같이 작성한다.

[표 5-2] 필수 주항의 결정

주항들 \ 최소항들		0	1	2	5	6	7	8	9	10	14
(0, 1, 8, 9)	$\overline{B}\,\overline{C}$	×	×					×	@		
(0, 2, 8, 10)	$\overline{B}\,\overline{D}$	×		×				×		×	
(2, 6, 10, 14)	$C\overline{D}$			×		×				×	@
(1, 5)	$\overline{A}\,\overline{C}D$		×		×						
(5, 7)	$\overline{A}BD$				×		×				
(6, 7)	$\overline{A}BC$					×	×				

표 5-2에서 × 표는 주항들이 포함하는 최소항들을 표시한 것이다. 여기에서 어떤 최소항은 오직 하나의 주항에만 포함되는 경우가 있는데, 이 주항을 필수 주항이라고 부른다. 따라서 표 5-2에서는 $\overline{B}\,\overline{C}$와 $C\overline{D}$가 필수 주항이며 @로 표시하였다. 표 5-3에서는 한 개의 주항이 최소항에 포함되는 것으로 선택될 때마다 해당하는 항들을 지워나간다. 따라서 표 5-3에서 $\overline{B}\,\overline{D}$는 앞에서 생성한 필수 주항 $\overline{B}\,\overline{C}$와 $C\overline{D}$에 포함되므로 제거된다. 표 5-3은 표 5-2에서 필수 주항에 해당하는 최소항을 중심으로 관련된 행과 열을 삭제한 결과이다.

[표 5-3] 결정된 필수 주항에 연관되어 제거된 항

		0	1	2	5	6	7	8	9	10	14
(0, 1, 8, 9)	$\overline{B}\overline{C}$	×	×					×	×		
(0, 2, 8, 10)	$\overline{B}\overline{D}$	×		×				×		×	
(2, 6, 10, 14)	$C\overline{D}$			×		×				×	×
(1, 5)	$\overline{A}\overline{C}D$		×		×						
(5, 7)	$\overline{A}BD$				×		×				
(6, 7)	$\overline{A}BC$					×	×				

다음 단계로 필수 주항 $\overline{B}\,\overline{C}$와 $C\overline{D}$를 제외한 나머지 주항들의 포함 관계를 보기 위하여 표 5-4와 같은 표를 작성한다.

[표 5-4] 주항들의 포함 관계

주항 \ 최소항		5	7
(1, 5)	$\overline{A}\,\overline{C}D$	×	
(5, 7)	$\overline{A}BD$	×	×
(6, 7)	$\overline{A}BC$		×

표 5-4에서처럼 주항 $\overline{A}\,\overline{C}D$와 $\overline{A}BC$는 $\overline{A}BD$에 포함되므로 제거할 수가 있다. 따라서 함수 F의 최종 해는 다음과 같다.

$$F = \overline{B}\,\overline{C} + C\overline{D} + \overline{A}BD$$

예제 5-3

다음 논리 함수를 테이블 방법을 이용하여 간략화하시오.

$$F(A,B,C,D) = \sum m(0,2,3,6,7,8,9,10,13)$$

[풀이] 주항을 결정하기 위하여 최소항의 1의 개수에 따라 그룹화하면 아래와 같은 주항표를 얻는다.

	I	II	III
그룹 0	0 0000 √	0, 2 00−0 √ 0, 8 −000 √	0, 2, 8, 10 −0−0 2, 3, 6, 7 0−1−
그룹 1	2 0010 √ 8 1000 √	2, 3 001− √ 2, 6 0−10 √ 2, 10 −010 √ 8, 9 100− 8, 10 10−0 √	
그룹 2	3 0011 √ 6 0110 √ 9 1001 √ 10 1010 √	3, 7 0−11 √ 6, 7 011− √ 9, 13 1−01	
그룹 3	7 0111 √ 13 1101 √		

각 그룹의 모든 열에서 더 이상 결합이 생성되지 않는 최소항들을 √로 표시한 후, 이 최소항들을 이용하여 필수 주항을 결정한다. 따라서 필수 주항은 다음과 같다.

주항 \ 최소항	0	2	3	6	7	8	9	10	13
(0, 2, 8, 10)	×	×	×			×		@	
(2, 3, 6, 7)		×		×	@				
(8, 9)						×	×		
(9, 13)							×		@

따라서 간략화된 논리식은 다음과 같다.

$$F(A,B,C,D) = A\overline{C}D + \overline{B}\,\overline{D} + \overline{A}\,C$$

요 약

테이블 방법으로 함수를 간략화하는 과정

- 최소항들을 2진수의 형태로 표현하여 논리 1의 수를 계수하여 그룹화한다.
- 인접한 그룹과 최소항을 비교하여 변수를 줄여간다.
- 선택된 주항들 중에서 주항표를 이용하여 필수 주항을 결정한다.
- 필수 주항의 2진수 형태에서 간략화된 논리식을 얻는다.

연습문제

01 변수의 수(數)가 3이라면 K-map에서 몇 개의 칸이 요구되는가?

① 2　　② 4
③ 6　　④ 8

02 다음과 같이 표시된 카르노(Karnaugh)도를 간소화한 식은?

A \ BC	00	01	11	10
0	1			1
1	1	1	1	1

① $A+\overline{B}$　　② $A+B\overline{C}$
③ $A+\overline{C}$　　④ $A+\overline{B}\,\overline{C}$

03 $\overline{A}\,C+\overline{A}\,B+A\overline{B}\,C+B\,C$의 식을 간략화 하면?

C \ AB	00	01	11	10
0		1		
1	1	1	1	1

① $A\overline{B}+\overline{A}\,\overline{C}$　　② $C+\overline{A}\,B$
③ $\overline{A}+\overline{B}\,C$　　④ $B+\overline{A}\,C$

04 다음 카르노의 논리식을 간단히 하면?

A \ BC	$\overline{B}\,\overline{C}$	$\overline{B}C$	BC	$B\overline{C}$
$\overline{A}$	0	0	1	0
A	1	0	1	1

① $B+ABC$　　② $A+BC$
③ $BC+A\overline{C}$　　④ $A\overline{B}\,\overline{C}+BC+B$

05 다음 카르노 맵으로부터 논리식을 구하면 어떻게 되는가?

CD \ AB	00	01	11	10
00	1	1	1	1
01	1	1	1	1
11		1		
10	1			1

① $\overline{A}BCD+\overline{B}C\overline{D}+\overline{C}$
② $\overline{A}BCD+\overline{B}\,\overline{D}+\overline{C}$
③ $\overline{A}BD+\overline{B}\,\overline{D}+\overline{C}$
④ $\overline{A}BD+\overline{B}C\overline{D}+\overline{C}$

06 논리함수를 간략화하는 방법 중 도식적 방법이 아닌 것은?

① 카르노 맵
② 테이블 방법
③ 컨센서스 정리
④ 큐브

07 다음 논리함수 $F=\sum m(0,1,2,3,4)$를 카르노 맵을 이용하여 간략화 하시오.

① $\overline{A}B+\overline{A}\,\overline{C}$
② $\overline{A}+B+\overline{C}$
③ $\overline{A}+\overline{B}+\overline{C}$
④ $A+\overline{B}+\overline{C}$

08 다음 논리함수 $F=\sum m(1,3,6,7)$를 카르노 맵을 이용하여 간략화 하시오.

① $AB+\overline{A}\,\overline{C}$
② $AB+\overline{A}C$
③ $AB+\overline{A}C+BC$
④ $AC+\overline{A}B$

제 6 장

다단 NAND, NOR 게이트 회로

Multi-level Gate Networks NAND and NOR Gates

이 장에서는 지금까지 학습한 논리 함수의 간소화 과정을 거쳐 최소화된 논리식을 2단 이상의 AND와 OR 게이트를 갖는 논리 회로의 설계 방법에 대하여 설명한다. 또한 함수적으로 논리 게이트의 완전 집합 형태인 NAND-NOR 게이트, OR-NAND 게이트 등으로 설계하는 방법들도 학습한다. 이 기법들은 일반적으로 AND와 OR 게이트들로 먼저 설계한 다음 이것을 회로 설계자의 필요에 따라 다양한 형태의 게이트로 변환하도록 한다. 이러한 기법은 논리 회로의 독특한 형태로 출발하여 쉽게 적용할 수 있도록 되어져 있다.

6-1 다단 게이트 회로

회로의 입력과 출력 간에 직렬 형태로 연결된 최대 게이트의 수를 게이트 단(Level) 수로 나타낸다(전압 레벨과 혼돈하지 말 것). 따라서 곱의 합 형태나 합의 곱 형태로 작성된 함수는 직접 2단 게이트 회로와 대응한다. 또한 디지털 회로의 경우 모든 변수와 그들의 보수를 함께 공급받을 수 있다고 본다. 그러므로 회로 내에서 단 수를 결정할 때 입력 변수에 직접 연결된 인버터들은 정상적으로 계산하지 않는다. 이 장에서는 다음과 같은 용어를 사용할 것이다.

① AND-OR 회로는 AND 게이트 단의 출력에 OR 게이트가 이어져 구성된 2단 논리 회로를 의미한다.

② OR-AND 회로는 OR 게이트 단의 출력에 AND 게이트가 이어져 구성된 2단 논리 회로이다.

③ OR-AND-OR 회로는 OR 게이트 단의 출력에 AND 게이트가 연결되고 AND 게이트 단의 출력에 OR 게이트가 뒤따라 이어져 구성된 3단 논리 회로이다.

④ AND와 OR 게이트 회로는 게이트의 특별한 순서가 없음을 의미한다. 즉 출력 게이트는 AND 또는 OR가 되어도 좋다.

AND-OR 회로의 단 수는 곱의 합 표현식에서 얻어지며 이를 인수화시키면 단 수는 보편적으로 증가한다. OR-AND 회로에서는 합의 곱 표현식에서 얻어지며 그 항들에 부분곱을 적용해 가면 단 수가 증가된다.

논리 회로 설계자들은 다음과 같은 이유로 회로의 단 수에 관심을 갖는다. 게이트의 단 수를 증가시키기 위해 인수화하거나, 혹은 부분곱하는 것은 필요한 게이트 수와 게이트 입력을 줄일 수 있기 때문에 회로를 설계하는 비용은 절감되지만, 일반적으로 단 수를 증가시키면 비용이 증가하게 된다. 어떤 경우에 있어서는 게이트의 단 수는 게이트 지연(Gate delay) 시간에 의해 제한된다. 게이트의 입력이 변할 때 이에 응답하여 출력이 변하기 전까지는 일정 시간이 필요하다. 따라서 여러 개의 입력이 연결되었을 때, 입력 변화와 이에 대한 출력 회로 사이에 필요한 시간이 초과할 수 있기 때문에 디지털 시스템의 동작 속도는 느려진다.

게이트의 수, 게이트 입력 수, 그리고 회로의 단 수들은 이에 대응되는 표현식을 살펴보면 알 수 있다. 그림 6-1에서 Z에 대한 표현식 밑에 나무도형(Tree diagram)으로

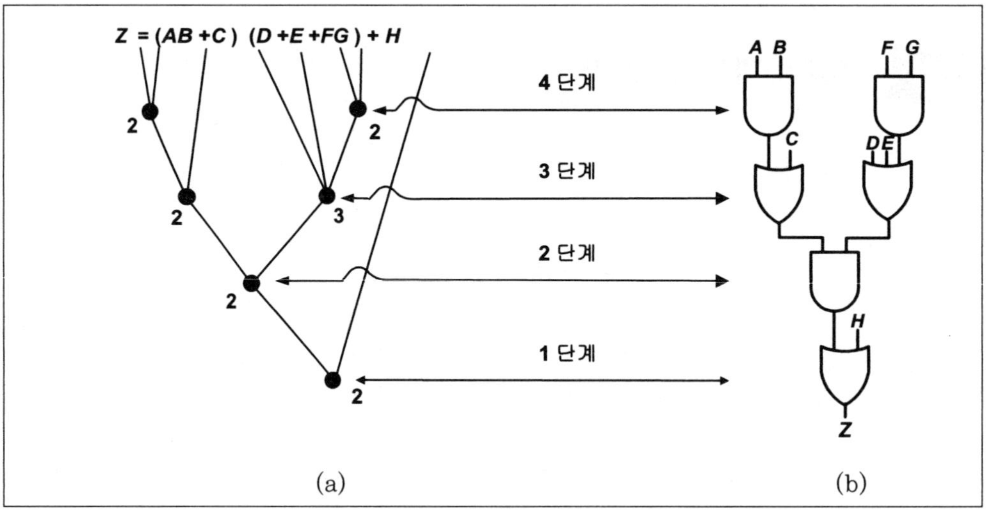

[그림 6-1] 함수 Z의 4단 논리 회로

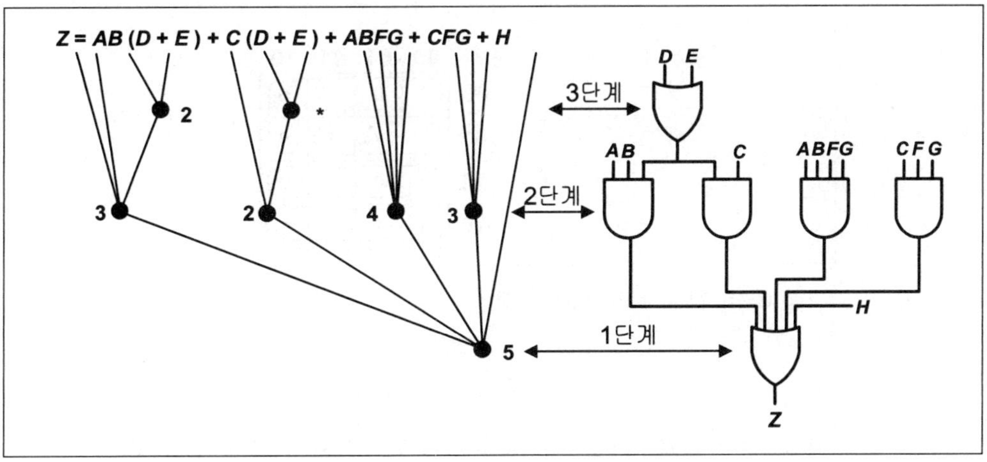

[그림 6-2] 함수 Z의 3단 구현

그려진 것은 그림에서 나타낸 것과 같이 이 회로에 따르는 4단, 6개의 게이트, 13개의 게이트 입력을 갖는다는 것을 나타낸다. 나무 도형에서의 각 마디(Node)는 게이트를 나타내고 게이트 입력 수는 각 마디 바로 옆에 나타낸다. Z에 대한 표현식은 일부를 부분곱하여 3단으로 바꿀 수 있다.

$$\begin{aligned} Z &= (AB + C)[(D+E) + FG] + H \\ &= AB(D+E) + C(D+E) + ABFG + CFG + H \end{aligned}$$

그림 6-2에 보인 것과 같이 결과를 나타내는 이 회로는 3단, 6개의 게이트, 19개의 입력이 필요하다.

예제 6-1

다음 함수를 구현하기 위한 AND와 OR 게이트의 회로를 구하시오.

$$f(a,\ b,\ c,\ d) = \sum m(1, 5, 6, 10, 13, 14)$$

[풀이] 2단 게이트와 3단 게이트에 대한 해를 고려해보자. 게이트의 수와 게이트 입력의 총수를 최소화한다. 모든 변수와 그것의 보수를 함께 입력으로 사용할 수 있다고 가정한다.

먼저 카르노 맵을 이용하여 함수 f를 간략화한다.

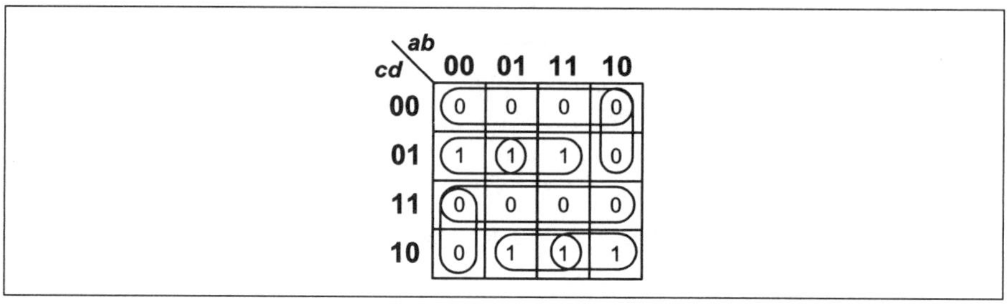

[그림 6-3] 함수 f의 카르노 맵

$$f=\overline{a}\,\overline{c}d+b\overline{c}d+bc\overline{d}+ac\overline{d} \qquad (6\text{-}1)$$

이것은 바로 2단 AND-OR 게이트 회로로 직접 실현시킬 수 있다.

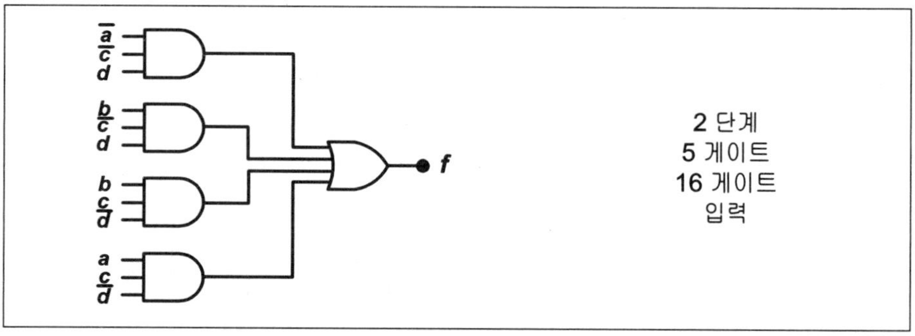

[그림 6-4] 예제 6-1의 2단 AND-OR 회로

식 (6-1)을 인수화하면 다음과 같이 얻어진다.

$$f=\overline{c}d(\overline{a}+b)+c\overline{d}(a+b) \qquad (6\text{-}2)$$

이 식은 다음과 같은 3단 OR-AND-OR 게이트 회로로 실현시킬 수 있다.

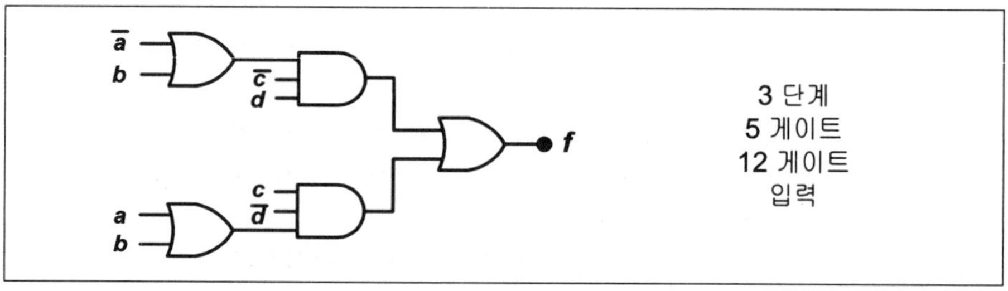

[그림 6-5] 함수 f의 3단 OR-AND 회로

이 두 가지 해는 모두 출력에 OR 게이트를 갖는다. 출력에 AND 게이트가 있는 해는 좀 더 적은 수의 게이트, 또는 게이트 입력을 갖는다. 2단 OR-AND 회로는 함수에 대한 합의 곱 표현식에 대응한다. 이것은 다음과 같이 카르노 맵에 있는 "0"(Zero)의 항들로부터 얻어지게 된다.

$$\bar{f} = \bar{c}\,\bar{d} + a\bar{b}\,\bar{c} + cd + \bar{a}\,\bar{b}c \qquad (6-3)$$

$$f = (c+d)(\bar{a}+b+c)(\bar{c}+\bar{d})(a+b+\bar{c}) \qquad (6-4)$$

식 (6-4)는 다음과 같은 2단 OR-AND 회로로 구현된다.

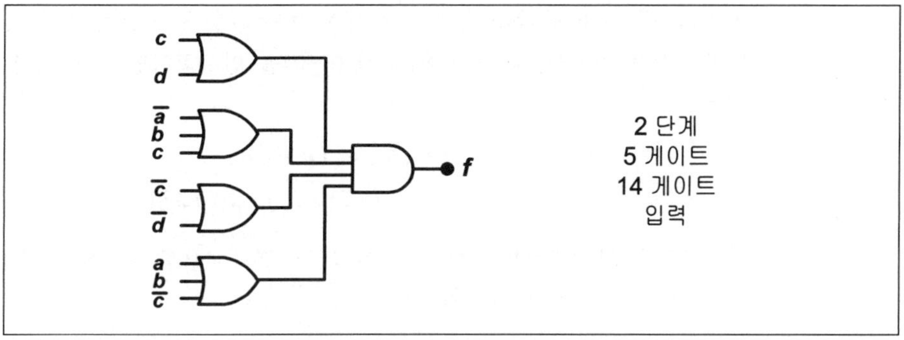

[그림 6-6] 함수 f의 2단 OR-AND 회로

AND 게이트 출력을 갖는 3단 회로를 얻기 위해 $(X+Y)(X+Z)=X+YZ$의 정리를 이용하여, 식 (6-4)의 일부를 부분곱화시키면 다음과 같다.

$$f = [c+d(\bar{a}+b)][\bar{c}+\bar{d}(a+b)] \qquad (6-5)$$

식 (6-5)를 실현하기 위해서는 4단의 게이트가 필요하게 되지만, $\bar{d}(a+b)$와 $d(\bar{a}+b)$를 부분곱하면 다음 식이 얻어진다.

$$f = (c+\bar{a}d+bd)(\bar{c}+a\bar{d}+b\bar{d}) \qquad (6-6)$$

따라서 이 식은 그림 6-7과 같은 3단 AND-OR-AND 회로로 실현된다.

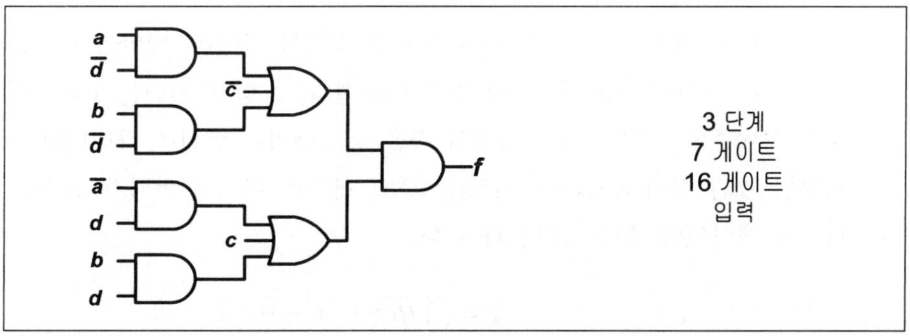

[그림 6-7] 함수 f의 3단 AND-OR-AND 회로

이와 같은 특별한 예에서 가장 좋은 2단 해(Two-level solution)는 출력을 AND 게이트로 갖는 것(그림 6-6)이고 가장 좋은 3단 해(Three-level solution)는 출력을 OR 게이트로 갖는 해이다.

일반적으로 최소 해를 얻기 위해서는 AND 게이트 출력을 갖는 회로와 OR 게이트 출력을 갖는 회로 모두를 찾아내야 알 수 있다.

$\overline{f}$에 대한 표현식이 n단을 갖는다면, 그 표현식의 보수도 f에 대한 n단 표현식이 된다. 그러므로 AND 게이트 출력을 갖는 n단 회로로 f를 실현하기 위해서는 우선 출력 단에 OR 동작을 갖는 $\overline{f}$에 대한 n단 표현식을 찾는 것이고, $\overline{f}$에 대한 보수 표현식을 찾는다. 위의 예에서 식 (6-3)을 인수화하면 $\overline{f}$에 대한 3단 표현식이 된다.

$$\begin{aligned}\overline{f} &= \overline{c}(\overline{d} + a\overline{b}) + c(d + \overline{a}\,\overline{b}) \\ &= \overline{c}(\overline{d}+a)(\overline{d}+\overline{b}) + c(d+\overline{a})(d+\overline{b}) \qquad (6-7)\end{aligned}$$

식 (6-7)을 보수화하면 식 (6-6)이 되고 결과적으로 이 식은 그림 6-7의 3단 AND-OR-AND 논리 회로와 대응한다.

요 약

- 최소해를 얻기 위해서는 AND 게이트 출력 및 OR 게이트 출력을 갖는 회로 모두를 찾아내야 알 수 있다.
- 일반적으로 가장 좋은 2단 해(Two-level solution)는 출력을 AND 게이트로 갖고, 3단 해(Three-level solution)는 출력을 OR 게이트로 갖는 해를 구한다.

6-2 논리 게이트의 다른 형태

지금까지 AND 게이트, OR 게이트, 그리고 인버터를 이용하여 논리 회로를 설계하였다. 이 절에서는 NAND, NOR 게이트를 정의할 것이며, 일반적으로 논리 회로 설계자들은 NAND와 NOR 게이트를 자주 이용한다. 그림 6-8(a)는 3단 입력 NAND 게이트를 보여준다. 게이트의 출력에서 작은 동그라미는 반전을 나타내며 그림 6-8(b)에 나타난 것과 같이 NAND 게이트는 AND 게이트 뒤에 인버터가 연결된 것과 등가이다. 이 게이트의 출력은 다음과 같다.

$$F = \overline{(ABC)} = \overline{A} + \overline{B} + \overline{C}$$

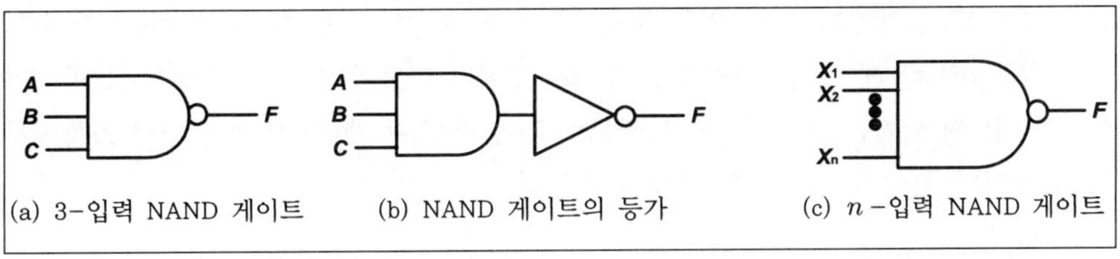

[그림 6-8] NAND 게이트

그림 6-8(c)와 같은 n개-입력 NAND 게이트의 출력은 식 (6-8)과 같으며, 이 게이트의 출력은 하나 또는 그 이상의 입력이 "0"일 때에만 "1"이 된다.

$$F=\overline{(X_1X_2\ldots X_n)}=\overline{X_1}+\overline{X_2}+\ldots+\overline{X_n} \quad (6\text{–}8)$$

그림 6-9(a)는 3단 입력 NOR 게이트를 보여주고 있다. 게이트의 출력에서 작은 동그라미는 역시 논리 반전을 의미한다. NOR 게이트는 뒤에 인버터가 연결된 OR 게이트와 등가이며 이 게이트의 출력은 다음과 같다.

$$F=\overline{(A+B+C)}=\overline{A}\,\overline{B}\,\overline{C}$$

그림 6-9(c)에서 나타낸 n개-입력 NOR 게이트의 출력은 식 (6-9)와 같으며, 이 게이트의 출력은 입력이 모두 "0"일 때만 "1"이다

$$F=\overline{(X_1+X_2+\ldots+X_n)}=\overline{X_1}\,\overline{X_2}\ldots\overline{X_n} \quad (6\text{–}9)$$

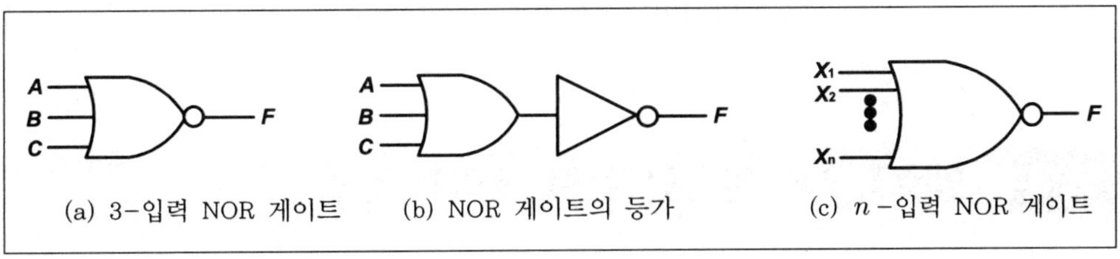

[그림 6-9] NOR 게이트

식 (6-8)과 식 (6-9)로부터 NAND와 NOR 함수는 쌍대 관계가 있음을 유의하라. 그러므로 부 논리 정리를 적용함으로써 정 논리에 대한 NAND 함수를 실현한 회로가 주어졌다면 이것은 부 논리에 대한 NOR 함수로 실현된다.

다수(Majority) 게이트는 입력의 수가 홀수개이며, 이들 입력 조합 중에서 "1"의 개수가 다수일 때, 출력이 "1"이 된다. 그러므로 3-입력 다수 게이트에서는 입력 조합

중 "1"의 개수가 2개 혹은 3개, 즉 2개 이상일 때, "1"의 출력을 갖는다. 소수(Minority) 게이트는 입력의 수가 홀수개이며 이들 입력 조합 중에서 "1"의 개수가 소수일 때 출력은 "1"이 된다. 그러므로 3-입력 소수 게이트에서는 입력 조합에서 "1"이 없거나 하나일 때, "1"의 출력을 갖는다.

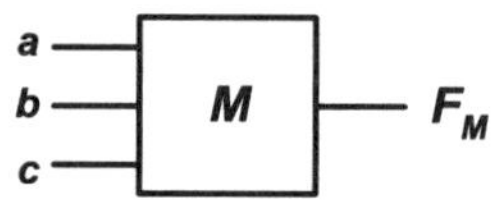

(a) 다수 게이트

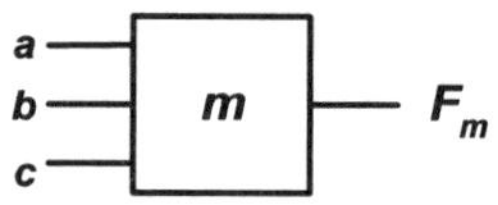

(b) 소수 게이트

a b c	F_M (Majority)	F_m (Minority)
0 0 0	0	1
0 0 1	0	1
0 1 0	0	1
0 1 1	1	0
1 0 0	0	1
1 0 1	1	0
1 1 0	1	0
1 1 1	1	0

(c) 진리표

[그림 6-10] 다수 · 소수 게이트와 진리표

위의 진리표로부터 3-입력 다수 게이트를 실현하는 함수는 다음과 같다.

$$F_M = \overline{a}bc + a\overline{b}c + ab\overline{c} + abc = bc + ac + ab \qquad (6\text{–}10)$$

그림 6-10을 살펴보면, $F_m = \overline{F_M}$ 이므로 3-입력 소수 게이트를 수식으로 표현하면 식 (6-11)과 같다.

$$F_m = \overline{(bc + ac + ab)} = (\overline{b} + \overline{c})(\overline{a} + \overline{c})(\overline{a} + \overline{b}) \qquad (6\text{–}11)$$

6-3 함수적으로 완전한 논리 게이트 집합

논리 연산에서 어떤 부울 함수가 그들 집합체로만 표현되어 진다면 이들 논리집합은 "함수적으로 완전하다"라고 표현할 수 있다. 모든 함수가 AND, OR, NOT 연산에 의해 곱의 합 형태와 합의 곱 형태로 표현될 수 있으므로 AND, OR, NOT 연산은 명백하게 함수적으로 완전한 집합이다. 또한 모든 부울 함수가 게이트의 한 집합으로 실현시킬 수 있다면, 이 논리 게이트들의 집합은 함수적으로 완전하게 된다. AND, OR, NOT 연산의 집합이 함수적으로 완전하므로 AND, OR, NOT 연산을 실현할 수 있는 어떤 논리 게이트의 집합도 또한 함수적으로 완전하다. 또한 OR는 AND, NOT 연산을 이용하여 실현시킬 수 있으므로 AND와 NOT 연산은 함수적으로 완전한 게이트의 집합이 된다.

단일 게이트만 가지고 함수적으로 완전한 집합을 형성한다면, 모든 부울 함수들을 한 종류의 게이트만 사용하여 실현시킬 수 있다. 대표적으로 NAND 게이트가 이런 게이트의 한 예이다. NAND 게이트의 동작은 AND 동작 뒤에 반전이 뒤따르므로 NOT, OR, AND를 그림 6-11에서 보여주는 바와 같이 NAND 게이트만을 사용하여 실현시킬 수 있다. 그러므로 어떤 부울 함수도 NAND 게이트만을 사용하여 실현시킬 수 있다.

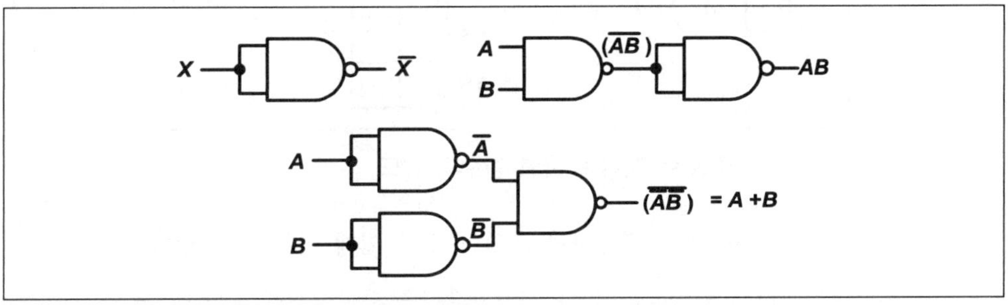

[그림 6-11] NAND 게이트를 이용한 AND, OR, NOT 게이트 구현

주어진 게이트의 집합이 함수적으로 완전한가를 확인하려면 다음 과정을 거쳐 결정하면 된다.

① 각 게이트에 의해 실현되는 함수에 대한 최소 곱의 합 표현식을 쓴다. 주어진 논리식에서 보수가 나타나지 않는다면 NOT는 실현될 수 없고, 따라서 이 게이트 집합은 함수적으로 완전하지 못하다.

② 표현식 중의 하나에 보수가 나타나면 일반적으로 해당 게이트에 적당한 입력을 선택하여 NOT를 실현할 수 있다(게이트 입력으로 항상 "0"과 "1"이 가능하다고 가정한다).

③ AND와 OR를 구현해 본다. 이 때는 NOT 게이트를 사용할 수 있다. 일단 AND나 OR 중 하나로 구현이 가능하면, 이 논리식은 드모르간 법칙을 이용하여 실현시킬 수 있다.

예를 들어 OR와 NOT가 만들어지면, AND는 다음 식에 의해 실현될 수 있다.

$$XY = \overline{(\overline{X} + \overline{Y})}$$

예제 6-2

3-입력 소수 게이트만을 이용하여 모든 부울 함수를 실현시킬 수 있음을 보여라.

[풀이] 먼저 그림 6-12에 보이는 것처럼 카르노 맵을 이용하여 3-입력 소수 게이트를 실현하는 함수를 유도한다. 입력 조합 중 "1"이 하나도 없거나, 또는 입력 조합 중 하나가 "1"일 때는 카르노 맵의 영역이 "1"로 된다.

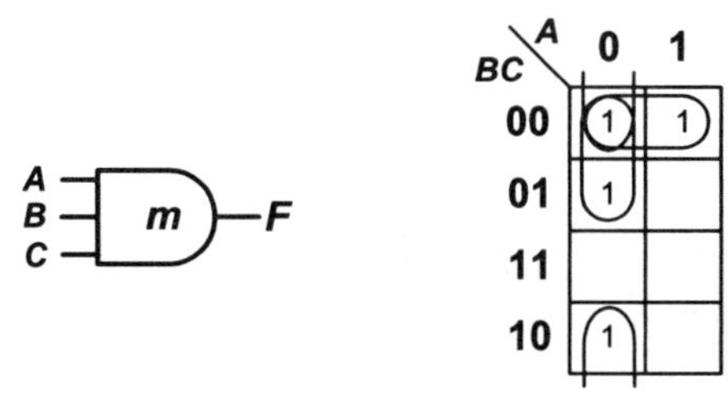

$F=\overline{B}\,\overline{C}+\overline{A}\,\overline{B}+\overline{A}\,\overline{C}$

[그림 6-12] 소수 게이트 출력 함수의 유도

$A=B=C$를 X로 치환하면 X의 보수를 쉽게 실현할 수 있다.

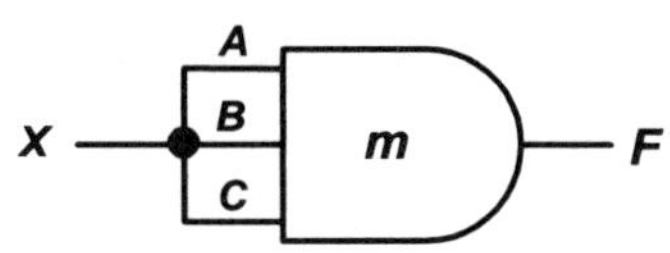

$F=\overline{X}\,\overline{X}+\overline{X}\,\overline{X}+\overline{X}\,\overline{X}=\overline{X}$

F에 대한 표현식에서 $A=1$이면 F는 $\overline{B}\,\overline{C}$로 줄어든다는 것을 알 수 있다. 그러므로 AND 연산은 그림 6-13에서 보여진 형태로 실현될 수 있다.

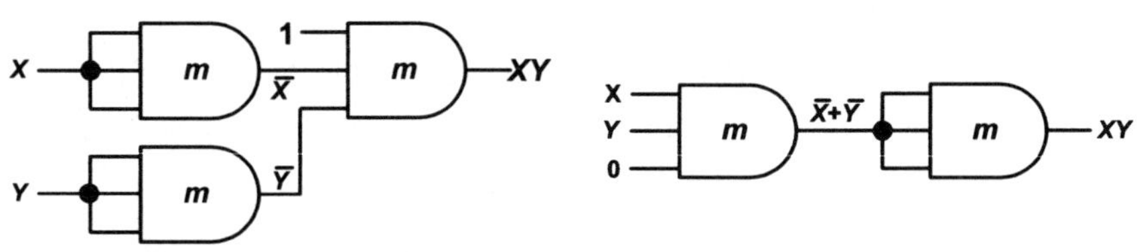

(a) AND 회로의 3-게이트 구현
$F=(\overline{\overline{X}})(\overline{\overline{Y}})+0+0=XY$

(b) AND에 대한 다른 형
$F=\overline{(\overline{X}+\overline{Y}+\overline{X}\,\overline{Y})}=\overline{(\overline{X}+\overline{Y})}=XY$

[그림 6-13] 소수 게이트를 사용한 AND 게이트의 실현

OR 게이트는 $\overline{(\overline{X}\,\overline{Y})}=X+Y$를 이용하여 실현시킬 수 있다.

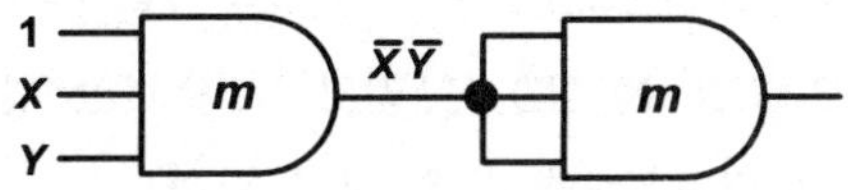

$$\overline{(\overline{X}\,\overline{Y})} = X + Y$$

AND, OR, NOT는 소수 게이트만을 이용하여 실현시킬 수 있으므로, 어떠한 부울 함수도 소수 게이트들만을 이용하여 구현할 수 있게 된다.

요 약

함수적으로 완전한 (Functionally complete) 논리 게이트의 집합의 예
- AND, OR, NOT 게이트
- AND, NOT 게이트
- NAND 게이트

6-4 NAND와 NOR 게이트 회로의 설계

AND와 OR 게이트로 구성된 2단 회로는 NAND 게이트나 NOR 게이트로 구성된 논리 회로로 쉽게 변환시킬 수 있다. 이 변환은 $F = \overline{(\overline{F})}$ 을 적용하여 유도되며 그 다음에 드모르간 법칙이 적용된다.

$$\overline{(X_1 + X_2 + \ldots + X_n)} = \overline{X_1}\,\overline{X_2}\ldots\overline{X_n} \qquad (6\text{–}12)$$

$$\overline{(X_1 X_2 \ldots X_n)} = \overline{X_1} + \overline{X_2} + \ldots + \overline{X_n} \qquad (6\text{–}13)$$

다음의 예는 최소 곱의 합 형태에서 다른 여러 가지 2단 게이트 형태로의 변환을 예시하고 있다.

$$F = A + B\overline{C} + \overline{B}CD = \overline{\overline{[(A + B\overline{C} + \overline{B}CD)]}} \qquad (6\text{–}14)$$

$$= \overline{[\overline{A}\,\overline{(B\overline{C})}\,\overline{(\overline{B}CD)}]}\ldots \qquad (6\text{–}12\text{에서}) \qquad (6\text{–}15)$$

$$= \overline{[\overline{A}(\overline{B} + C)(B + \overline{C} + \overline{D})]} \qquad (6\text{–}13\text{에서}) \qquad (6\text{–}16)$$

$$= A + \overline{(\overline{B} + C)} + \overline{(B + \overline{C} + \overline{D})} \qquad (6\text{–}13\text{에서}) \qquad (6\text{–}17)$$

식 (6-14), 식 (6-15), 식 (6-16), 그리고 식 (6-17)은 그림 6-14에 나타낸 것처럼 각각 AND-OR, NAND-NAND, OR-NAND, 그리고 NOR-OR 형태로 표현된다.

식 (6-17)을 다시 정리하여 보면 다음과 같은 식이 된다.

$$F= \overline{\overline{[A + \overline{(\overline{B}+ C)} + \overline{(B+ \overline{C}+ \overline{D})}]}} \tag{6-18}$$

이 식은 3단 NOR-NOR-NOT 형태의 회로로 유도된다. 그러나 NOR 게이트만으로 구성된 2단 논리 회로를 원한다면, 최소 곱의 합 대신 F에 대한 최소 합의 곱 형태로 하면 된다. 카르노 맵으로부터 최소 합의 곱을 얻은 후에 F는 다음과 같은 2단 논리 회로의 형태로 나타낼 수 있다.

$$F = (A + B+ C)(A + \overline{B}+ \overline{C})(A + \overline{C}+ D) \tag{6-19}$$

$$= \overline{\{\overline{[[(A + B+ C)(A + \overline{B}+ \overline{C})(A + \overline{C}+ D)]]}\}}$$

$$= \overline{[\overline{(A + B+ C)} + \overline{(A + \overline{B}+ \overline{C})} + \overline{(A + \overline{C}+ D)}]} \quad \text{(6–13에서)} \tag{6-20}$$

$$= \overline{(\overline{A}\,\overline{B}\,\overline{C} + \overline{A}BC+ \overline{A}\,C\overline{D})} \quad \text{(6–12에서)} \tag{6-21}$$

$$= \overline{(\overline{A}\,\overline{B}\,\overline{C})} \cdot \overline{(\overline{A}BC)} \cdot \overline{(\overline{A}\,C\overline{D})} \quad \text{(6–12에서)} \tag{6-22}$$

식 (6-19), 식 (6-20), 식 (6-21), 그리고 식 (6-22)는 그림 6-14에서 보여진 것처럼 각각 OR-AND, NOR-NOR, AND-NOR, 그리고 NAND-AND 형태로 구현된다.

8가지의 가능한 2단 논리 회로(AND-AND, OR-OR, OR-NOR, AND-NAND, NAND-NOR, NOR-NAND, 등)로는 모든 부울 함수들을 실현시킬 수 없다.

그 예로 다음의 NAND-NOR 논리 회로를 생각해보자.

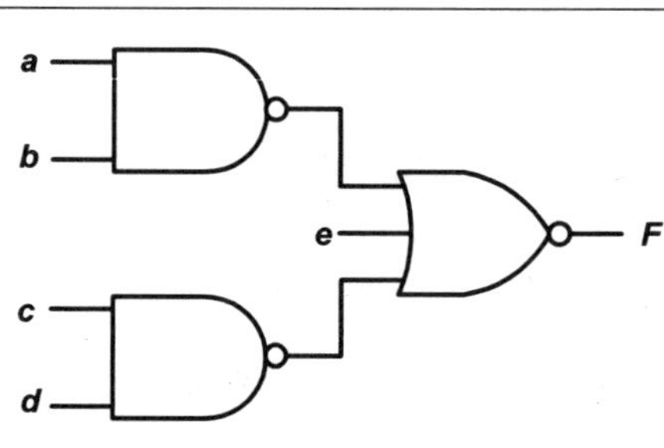

$$F= \overline{[\overline{(ab)} + \overline{(cd)} + e]} = abcd\,\overline{e}$$

위의 예로부터 NAND-NOR 형은 단지 문자들의 곱만을 실현하지만 곱의 합을 실현하지 못한다는 것은 명백하다.

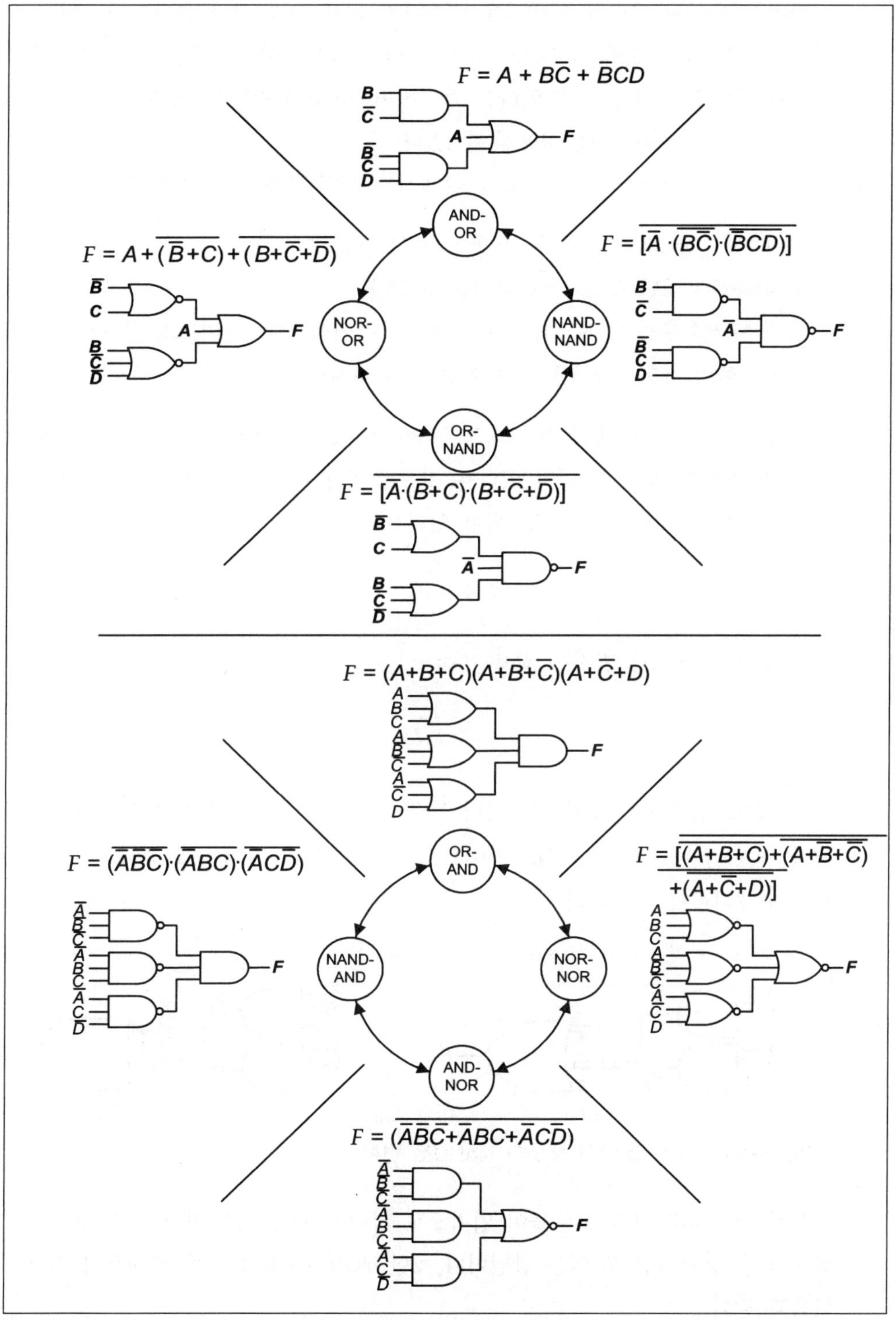

[그림 6-14] 2단 논리 회로에 대한 8가지의 기본 형태

따라서 우리는 이러한 문제점을 해결하기 위해 가장 일반적으로 사용되는 두 가지의 회로 NAND-NAND와 NOR-NOR를 사용하기로 한다. 만일 모든 변수와 그들의 보수가 입력으로 사용될 수 있다고 가정하면, 아래의 방법은 NAND 게이트로 이루어진 F 함수를 실현하는데 적용할 수 있다.

최소 2단 NAND-NAND 회로를 설계하기 위한 과정은 다음과 같다.

① F에 대한 최소 곱의 합 표현식을 구한다.

② 대응하는 2단 AND-OR 회로를 그린다.

③ 모든 게이트를 NAND 게이트로 대치하고 남아 있는 게이트의 결선은 바꾸지 않는다. 출력 게이트가 입력으로 어떤 단일 문자를 갖는다면, 그 문자를 보수화 한다.

그림 6-15는 ③ 단계의 변환 과정을 표시한 것이다. 이 변환은 회로의 출력이 다음과 같이 변하지 않은 채 남아 있다는 것으로 증명된다. 일반적으로 함수 F는 리터럴 $(l_1, l_2, \ldots)$과 곱항$(p_1, p_2, \ldots)$으로 되어 있다.

$$F = l_1 + l_2 + \ldots + p_1 + p_2 + \ldots$$

이 식에 드모르간 법칙을 적용을 하면,

$$F = \overline{(\overline{l_1}\,\overline{l_2}\ \ldots\ \overline{p_1}\,\overline{p_2} \ldots)}$$

그러므로 출력 OR 게이트는 입력 $\overline{l_1}, \overline{l_2}, \ldots, \overline{p_1}, \overline{p_2} \ldots$ 를 갖는 NAND 게이트로 대치된다. 곱항 $p_1, p_2, \ldots$들은 AND 게이트로 실현되므로, 변환된 회로에서 $\overline{p_1}$, $\overline{p_2}, \ldots$ 는 NAND 게이트로 실현된다.

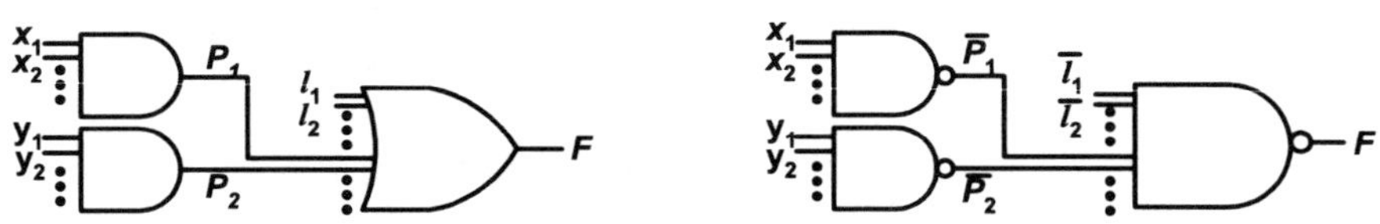

[그림 6-15] AND-OR에서 NAND-NAND로 변환

모든 변수들과 그의 보수들이 입력으로 가능하다면, 다음 방법은 NOR 게이트들로 함수 F를 실현시킬 수 있는 방법이다. 2단 NOR-NOR 회로를 설계하기 위한 과정은 다음과 같다.

① F에 대한 최소 합의 곱 표현식을 구한다.
② 대응되는 2단 OR-AND 회로를 그린다.
③ 모든 게이트를 NOR 게이트로 대치하고, 그 게이트들의 결선은 바꾸지 않는다. 만일 출력 게이트가 입력으로 어떤 단일 문자를 갖는다면, 그 문자에 보수를 취한다.

위의 과정은 NAND-NAND 회로들을 설계하는데 사용한 것과 비슷하다. 그러나 NOR-NOR 회로에서의 과정은 최소 곱의 합 표현식이 아니라 최소 합의 곱에서 출발한다는 것에 유의해야 한다.

요 약

2단 회로의 8가지 기본 형태
- AND-OR, NAND-NAND, OR-NAND, NOR-OR
- OR-AND, NOR-NOR, AND-NOR, NAND-AND

6-5 다단 NAND와 NOR 게이트 회로의 설계

다음 과정은 다단 NAND 게이트 회로를 설계하는데 유용하게 사용할 수 있다.

① 실현할 논리 함수를 간소화한다.
② AND와 OR 게이트들의 다단 회로를 설계한다. 이 때 출력 게이트는 반드시 OR 게이트이어야 한다. AND 게이트 출력은 AND 게이트를 입력으로 사용할 수 없고, 또한 OR 게이트가 출력인 회로는 OR 게이트를 입력으로 사용할 수 없다.
③ 출력 게이트를 1단으로 시작하여 단의 수를 열거한다. NAND 게이트로 모든 게이트를 대치시키고 게이트간의 모든 결선은 바꾸지 않는다. 2번째, 4번째, 6번째, …,단에 대한 입력, 즉 짝수 번째 단의 입력은 바꾸지 않는다. 1번째, 3번째, 5번째, …단에 대한 입력, 즉 홀수 번째 단의 모든 입력 문자는 반전시킨다.

위 과정의 타당성은 다단 회로를 2단 부분 회로로 나누고, 또한 2단 회로에 대한 앞의 결과를 각 2단 부분 회로에 적용함으로써 쉽게 증명할 수 있다. 그림 6-16의 예는 이런 과정을 설명한다. 만약 ②의 단계가 옳게 실행됐다면, 회로의 각 단은 AND 게이트들만으로 혹은 OR 게이트만으로 이루어질 것이다.

다단 NOR 게이트 회로의 설계에 대한 과정은 AND와 OR 게이트의 출력 게이트는 AND 게이트이어야 한다는 것과 모든 게이트는 NOR 게이트와 대치한다는 것을 제외하고는 NAND 게이트 회로 설계와 동일하다.

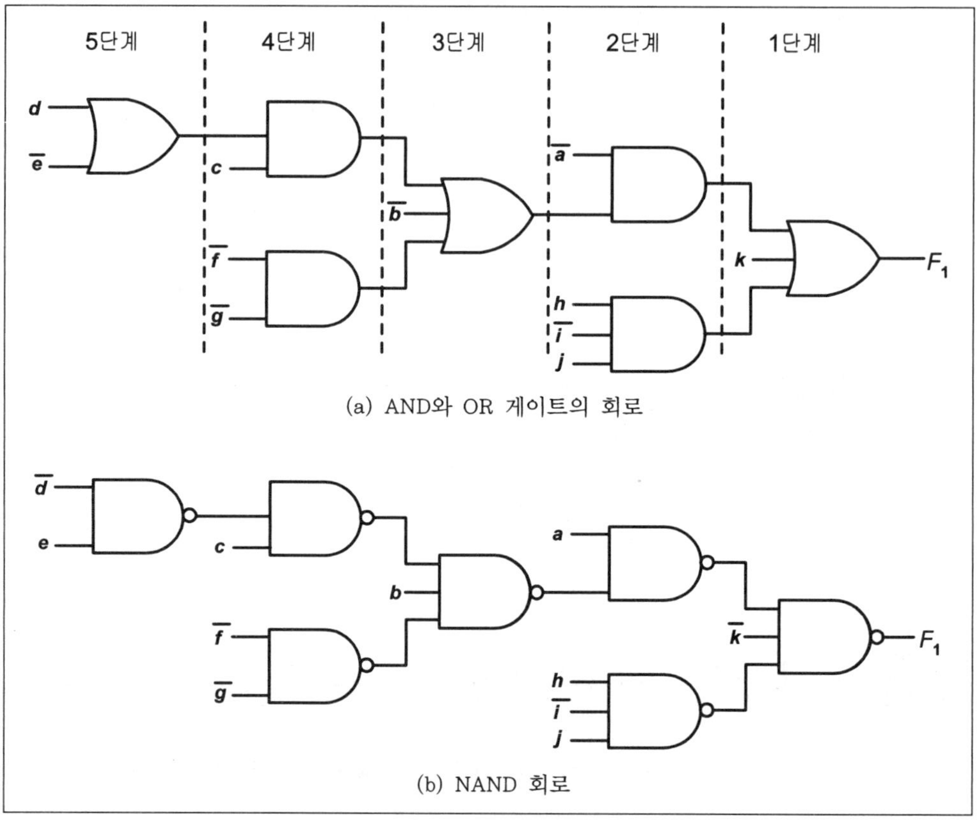

[그림 6-16] NAND 게이트에 의한 다단 회로로의 변환

6-6 선택적 게이트 심벌을 이용한 회로망 변환

복잡한 디지털 시스템을 설계하는 논리 설계자는 주어진 게이트의 형태에 대한 하나 이상의 표현을 사용하는 것이 종종 편리하다. 예를 들면 인버터는 아래와 같이 표현된다.

그림 6-17에서는 AND, OR, NAND 그리고 NOR 게이트의 선택적인 표현법을 보여 준다. 이러한 등가 게이트 심벌은 다음과 같은 동질성에 기본을 두고 있다.

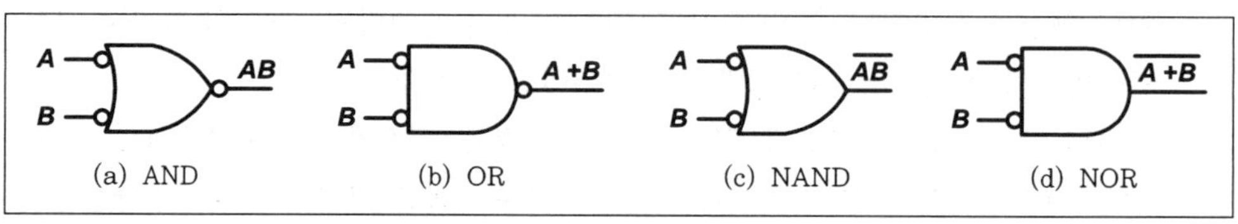

[그림 6-17] 선택적인 게이트 심벌

$$AB=\overline{(\overline{A}+\overline{B})},\ A+B=\overline{(\overline{A}\cdot\ \overline{B})},\ \overline{(AB)}=\overline{A}+\overline{B},\ \overline{(A+B)}=\overline{A}\,\overline{B}$$

위의 선택적인 심벌은 NAND와 NOR 게이트 회로망의 분석과 설계를 용이하게 하는데 사용된다. 그림 6-18(a)는 단순한 NAND 게이트 회로망을 보여준다. 회로망을 분석하기 위해서 선택적인 NAND 게이트 심벌을 가지고 첫째 단과 세 번째 단의 NAND를 바꾼다. 그림 6-18(b)에서 보는 바와 같이 반전된 출력은 항상 반전된 입력과 연결되고, 비 반전된 출력은 비 반전된 입력과 연결되어진다. 예를 들면 게이트 2의 출력은 $\overline{[(\overline{A}+B)C]}$이나 출력 함수에서는 $(\overline{A}+B)C$가 나타남을 유념하라. 또한 회로망을 이중 반전을 시키므로 AND-OR 회로망으로 변환할 수 있다(그림 6-18(c)를 참조). 반전된 입력이 단일 입력 변수와 연결될 때는 반드시 게이트 입력으로부터 반전을 제거할 때, 변수의 보수화를 취해야 한다. 예를 들면 그림 6-18(a)의 A는 그림 6-18(c)에서는 $\overline{A}$가 된다.

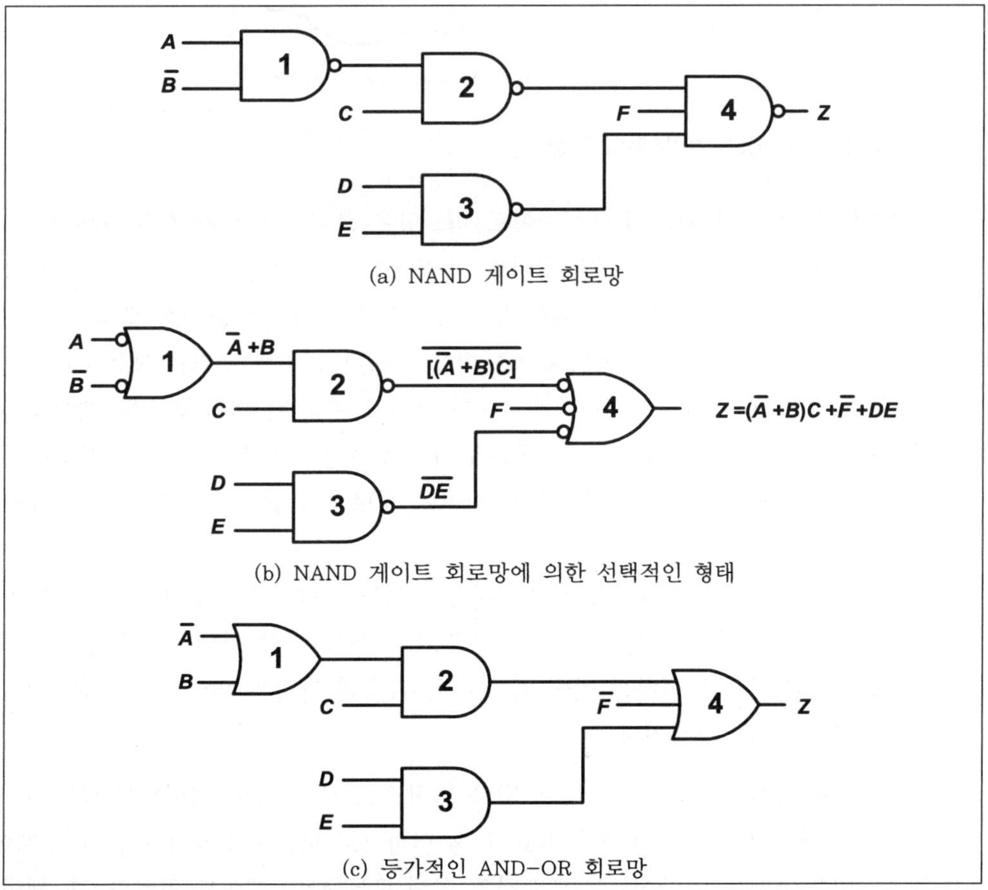

(a) NAND 게이트 회로망

(b) NAND 게이트 회로망에 의한 선택적인 형태

(c) 등가적인 AND-OR 회로망

[그림 6-18] NAND 게이트 회로망의 변환

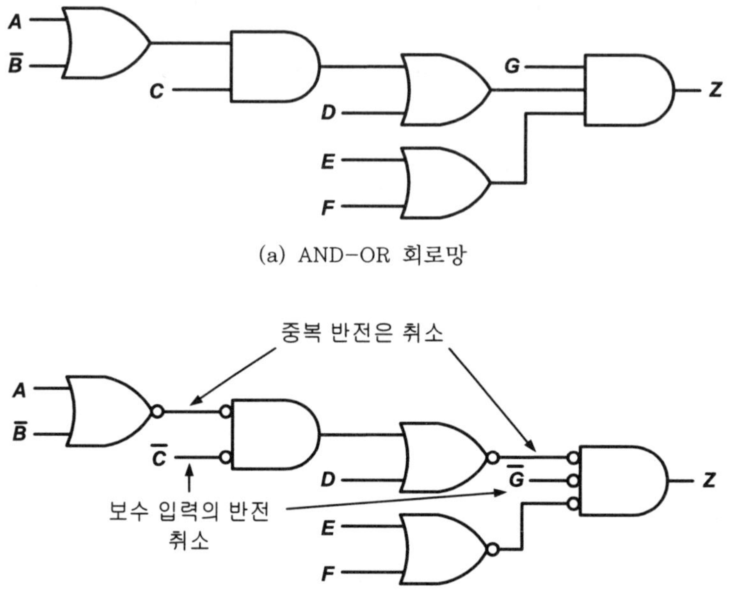

[그림 6-19] NOR 게이트로의 변환

그림 6-19(a)의 AND와 OR 게이트 회로망은 출력 게이트가 AND 게이트, 그리고 OR 게이트로 선택되기에 NOR 게이트 회로망으로 쉽게 변환이 가능하다. 즉 AND 게이트 출력은 오직 OR 게이트 출력과 연결되고, OR 게이트 출력은 오직 AND 게이트 출력과 연결된다. NOR 게이트로의 변환을 수행하기 위해 우리는 모든 OR와 AND를 그림 6-19(b)에 나타나는 NOR 게이트를 가지고 바꾼다. 각각 반전된 게이트 출력은 반전된 게이트 입력에서 나오기 때문에 단일 반전을 더하므로 변수를 보상하기 위한 보수화를 취해야 한다. 따라서 NOR 게이트 회로망의 결과는 원래의 AND-OR 회로망과 등가이다.

비록 AND와 OR 게이트가 선택되지 않더라도 AND-OR 회로망을 NAND나 NOR 회로망으로 변환할 수 있으나, 다른 반전에 의해서 각각 더해진 반전을 생략시키기 위해 여분의 반전을 더하는 것이 필요하다. 다음의 과정은 NAND(혹은 NOR) 회로망으로 변환하는데 이용된다.

① 출력 단에서 Bubble(혹은 반전)을 더하므로 모든 AND 게이트를 NAND 게이트로 변환한다. 입력 단에서 Bubble을 더하므로 모든 OR 게이트를 NOR 게이트로 변환한다(NOR 게이트로 변환하기 위해 모든 AND 게이트 입력과 OR 게이트 출력에 Bubble을 더한다).

② 반전된 출력이 반전된 입력에서 나타날 때마다 이중 반전은 생략되기 때문에 더 이상의 과정은 필요 없다.

③ 비반전 게이트 출력은 반전 게이트 입력, 또는 그와 반대로 될 때마다 Bubble이 생략되기 위하여 인버터를 삽입한다.

④ 변수가 반전된 입력으로 될 때마다 변수에 보수를 취한다(또는 인버터를 더한다). 따라서 보수는 출력 단에 반전을 생략한다.

이 과정을 증명하기 위해서 그림 6-20(a)를 NAND로 변환해보자. 먼저 모든 게이트를 그림 6-20(b)의 NAND 게이트로 바꾸기 위해 Bubble을 더한다. 네 개의 위치에서 오직 단일 반전을 더해준다. 이는 그림 6-20(c)에서 두 변수에 보수를 취하고, 두 반전을 더함으로써 수정된다.

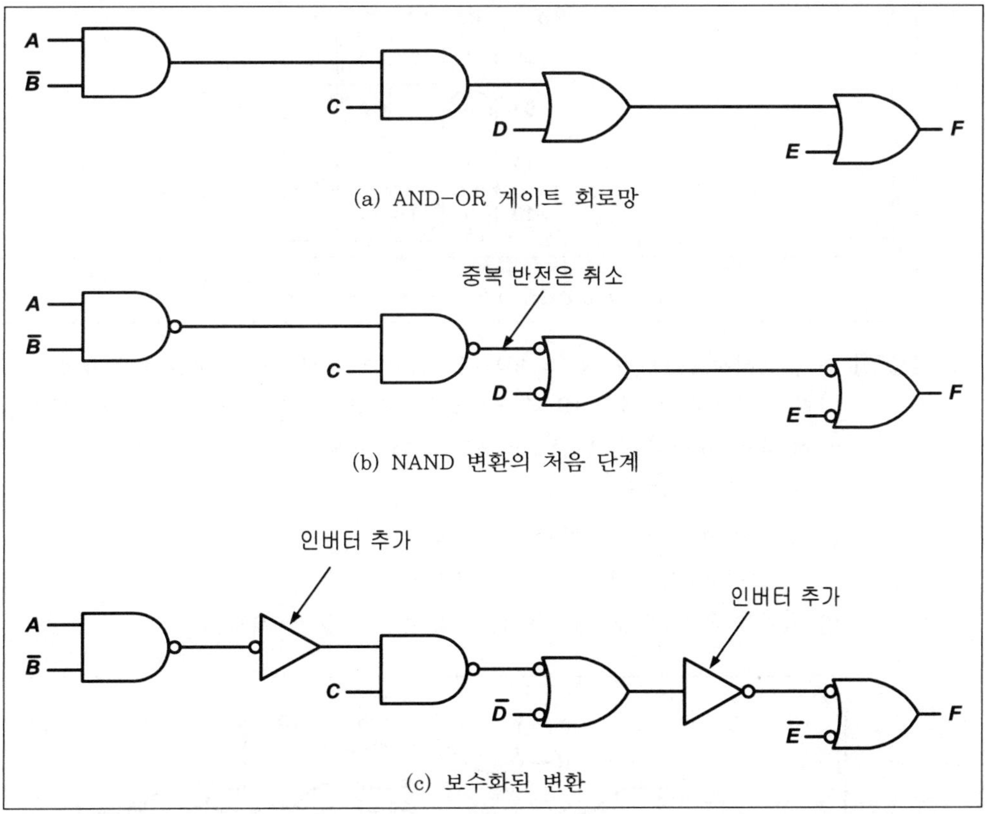

[그림 6-20] AND-OR 회로망의 NAND로의 변환

6-7 한정된 게이트 팬-인(Fan-in)을 갖는 회로 설계

실제적인 논리 설계에 있어서의 문제점은 각 게이트에서 입력의 최대수가 제한된다는 것이다. 사용하는 게이트의 종류에 따라 입력 수는 2, 3, 4, 8, … 등으로 제한된다. 만약 회로를 2단으로 실현시키려 할 때, 허용된 입력보다 더 많은 게이트 입력이 필요하다면 논리식을 인수화하여 다단 회로로 변경해야 한다.

예제 6-3

3입력 NOR 게이트를 이용하여 다음 식을 실현하시오.

$$f(a,b,c,d)=\sum m(0,3,4,5,8,9,10,14.15)$$

cd \ ab	00	01	11	10
00	1	1	0	1
01	0	1	0	1
11	1	0	1	0
10	0	0	1	1

$$\overline{f}=\overline{a}\,\overline{b}\,\overline{c}\,d+a\overline{b}cd+ab\overline{c}+\overline{a}bc+\overline{a}c\overline{d}$$

[풀이] 위의 표현식으로부터 알 수 있듯이 2단으로 표현식을 실현하기 위하여 세 개의 3입력 게이트와 두 개의 4입력 게이트, 그리고 하나의 5입력 게이트가 있어야 한다. $\overline{f}$ 에 대한 표현식은 게이트 입력의 최대 수를 셋으로 줄이기 위해 인수화시키고 이 식을 보수화한다.

$$\overline{f}=\overline{b}d(\overline{a}\,\overline{c}+ac)+\overline{a}c(b+\overline{d})+ab\overline{c}$$

$$f=[b+\overline{d}+(a+c)(\overline{a}+\overline{c})][a+\overline{c}+\overline{b}d][\overline{a}+\overline{b}+c]$$

이 결과에 의한 NOR 게이트 논리 회로는 그림 6-21과 같다.

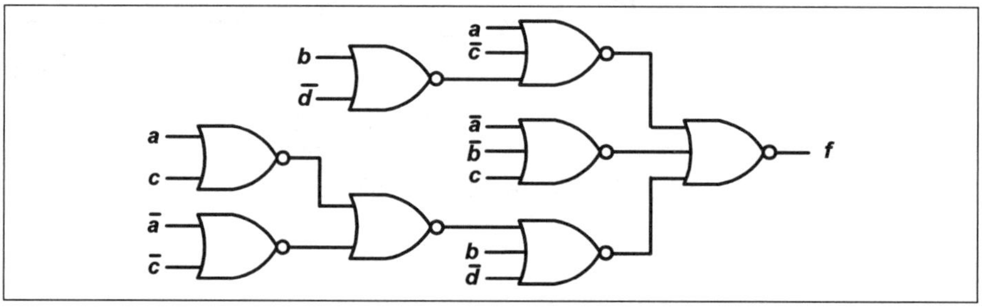

[그림 6-21]

6-2절에서 설명한 2단 다중 출력 회로를 설계하는 기법은 2단 이상을 갖는 다중 출력 회로를 설계하는 경우 매우 비효율적이다. 비록 2단 표현식이 공통항을 갖고 있더라도 대부분 이들 공통항들은 표현식의 인수화하는 과정에서 없어진다. 그러므로 2단 이상의 다중 출력 회로를 설계할 때는 각각의 함수를 별도로 최소화하는 것이 좋다. 그 다음에 결과로 나타나는 2단 식은 단 수를 증가시키기 위해 인수화해야 한다. 이런 인수화는 가능한 곳마다 공통항을 삽입하는 방법으로 이루어져야 한다.

예제 6-4

그림 6-22에 주어진 함수에 대하여 2입력 NAND 게이트와 인버터 만을 사용하여 f_1, f_2와 f_3을 실현하시오.

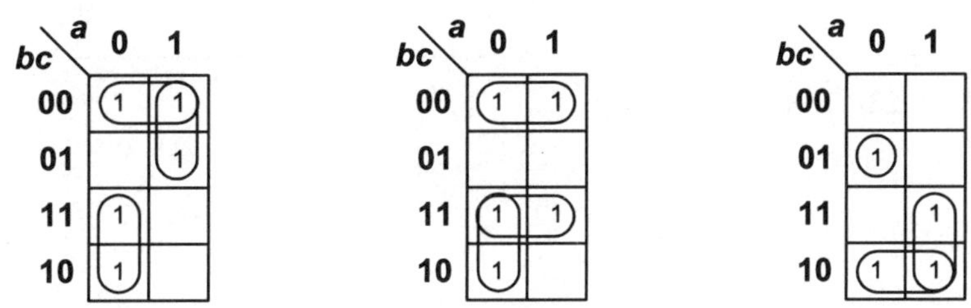

[그림 6-22]

[풀이] 만일 함수를 별도로 최소화하면 그 결과는 다음과 같다.

$$f_1 = \bar{b}\,\bar{c} + a\bar{b} + \bar{a}b$$

$$f_2 = \bar{b}\,\bar{c} + bc + \bar{a}b$$

$$f_3 = \bar{a}\,\bar{b}c + ab + b\bar{c}$$

각 함수는 3입력 OR 게이트를 필요로 하므로 게이트 입력의 수를 줄이기 위해서는 인수화를 한다.

$$f_1 = \bar{b}\underline{(a+\bar{c})} + \underline{\bar{a}b}$$

$$f_2 = b(\bar{a}+c) + \bar{b}\,\bar{c} \quad \text{or} \quad f_2 = (\bar{b}+c)(b+\bar{c}) + \underline{\bar{a}b}$$

$$f_3 = \bar{a}\,\bar{b}\,c + b\underline{(a+\bar{c})}$$

f_2에 대한 두 번째 표현식은 f_1에 대한 공통항을 가지므로 두 번째 표현식을 선택한다. 다음 식을 이용하여 남은 3입력 게이트를 f_3로부터 소거할 수 있다.

$$\bar{a}\,\bar{b}\,c = \bar{a}(\bar{b}c) = \bar{a}\ \overline{(b+\bar{c})}$$

그림 6-23(a)는 공통항 $\bar{a}b$와 $a+\bar{c}$를 사용한 회로망을 나타낸다.
각각의 출력 게이트는 OR이므로 그림 6-23(b)에 보여주는 것처럼 NAND 게이트로의 변환은 간단히 이루어진다.

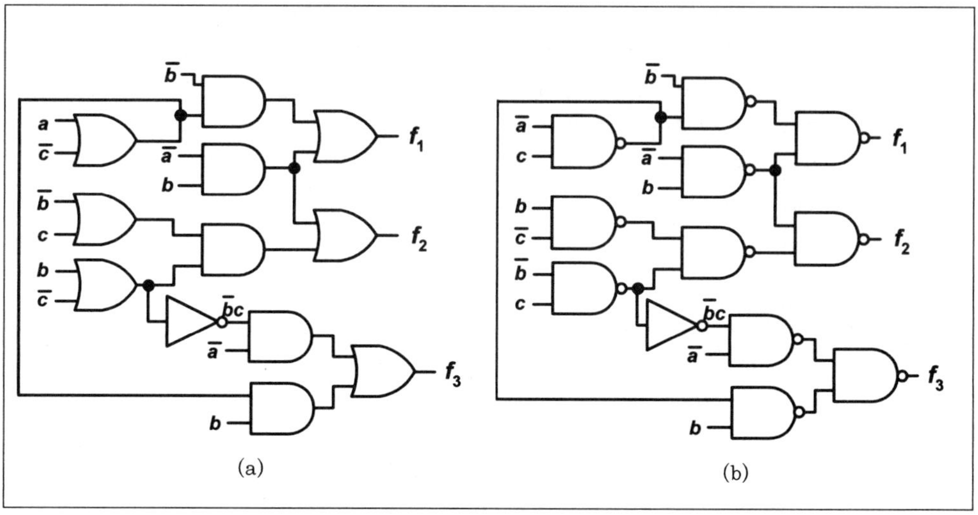

[그림 6-23] 그림 6-22의 실현

연습문제

01 다음 NAND 게이트로 구성된 회로와 등가인 게이트는?

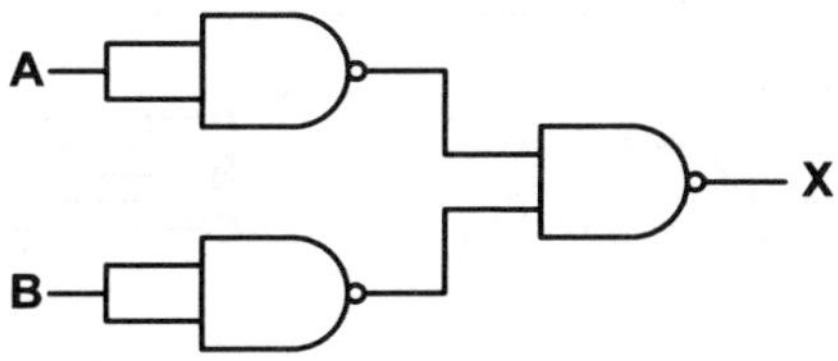

① 

② 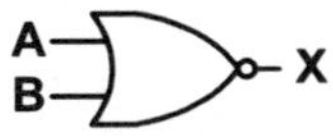

③ 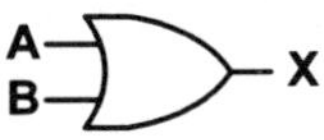

④ 

02 다음 그림과 등가인 게이트는?

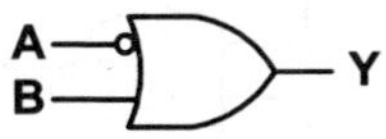

① 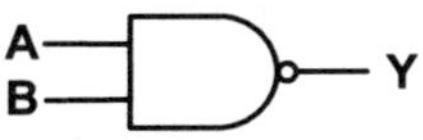

② 

③ 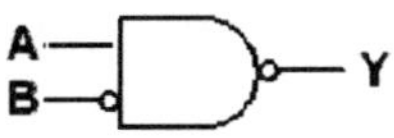

④ 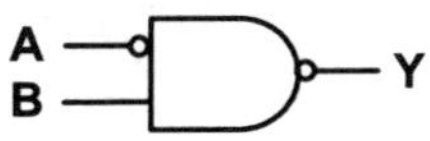

03 다음 회로 중 기능이 다른 것은?

① 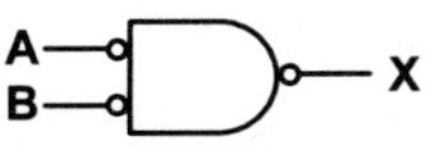

② 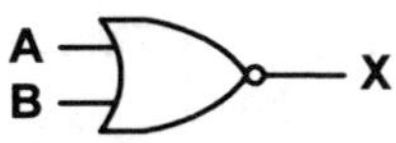

③ 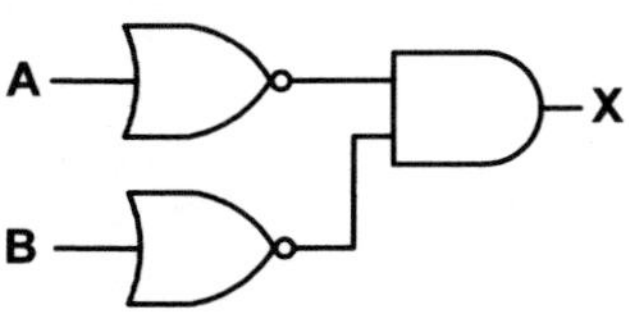

④ 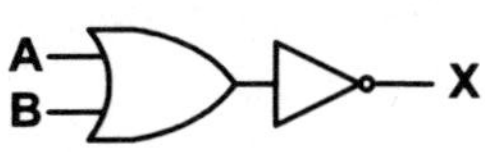

04 2-Input NOR 게이트 입력에 각각 인버터가 접속되어 있을 때 결과적으로 얻어지는 논리 작용은?

① AND ② OR ③ NAND ④ NOT

05 그림과 같은 논리회로를 간소화한 회로는?

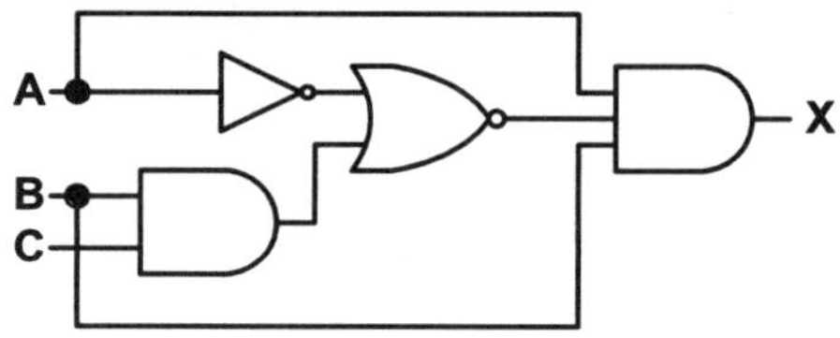

①
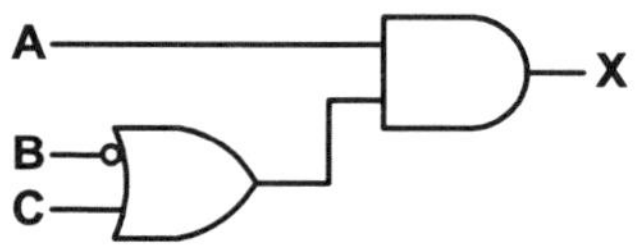

②
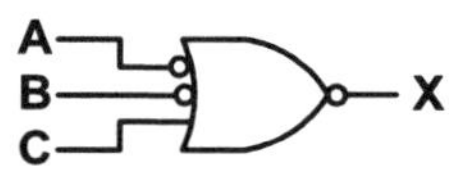

③
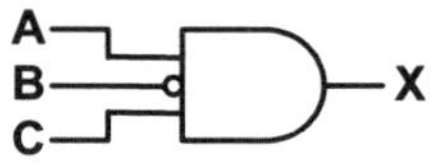

④
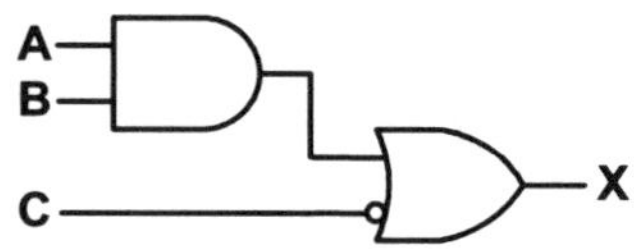

06 그림에서 NAND 게이트로 구성된 논리회로의 기능은 어느 게이트와 같은가?

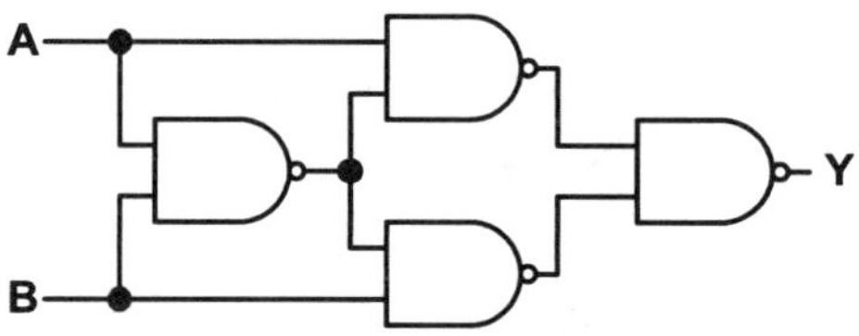

① AND 게이트
② NOR 게이트
③ XOR 게이트
④ XNOR 게이트

07 다음 회로의 구성은?

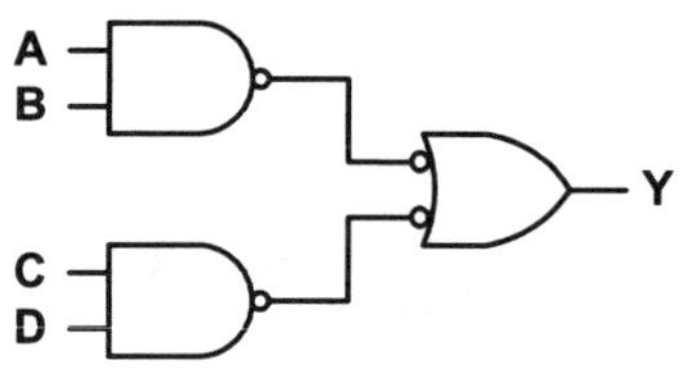

① XOR 회로
② XNOR 회로
③ OR-AND 회로
④ AND-OR 회로

제 7 장

다중 출력 회로, 멀티플렉서, 디코더, ROM, PLA

Multiple-Output Networks, Multiplexers, Decoders, Read-Only Memories, and Programmable Logic Arrays

7-1 개요

대형 디지털 시스템에서 어떤 입력 변수들은 여러 부울 함수에 중복되어 사용되는 경우가 있다. 비록 각 함수들을 개별적으로 실현시킬 수 있을지라도 다중 출력을 갖는 단일 게이트 논리 회로를 사용하여 함수를 실현하는 것이 경제적이다.

지금까지는 논리 설계의 기본 원리에 관해 주로 다루었고 이 장에서는 논리 설계에 있어 좀 더 복잡한 집적 회로(IC)의 사용법을 소개하겠다. 집적 회로는 패키지에 따른 전기회로를 구성하는 소자 수와 기능의 유형에 따라 소규모(SSI : Small Scale Integration), 중규모(MSI : Medium Scale Integration), 대규모(LSI : Large Scale Integration), 초 대규모(VLSI : Very Large Scale Integration) IC로 분류할 수 있다. SSI 칩에는 NAND, NOR, AND, OR 게이트들이나 인버터, 플립-플롭 등을 집적화시킬 수 있으며 SSI 집적 회로 패키지는 100개 미만의 트랜지스터, 다이오드, 저항, 그리고 콘덴서 등의 전기회로를 구성하는 소자들을 집적한다. MSI 집적 회로는 가산기, 멀티플렉서, 디코더, 레지스터, 카운터와 같은 복잡한 기능을 수행한다. 이런 MSI는 한 개의 패키지 안에 100개에서 1000개 사이의 전기회로 구성 소자들을 포함한다. 메모리나 마이크로프로세서와 같은 아주 복잡한 기능을 갖는 집적 회로는 LSI나 VLSI로 분류된다. LSI는 보통 한 패키지에 1000개에서 10000개 사이의 소자를 포함시킬 수 있고, VLSI에는 10000개 이상의 소자들을 집적시킬 수 있다.

일반적으로 SSI만 사용하여 디지털 시스템을 설계하는 것은 비경제적이다. MSI와 LSI를 사용하면 필요한 IC의 개수를 크게 줄일 수 있게 된다. 따라서 MSI와 LSI를 이용하면 디지털 시스템을 설계하고 유지 보수하는 비용은 물론 IC를 배선하고 장착하는 단가를 낮출 수 있다.

이 장에서는 먼저 다중 출력 게이트 회로에 관하여 설명한 다음에 MSI 멀티플렉서와 디코더를 사용한 논리 설계 사용법을 소개하겠다. 그리고 판독 전용 메모리(ROM)를 설명하고 다중 출력 조합 논리 회로를 수행하는데 어떻게 적용하는가를 예를 들어 설명하기로 한다.

7-2 2단 다중 출력 논리 회로의 설계

논리 회로를 설계하다 보면 종종 입력 변수가 여러 함수들에 중복되어 사용된다. 이런 경우 각 함수를 개별적으로 실현시킬 수도 있지만 두 개나 그 이상의 함수 사이에서 공통인 게이트들을 사용하면 더 경제적으로 실현할 수 있다. 다음 예는 이런 관계를 설명한다.

예를 들어, 다음의 함수를 실현하는 4개의 입력과 3개의 출력을 갖는 회로를 설계해보자.

$$F_1(A,B,C,D) = \Sigma m(11,12,13,14,15)$$
$$F_2(A,B,C,D) = \Sigma m(3,7,11,12,13,15) \quad (7\text{-}1)$$
$$F_3(A,B,C,D) = \Sigma m(3,7,12,13,14,15)$$

우선 각 함수를 개별적으로 구현해보자. 카르노 맵과 함수의 결과에 따른 논리 회로를 그림 7-1과 그림 7-2에 나타내었다. 이 회로는 9개의 게이트와 21개의 게이트 입력으로 구성되어 있다.

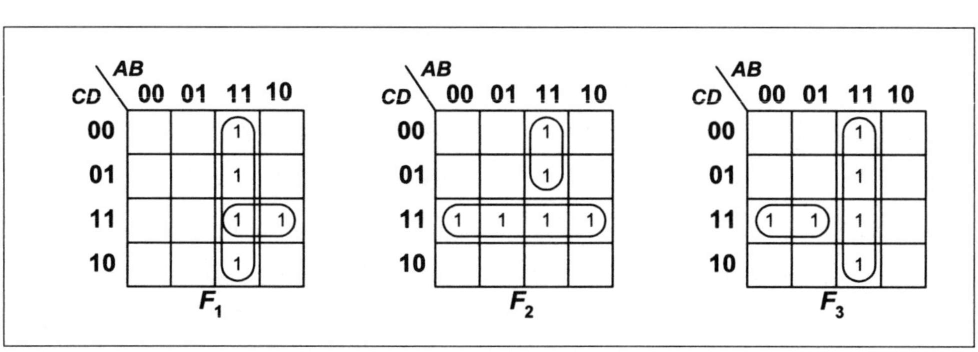

[그림 7-1] 식 (7-1)의 카르노 맵

그림 7-2의 회로에서 F_1과 F_3 두 함수에 각각 사용된 게이트 AB를 공통으로 사용하게 되면, 한 개의 게이트를 줄인 8개의 게이트와 19개의 게이트 입력으로 간략화할 수 있어 회로를 구성하는 가격을 낮출 수가 있다. 한편 함수 F1에 대해서는 ACD항이, 함수 F_3에 대해서는 $\overline{A}CD$항이 반드시 필요하다. 여기서 $\overline{A}CD+ACD$를 취하여 함수 F_2에서 사용된 CD를 대신한다면, CD는 불필요하게 되어 또 하나의 게이트를 줄일 수 있게 된다. 그림 7-3은 이렇게 하여 간략화시킨 회로망으로 전체 7개의 게이트와 18개의 게이트 입력이 필요하게 된다.

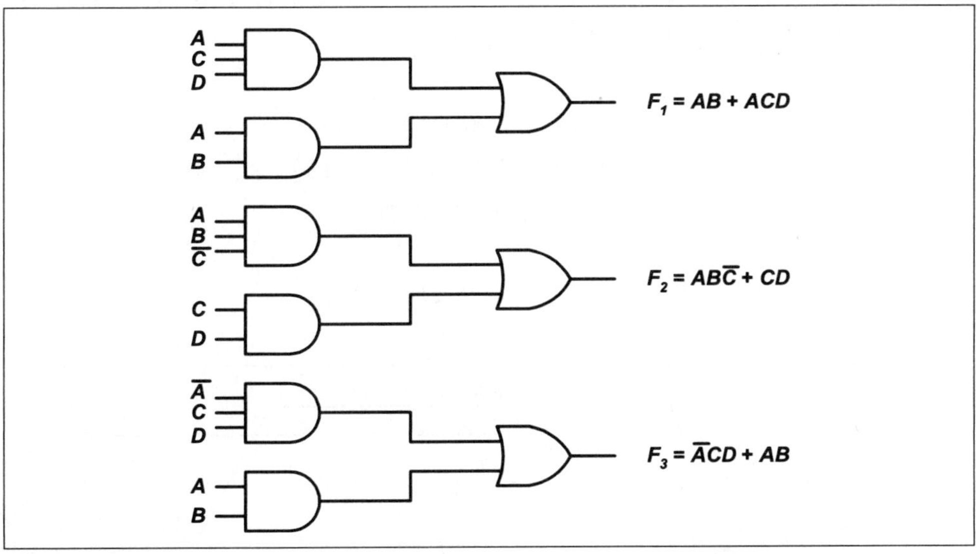

[그림 7-2] 식 (7-1)의 실현

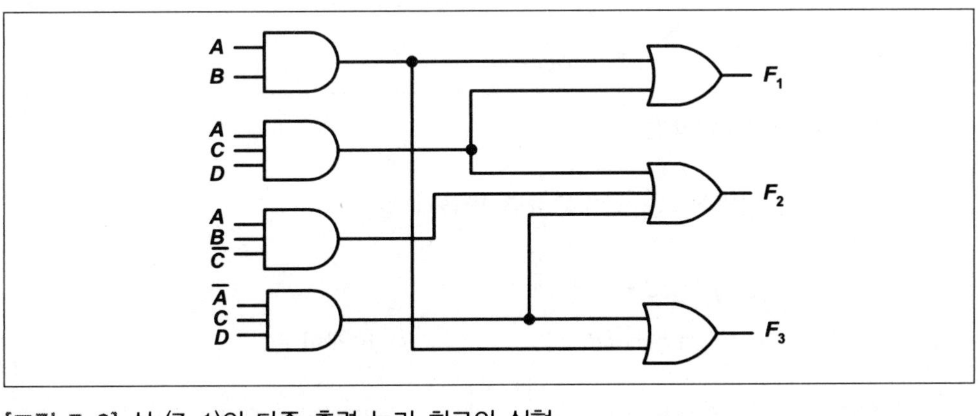

[그림 7-3] 식 (7-1)의 다중 출력 논리 회로의 실현

이 경우에 함수 F_2는 최소 곱의 합이 아닌 식 $AB\overline{C}+\overline{A}CD+ACD$에 의해 실현되고, 세 개의 항 중에서 두 개의 항은 함수 F_2의 주항이 아님을 주의하자. 따라서 다중 출력 논리 회로를 구현하는데 있어서 각 함수의 주항의 최소 합은 전체 다중 출력 회로의 비용을 낮추는 데 있어서는 필수 조건이 아니다.

다중 출력 논리 회로를 설계하고자 할 때는 먼저 소요되는 게이트들의 총 개수를 최소화하도록 시도해야 한다. 따라서 여러 해법들이 같은 수의 게이트를 필요로 한다면 게이트 입력의 수가 최소인 구현법으로 실현해야 한다. 다음의 예는 소요되는 게이트의 개수를 줄이기 위해 공통항을 사용하는 것에 관하여 설명하기 위해 다음의 4입력 3출력 논리 회로 설계를 고려해본다.

$$\begin{aligned} f_1 &= \sum m(2,3,5,7,8,9,10,11,13,15) \\ f_2 &= \sum m(2,3,5,6,7,10,11,14,15) \\ f_3 &= \sum m(6,7,8,9,13,14,15) \end{aligned} \qquad (7\text{–}2)$$

우선 f_1, f_2, f_3의 맵을 그림 7-4에 나타내었다.

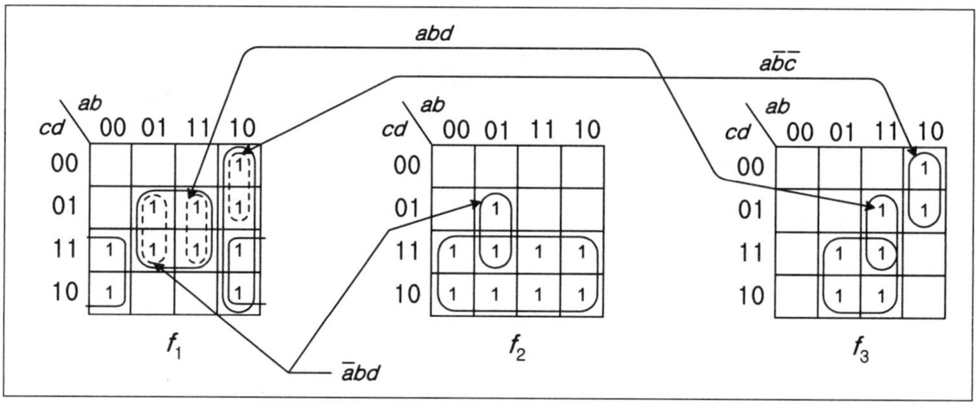

[그림 7-4] 식 (7-2)의 맵

각 함수를 개별적으로 간략화하면 다음과 같다.

$$\begin{aligned} f_1 &= bd+\overline{b}c+a\overline{b} \\ f_2 &= c+\overline{a}bd \qquad\qquad 10\text{게이트} \\ f_3 &= bc+a\overline{b}\,\overline{c}+\begin{bmatrix} abd \\ \text{or} \\ ac\overline{d} \end{bmatrix} \qquad 25\text{게이트 입력} \end{aligned} \qquad (7\text{–}2a)$$

맵을 살펴보면 f_2의 $\bar{a}bd$, f_3의 abd와 $a\bar{b}\bar{c}$가 f_1에서 사용될 수 있음을 알 수 있다. bd를 $\bar{a}bd+abd$로 대치하면 bd를 실현할 게이트가 제거된다. f_1의 m_{10}과 m_{11}이 이미 $\bar{b}c$에 묶여졌기 때문에 f_3의 $a\bar{b}\bar{c}$은 m_8과 m_9를 묶는 데 쓸 수 있고, 따라서 $a\bar{b}$를 실현하는 데 필요한 게이트는 제거될 수 있다. 결과적으로 최소 해법은 다음과 같다.

$$f_1 = \underline{\bar{a}bd} + \underline{abd} + \underline{a\bar{b}\bar{c}} + \bar{b}c$$

$$f_2 = c + \underline{\bar{a}bd} \qquad \text{8게이트}$$

$$f_3 = bc + \underline{a\bar{b}\bar{c}} + \underline{abd} \qquad \text{22게이트 입력} \tag{7-2b}$$

(두 함수 사이에 공통으로 사용되는 항은 밑줄로 표기하였다.)

다중 출력 회로를 설계할 때, 그림 7-5에 예시한 것과 같이 "1"과 그 주변 "1"을 서로 결합하지 않는 것이 때로는 좋을 경우가 있다.

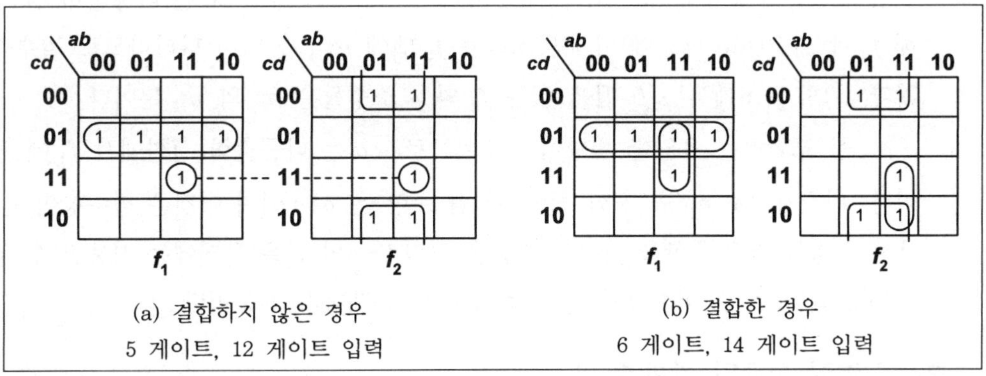

[그림 7-5]

다음의 예에서처럼 공통항을 무조건 최대로 한 해법도 항상 좋은 방법이 되진 못한다.

최소 2단 다중 출력을 실현하는 데 있어 첫 단계로 필수 주항을 결정하는 것이 바람직하다. 그렇지만 아주 주의를 요하는데 어떤 개별 함수의 주항들은 다중 출력의 실현에는 필수가 아닐 수 있기 때문이다. 예를 들어 그림 7-4를 보면 bd는 f_1의 필수 주항(m_5를 묶는 유일한 주항)이지만, 다중 출력 함수에서는 필수 주항이 아니다. bd가 필수가 아닌 이유는 f_2에도 m_5가 있기 때문이며 f_1과 f_2가 공통의 항으로 묶어질 수 있게 된다.

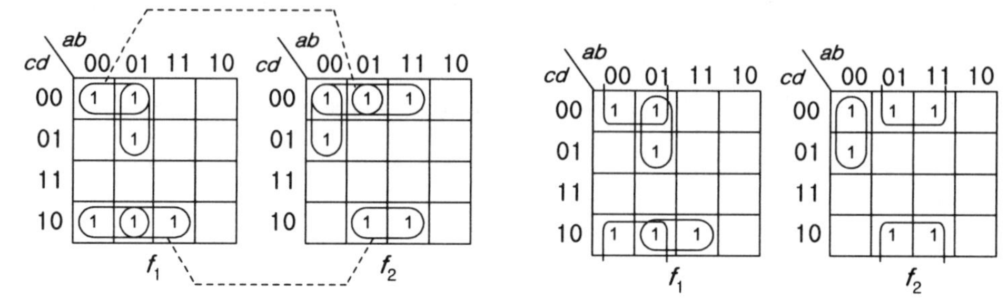

(a) 공통항을 최대로 할 경우
8 게이트, 26 게이트 입력

(b) 공통항을 갖지 않을 경우
7 게이트, 18 게이트 입력

[그림 7-6]

함수 중 한 개에 필수인 주항을 찾고 또한 단일 출력의 경우에 적용된 과정을 약간 수정함으로써 다중 출력 함수의 주항을 찾을 수 있다. 특히 한 주항에 포함되는지를 알아보기 위해 맵에서 각각의 “1”을 찾을 때 다른 함수 맵에 나타나지 않는 “1”들의 인접이 있는가에 대해서만 조사한다. 따라서 그림 7-5에는 $\bar{c}d$는 다중출력 실현에 대해 f_1에 필수(m_1 때문에)이지만 abd는 f_2 맵에 m_{15}가 역시 나타나므로 필수적이지 않다. 그림 7-6에서는 f_2 맵에 없는 f_1의 최소항들은 m_2와 m_5 뿐이다.

m_2를 포함하는 유일한 주항이 $\bar{a}\bar{d}$ 이므로 $\bar{a}\bar{d}$는 다중출력 실현에서 f_1에 필수적이다. 마찬가지로 m_5를 포함하는 유일한 주항 은 $\bar{a}b\bar{c}$ 이며 이것은 필수항이다. 이상에서 설명한 필수 주항을 찾는 기법들은 그림 7-4와 같은 문제에는 적용할 수 없는데 이유는 f_1의 모든 최소항이 f_2나 f_3 맵에도 존재하기 때문이다.

■ 코드변환 회로의 설계 ■

때로는 임의의 코드 체계를 다른 코드 체계로 변환할 필요가 종종 있다. 다음은 8-4-2-1 BCD 코드를 3 초과(Excess-3) 코드로 변환하는 논리 회로 설계에 대한 예이다. 이 논리 회로는 4-입력과 4-출력을 갖게 된다. 입력 변수 $abcd$는 BCD 코드에서 10가지의 입력 조건 중 하나를 나타내며 출력 $wxyz$는 3 초과 코드에서 10개의 출력값 중 하나를 나타낸다. 그림 7-7에 있는 표는 논리 회로로 실현될 4개의 함수를 규정한 진리표이다.

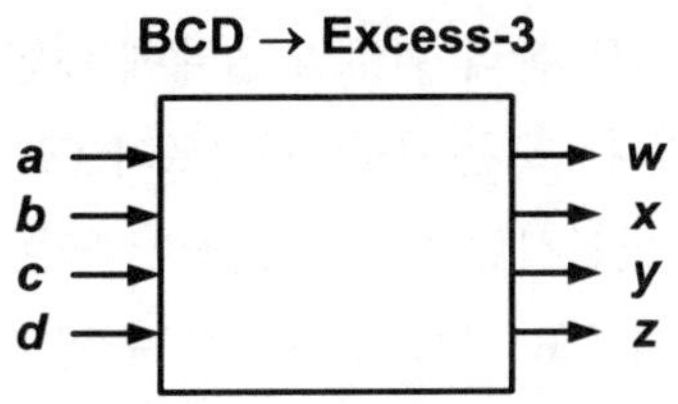

a	b	c	d	w	x	y	z
0	0	0	0	0	0	1	1
0	0	0	1	0	1	0	0
0	0	1	0	0	1	0	1
0	0	1	1	0	1	1	0
0	1	0	0	0	1	1	1
0	1	0	1	1	0	0	0
0	1	1	0	1	0	0	1
0	1	1	1	1	0	1	0
1	0	0	0	1	0	1	1
1	0	0	1	1	1	0	0

[그림 7-7] 코드 변환 논리 회로망

10진수와 일치하지 않는 입력 조합은 결코 입력되지 않는다고 가정하면 이들 입력 조합에 대해 w, x, y, z 는 돈 캐어 상태를 갖는다. 이에 대한 카르노 맵은 그림 7-8에 나타내었다.

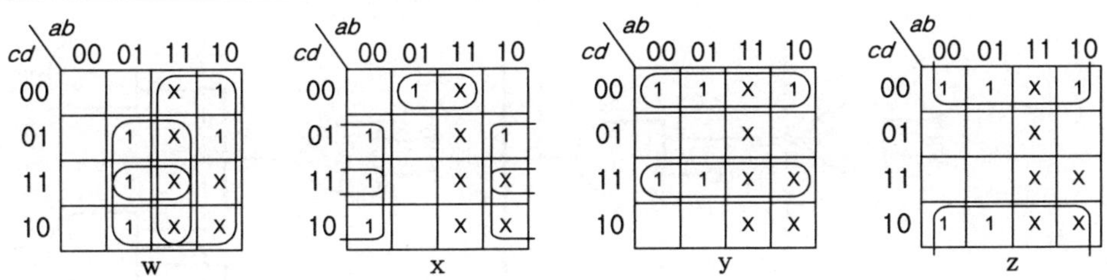

[그림 7-8] BCD to Excess-3 코드 변환기의 카르노 맵

z 에 대한 최소 해는 $\bar{d}$ 가 된다. w, x, y 맵 사이에 공통이 되는 항을 찾아보면 공통항의 사용이 논리 회로를 간략화하는데 도움이 되지 못함을 알 수 있다. 따라서 최소 2단 AND-OR 해(10게이트)는 다음과 같다.

$$w = a + bc + bd, \quad x = b\bar{c}\bar{d} + \bar{b}d + \bar{b}c, \quad y = \bar{c}\bar{d} + cd, \quad z = \bar{d}$$

x 와 w 를 다음과 같이 공통항 $c+d$ 를 얻기 위해 인수화하면 9개의 게이트를 갖는 3단 표현식이 얻어질 수 있다.

$$w = a + b\underline{(c+d)} \qquad x = b\bar{c}\bar{d} + \bar{b}\underline{(c+d)}$$

7-3 다중 출력 NAND와 NOR 회로

단일 출력 다단 NAND 게이트와 NOR 게이트 논리 회로의 설계에 대한 6-5절의 내용은 다중 출력 논리 회로에도 적용할 수 있다. 모든 출력 게이트가 OR 게이트로 되어 있으면 NAND 게이트 논리 회로로 바로 변환시킬 수 있다. 또한 모든 출력 게이트가 AND로 되어 있으면 NOR 게이트 논리 회로로 바로 변환시킬 수 있게 된다. 그림 7-9에는 2출력 논리 회로를 NOR 게이트들로 변환하는 예를 보이고 있다. 여기서 첫 번째 단과 세 번째 단의 NOR 게이트 입력 변수는 역으로 됨에 유의하자.

$$F_1 = [(a+\overline{b})c+d](\overline{e}+f) \qquad F_2 = [(a+\overline{b})c+\overline{g}](\overline{e}+f)h$$

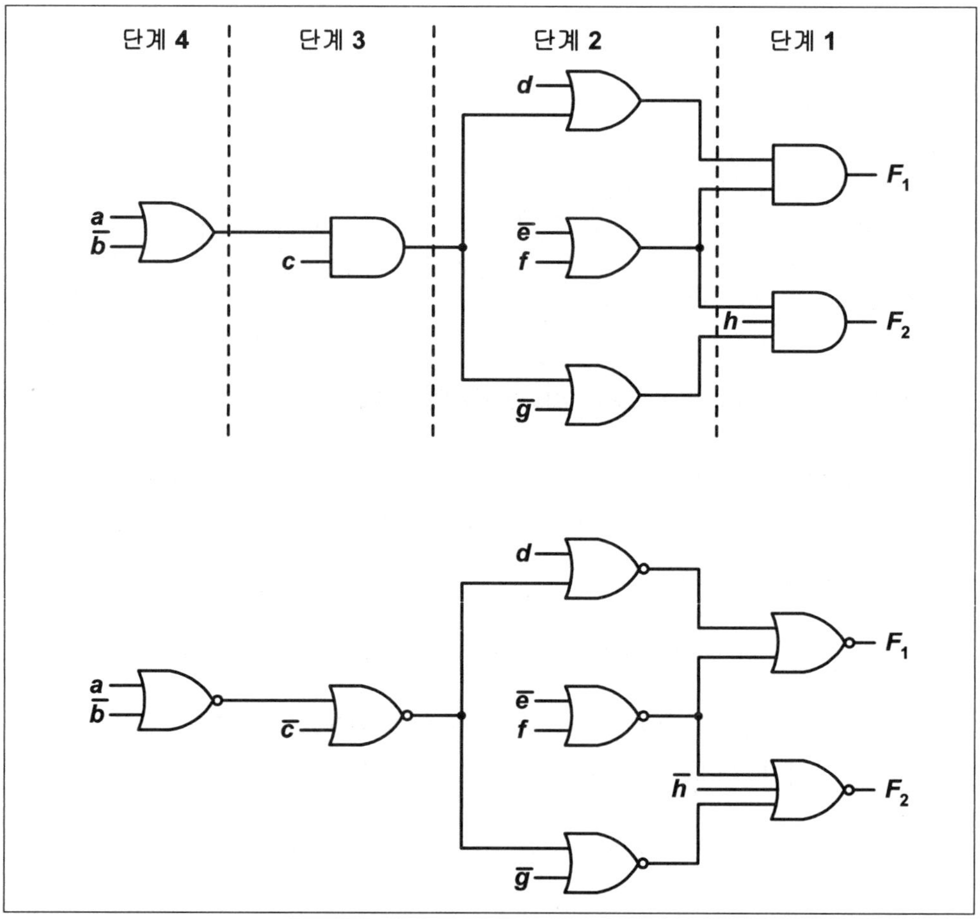

[그림 7-9] 다단 회로망을 NOR 게이트로 변환

7-4 멀티플렉서(Multiplexer)

멀티플렉서(혹은 데이터 선택기)는 2^n 개의 입력 신호선 중에서 하나를 선택하여 출력선으로 전달하여 주는 회로이며 데이터 입력 그룹과 제어 입력 그룹을 갖는다. 제어 입력은 입력 데이터들 중에 하나를 선택하는데 쓰이고, 선택된 입력이 출력 단자에 연결된다. 그림 7-10은 4 : 1 멀티플렉서, 8 : 1 멀티플렉서 그리고 2^n : 1 멀티플렉서의 블록도를 나타낸다.

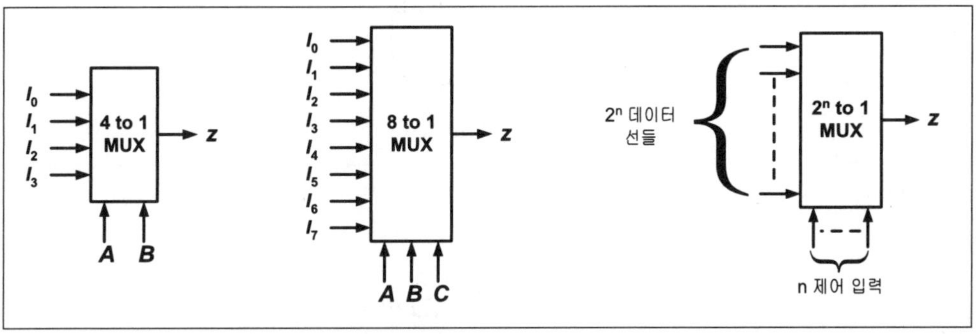

[그림 7-10] 여러 가지 멀티플렉서

4 : 1 멀티플렉서(생략해서 MUX)는 다음 식으로 설명된다.

$$Z = \overline{A}\,\overline{B}I_0 + \overline{A}BI_1 + A\overline{B}I_2 + ABI_3 \tag{7-3}$$

제어 입력 AB가 "00"이면 출력은 I_0 이고, 제어 입력이 "01, 10, 11"이면 각각 출력은 I_1, I_2, I_3 가 된다. 또한 8 : 1 MUX는 다음 식으로 설명된다.

$$\begin{aligned} Z = {} & \overline{A}\,\overline{B}\,\overline{C}I_0 + \overline{A}\,\overline{B}CI_1 + \overline{A}B\overline{C}I_2 + \overline{A}BCI_3 \\ & + A\overline{B}\,\overline{C}I_4 + A\overline{B}CI_5 + AB\overline{C}I_6 + ABCI_7 \end{aligned} \tag{7-4}$$

제어 입력 ABC가 "011"일 때, 출력은 I_3 이 되며, 다른 출력 관계들도 이와 같은 방법으로 나타낼 수 있다. 그림 7-11에는 8 : 1 MUX의 내부 구조를 보여주고 있다.

보통 n 개 제어 입력을 갖는 멀티플렉서는 2^n 개의 데이터 입력 중 어느 하나를 선택하는데 사용된다. n 개 제어 입력과 2^n 개의 데이터 입력을 갖는 MUX 출력 방정식은 다음과 같다.

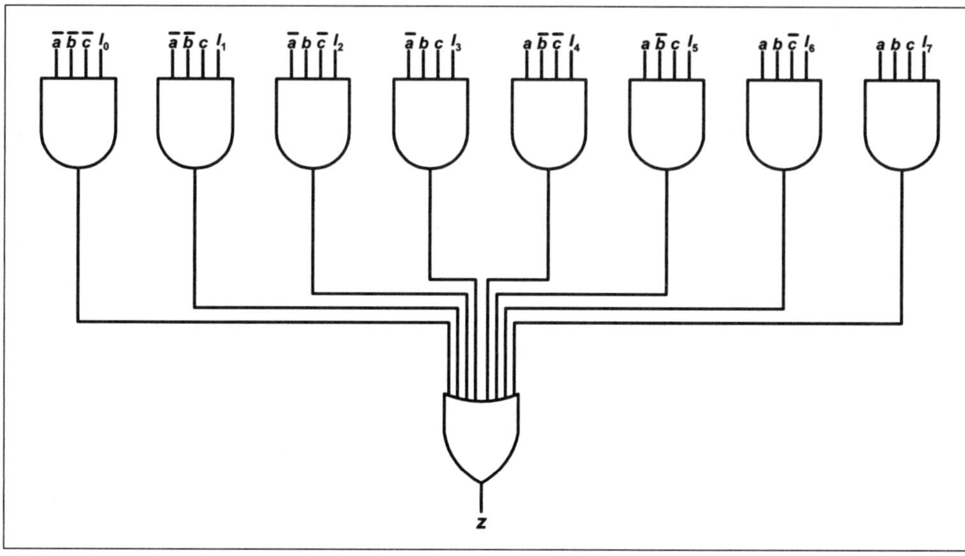

[그림 7-11] 8 : 1 MUX의 논리도

$$Z = \sum_{k=0}^{2^n-1} m_k I_k$$

여기서 m_k는 n개의 제어 변수 중 하나의 최소항이고, I_k는 어느 하나의 데이터 입력을 나타낸다.

멀티플렉서는 디지털 시스템 설계시에 저장될 데이터를 선택하는데 보통 사용한다. 그림 7-12는 네 개(Quadruple)의 2 : 1 MUX로 두 4비트 데이터 워드 중에 하나를 선택하는데 사용되어지는 방법을 나타내고 있다.

제어 입력이 $A=0$이면, x_0, x_1, x_2, x_3의 값이 출력 z_0, z_1, z_2, z_3에 나타나고, $A=1$이면 y_0, y_1, y_2, y_3의 값이 출력에 나오게 된다.

또한 멀티플렉서는 조합 논리 회로를 구현하는 데도 사용된다. 4 : 1 MUX는 어떤 논리 게이트의 추가 없이 3-변수 함수를 실현하는데 쓸 수 있다.

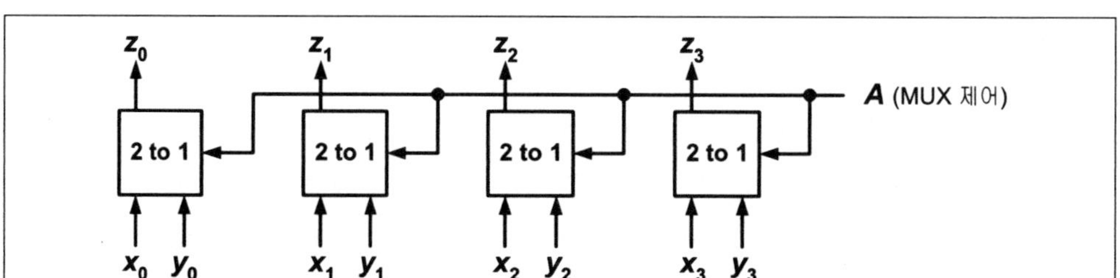

[그림 7-12] 데이터 선택에 적용된 네 개의 멀티플렉서

예를 들어

$$F(A,B,C) = \overline{A}\,\overline{B} + AC \qquad (7-5)$$

를 실현해 보자. 모든 항에 두 제어 입력 A와 B를 포함하도록 F를 전개하면 다음과 같다.

$$F = \overline{A}\,\overline{B} + AC(B+\overline{B}) = \overline{A}\,\overline{B}\cdot 1 + A\overline{B}\cdot C + AB\cdot C \qquad (7-6)$$

식 (7-3)과 식 (7-6)을 비교하면, $I_0 = 1$, $I_1 = 0$, $I_2 = C$, $I_3 = C$로 할 때 두 식이 동일함을 알 수 있다. 따라서 식 (7-5)는 그림 7-13과 같이 실현된다.

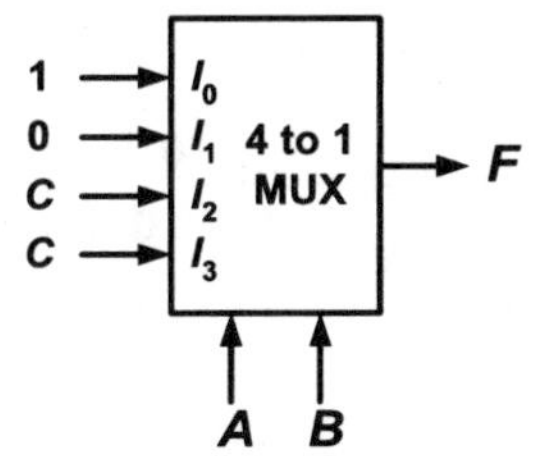

[그림 7-13] 식 (7-5)의 실현

하나의 8 : 1 MUX로 4-변수 함수를 별도의 게이트 추가 없이 실현할 수 있다. 네 개의 변수 중 세 개는 MUX의 제어 입력으로 사용되고, 나머지 한 개의 변수는 데이터 입력에 사용된다. 예를 들어 그림 7-14(a)의 카르노 맵에 나타난 4-변수 함수 Z를 설계해보자. 먼저 A, B, C 변수를 제어 입력으로 선택한 후, 식 (7-4)에 적용하여 I_k들을 결정한다. 식 (7-4)에서 $ABC = 000$ 으로 선택하면 $Z = I_0$ 가 되고, $ABC = 001$로 선택하면 $Z = I_1$ 등이 된다. 카르노 맵 상에서 이런 방법을 실행하는 것은 I_0, I_1 등에 일치하는 곳을 블록화하는 것과 같다. 따라서 ABC의 변수 값을 000으로 결정하면 4-변수 맵이 1-변수 맵으로 축소되어 그림 7-14에서 I_0로 명시된다. 마찬가지로 $ABC = 001$ 로 두면 맵의 $AB = 00$ 열과 $C = 1$인 행이 선택되어 I_1로 분류된 1-변수 맵이 주어진다. 각각의 경우에 대해 A, B, C 값을 지정하면, 각 1-변수 맵은 D 변수의 항으로 I_k의 값을 결정하게 된다. 맵의 I_0 영역에서 D 값이 0과 1 모두에 대해 1이므로 $I_0 = 1$ 이 되고, I_1 영역에서는 D 값이 1인 영역에서만 1이므로 $I_1 = D$가 된다. I_k의 다른 값들도 위와 같은 방법으로 다음과 같이 결정할 수 있다.

$ABC = 000 \quad Z = I_0 = 1 \quad ABC = 100 \quad Z = I_4 = \overline{D}$

$ABC = 001 \quad Z = I_1 = D \quad ABC = 101 \quad Z = I_5 = D$

$ABC = 010 \quad Z = I_2 = 0 \quad ABC = 110 \quad Z = I_6 = \overline{D}$

$ABC = 011 \quad Z = I_3 = 1 \quad ABC = 111 \quad Z = I_7 = \overline{D}$

그림 7-14(c)는 8 : 1 MUX를 사용하여 Z를 최종 실현한 결과를 나타낸다.

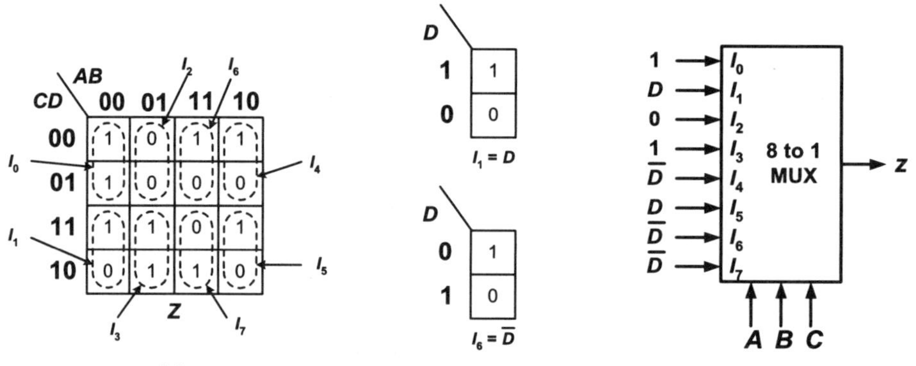

(a) (b) (c)

[그림 7-14] 4-입력 함수의 MUX 실현

멀티플렉서에 대해 제어 입력을 달리 선택하면 그에 따라 맵의 블록 영역 위치도 바뀌게 된다. 그림 7-15는 제어 입력을 A, B, D로 선택했을 경우에 대한 멀티플렉서와 구획을 보여준다. $ABD = 000$으로 지정하면 I_0 영역이 되고, C 값이 0인 영역에서 1이 되므로 $I_0 = \overline{C}$가 됨을 알 수 있다.

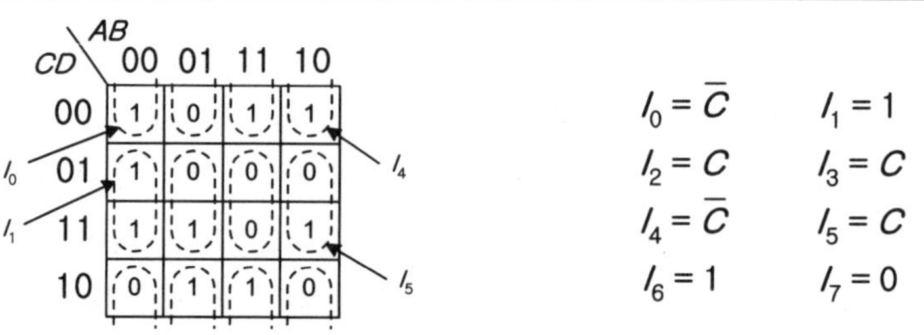

[그림 7-15] 제어 입력에 A, B, D 변수를 배치한 MUX 맵

그림 7-14(a)에 나타난 함수는 그림 7-16처럼 게이트를 추가한 4 : 1 MUX로 실현할 수 있다. 제어 입력을 AB로 보면 식 (7-3)을 적용하여 다음과 같이 풀이할 수 있다. $AB = 00, 01, 10, 11$, 출력 $Z = I_0,\ I_1,\ I_2,\ I_3$으로 표시하였다. 각 영역의 구획은 C와 D 변수의 값으로 I_k를 표현하는 2변수 맵이 된다.

따라서 $I_0 = \overline{C} + D$, $I_1 = C$, $I_2 = \overline{C}\,\overline{D} + CD = \overline{C} \oplus D$, 그리고 $I_3 = \overline{D}$가 되어 그림 7-16(b)처럼 구현된다.

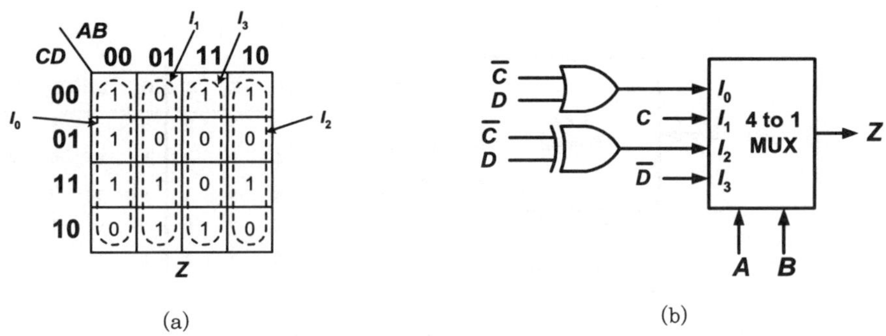

[그림 7-16] MUX에 게이트를 추가하여 함수를 실현

디지털 시스템에서 데이터 선택의 우선 적용 외에도 조합 논리 회로를 구현하기 위해 멀티플렉서를 어떻게 쓸 것인가에 대해 알아보았다. 멀티플렉서는 다음 구조로 IC 패키지에 쉽게 이용할 수 있다. 네 개의 2 : 1, 두 개의 4 : 1, 8 : 1, 16 : 1 등등 이미 알고 있는 바와 같이 4 : 1과 8 : 1 멀티플렉서는 3-변수와 4-변수 함수를 각각 실현하는 데 쓸 수 있다. 마찬가지로 4개의 제어 입력을 갖는 16 : 1 MUX는 별도의 게이트를 추가할 필요 없이 임의의 5-변수 함수를 실현하는데 사용될 수 있다.

요 약

- n개의 제어 입력을 갖는 MUX는 2^n개의 입력 데이터 중 하나를 선택할 수 있다.
- MUX는 데이터 선택기로 주로 사용되지만 조합회로의 함수 구현에도 사용된다. 즉, 4 : 1 MUX는 3변수 함수, 8 : 1 MUX는 4변수 함수를 직접 구현할 수 있다.

7-5 디멀티플렉서(Demultiplexer)

디멀티플렉서는 1개의 입력 신호를 2^n 개의 출력선 중에서 어느 하나를 선택하여 연결하여 주는 회로이다. 입출력 단자 이외에 입력에 연결할 출력선을 선택하는 선택(Select) 단자가 있다. 선택선이 n 비트이면 2^n 개의 출력 중에서 하나를 선택하여 연결하며 1 : 2^n 또는 1×2^n DEMUX라고 표시한다. 그림 7-17은 1 : 4 디멀티플렉서의 블록도와 진리표, 회로도를 나타낸다.

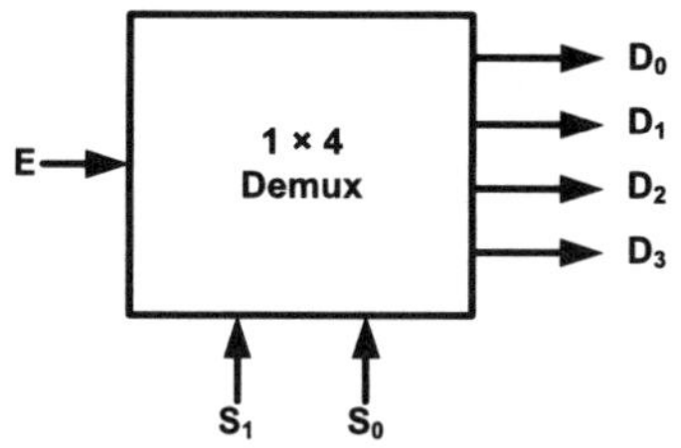

E	S_1	S_0	D_0	D_1	D_2	D_3
1	X	X	1	1	1	1
0	0	0	1	0	0	0
0	0	1	0	1	0	0
0	1	0	0	0	1	0
0	1	1	0	0	0	1

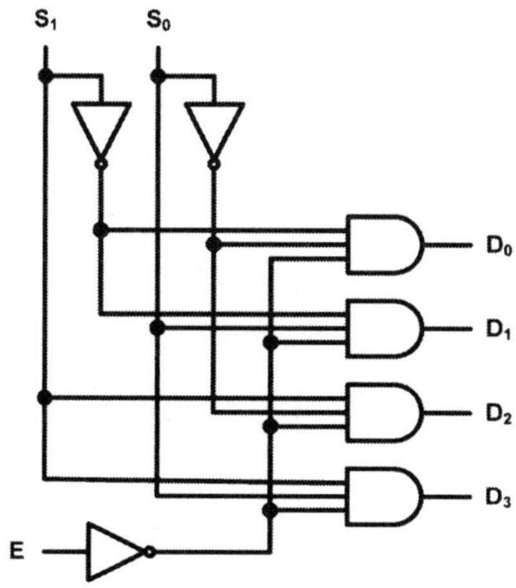

[그림 7-17] 디멀티플렉서

7-6 디코더(Decoder)

디코더는 n 비트의 부호화(Coded)된 2진 정보를 최대 2^n 개의 출력으로 변환하는 조합논리회로이다. 그림 7-18은 3 : 8 라인 디코더의 블록도와 진리표를 나타낸다.

이 디코더는 세 개의 입력 변수에 따른 모든 최소항을 발생한다. 출력선 중 어느 하나는 입력 변수의 각 조합에 대해 정확히 1이 된다.

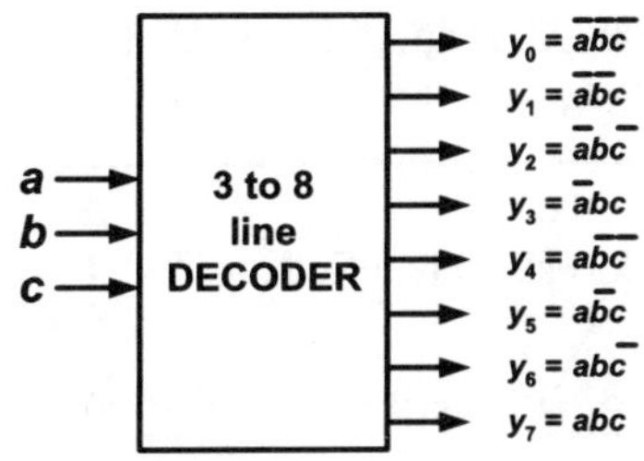

a	b	c	y_0	y_1	y_2	y_3	y_4	y_5	y_6	y_7
0	0	0	1	0	0	0	0	0	0	0
0	0	1	0	1	0	0	0	0	0	0
0	1	0	0	0	1	0	0	0	0	0
0	1	1	0	0	0	1	0	0	0	0
1	0	0	0	0	0	0	1	0	0	0
1	0	1	0	0	0	0	0	1	0	0
1	1	0	0	0	0	0	0	0	1	0
1	1	1	0	0	0	0	0	0	0	1

[그림 7-18] 3 : 8 디코더

그림 7-19는 4 : 10 라인 디코더를 나타낸다. 이 디코더는 반전된(작은 원으로 표시된) 출력을 갖고 있다. 입력값의 각 조합에 대해 출력 라인 중에 하나는 정확히 0으로 반응된다. BCD(2진화 10진수) 코드가 이 디코더의 입력 신호로 적용되면 출력 중의 어느 한 라인만이 0으로 되어, 10진수에 대응되는 값을 나타내게 된다. **일반적으로 n : 2^n 라인 디코더는 n 개 입력 변수에 대해 2^n 개의 최소항(혹은 최대항)을 발생시킨다.** 디코더의 출력은 다음 식에 의해 규정된다.

$$y_i = m_i, \ i = 0 \text{ 에서 } 2^n - 1 \text{ 까지(반전 안 된 출력)} \quad (7\text{–}7)$$

혹은

$$y_i = \overline{m_i} = M_i, \ i = 0 \text{ 에서 } 2^n - 1 \text{ 까지(반전된 출력)} \quad (7\text{–}8)$$

여기서 m_i 는 n 개의 입력 변수에 대응되는 최소항을 의미하고, M_i 는 최대항을 의미한다.

n 입력 디코더는 n 개의 입력 변수에 대해 모든 최소항들을 발생하기 때문에 n 변수 함수들은 하나의 디코더로부터 나온 선택된 최소항 출력들과 함께 OR하면 실현시킬 수 있다. 디코더 출력이 반전된다면 다음 예에서 설명된 것 같이 NAND 게이트는 그 함수를 생성하는 데 사용할 수 있다.

$$f_1(a,b,c,d) = m_1 + m_2 + m_4 \text{ 그리고, } f_2(a,b,c,d) = m_4 + m_7 + m_9$$

위 함수를 그림 7-19의 디코더를 사용하여 실현해보자. f_1 과 f_2 를 다시 쓰면 다음과 같다.

$$f_1 = \overline{(\overline{m_1}\,\overline{m_2}\,\overline{m_4})}, \quad f_2 = \overline{(\overline{m_4}\,\overline{m_7}\,\overline{m_9})}$$

그런 다음 그림 7-20에서처럼 NAND 게이트를 이용하여 f_1 과 f_2 를 생성시킬 수 있다.

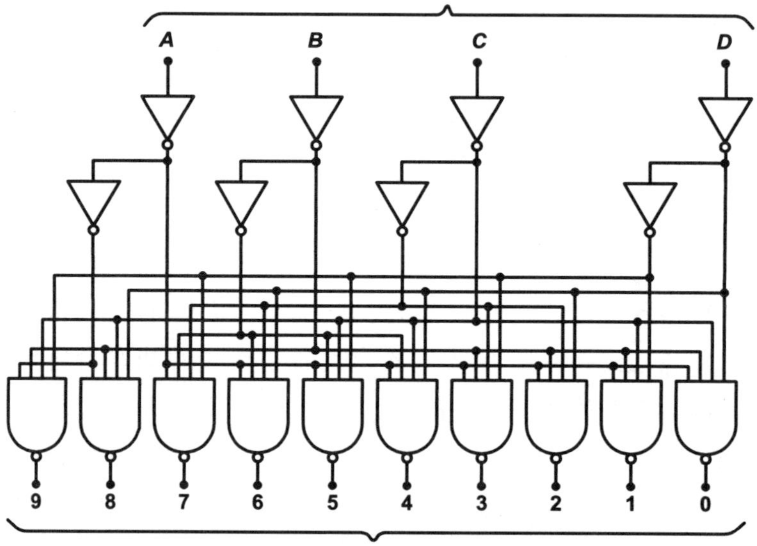

(a) 논리도

BCD TO DECIMAL DECODER

4 × 10

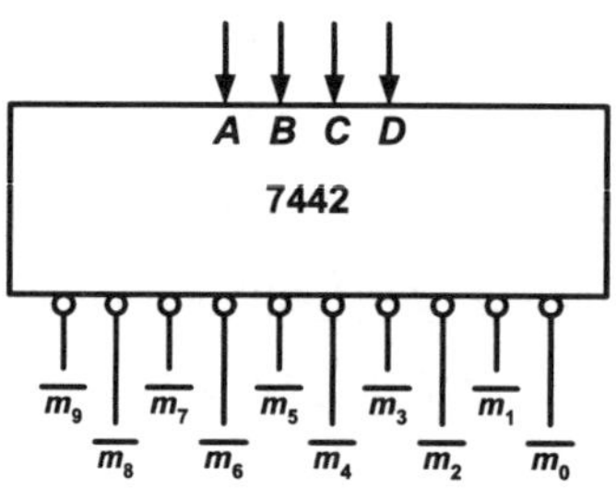

(b) 블록도

BCD input				Decimal output									
a	*b*	*c*	*d*	0	1	2	3	4	5	6	7	8	9
0	0	0	0	0	1	1	1	1	1	1	1	1	1
0	0	0	1	1	0	1	1	1	1	1	1	1	1
0	0	1	0	1	1	0	1	1	1	1	1	1	1
0	0	1	1	1	1	1	0	1	1	1	1	1	1
0	1	0	0	1	1	1	1	0	1	1	1	1	1
0	1	0	1	1	1	1	1	1	0	1	1	1	1
0	1	1	0	1	1	1	1	1	1	0	1	1	1
0	1	1	1	1	1	1	1	1	1	1	0	1	1
1	0	0	0	1	1	1	1	1	1	1	1	0	1
1	0	0	1	1	1	1	1	1	1	1	1	1	0
1	0	1	0	1	1	1	1	1	1	1	1	1	1
1	0	1	1	1	1	1	1	1	1	1	1	1	1
1	1	0	0	1	1	1	1	1	1	1	1	1	1
1	1	0	1	1	1	1	1	1	1	1	1	1	1
1	1	1	0	1	1	1	1	1	1	1	1	1	1
1	1	1	1	1	1	1	1	1	1	1	1	1	1

(c) 진리표

[그림 7-19] 4 : 10 디코더

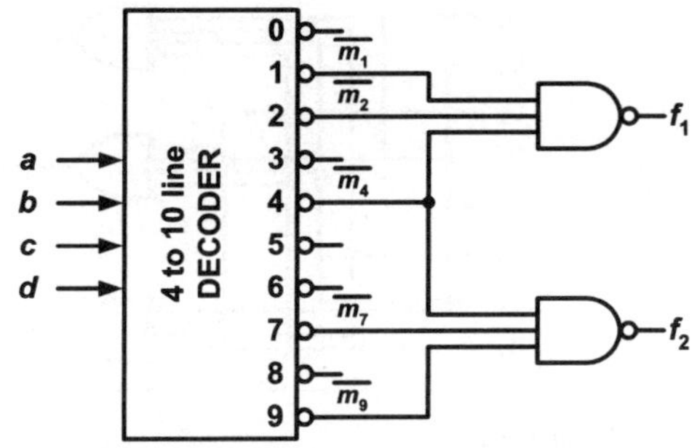

[그림 7-20] 디코더를 사용한 다중 출력 논리 회로의 실현

7-7 인코더(Encoder)

인코더는 디코더의 반대 기능을 가진 조합회로로서 부호화되지 않은 입력을 받아서 부호화된 출력으로 내보내며 2^n 개 또는 그 이하의 입력으로부터 n 개의 2진 코드를 출력한다. 예를 들어 8진수를 2진수로 변환해 주는 인코더는 8개의 입력선과 그에 대응되는 2진수 출력선 3개가 있어야 한다. 또한 10진수를 2진수로 변환하는 인코더는 입력선 10개와 2진수 출력선 4개가 필요하다. 그림 7-21은 8 : 3 라인 인코더의 블록도와 진리표를 나타내며 입력 조건 중 나머지 조건은 임의항(Don't care term)으로 처리된다.

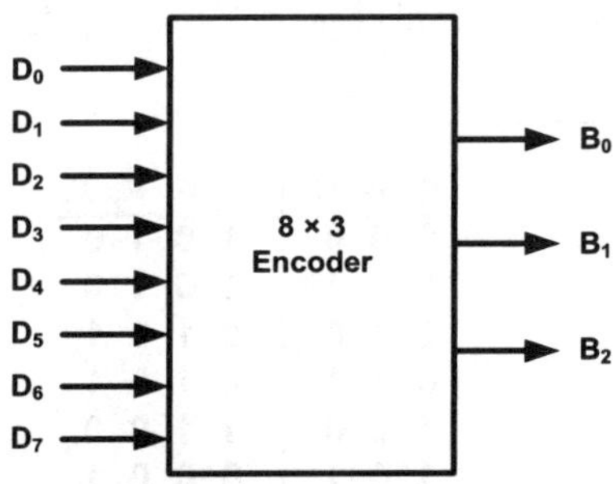

입 력 (8진수)								출 력 (2진수)		
D_0	D_1	D_2	D_3	D_4	D_5	D_6	D_7	B_2	B_1	B_0
1	0	0	0	0	0	0	0	0	0	0
0	1	0	0	0	0	0	0	0	0	1
0	0	1	0	0	0	0	0	0	1	0
0	0	0	1	0	0	0	0	0	1	1
0	0	0	0	1	0	0	0	1	0	0
0	0	0	0	0	1	0	0	1	0	1
0	0	0	0	0	0	1	0	1	1	0
0	0	0	0	0	0	0	1	1	1	1

[그림 7-21] 8 : 3 인코더

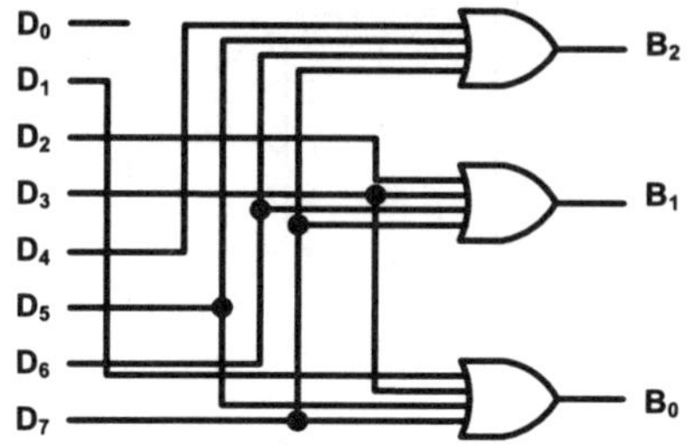

[그림 7-21] 8 : 3 인코더(계속)

7-8 ROM(Read Only Memory)

ROM은 반도체 부품(다이오드, 트랜지스터, 또는 FET)의 배열로 이루어진 LSI 회로이며 2진 데이터를 저장할 수 있는 내부 구조를 갖고 있다. 따라서 2진 데이터가 ROM에 한 번 저장되면 CPU에서 언제든지 읽어 낼 수 있으며, 정상적인 동작 하에서는 저장된 데이터가 변경되지 아니 한다. 그림 7-22(a)는 3개의 입력과 4개의 출력 라인을 갖는 ROM을 나타낸 것이다. 그림 7-22(b)는 이 ROM의 입력과 출력에 연관된 전형적인 진리표이다. 3개의 입력 라인의 조합들에 대하여 "0"과 "1"로 대응된 값이 ROM의 출력으로 나온다.

예를 들면 조합 $ABC = 010$ 이 입력 라인에 인가되면 출력에는 $F_0F_1F_2F_3 = 0111$ 이 나타난다. ROM에 저장된 각각의 출력 형태를 워드(Word)라 한다.

ROM의 입력 단자가 3개이므로 입력값의 조합은 $2^3 = 8$ 개의 서로 다른 값을 갖는다. 각각의 입력 조합은 메모리에 저장된 8개의 워드 중의 하나를 지정하는 주소가 된다.

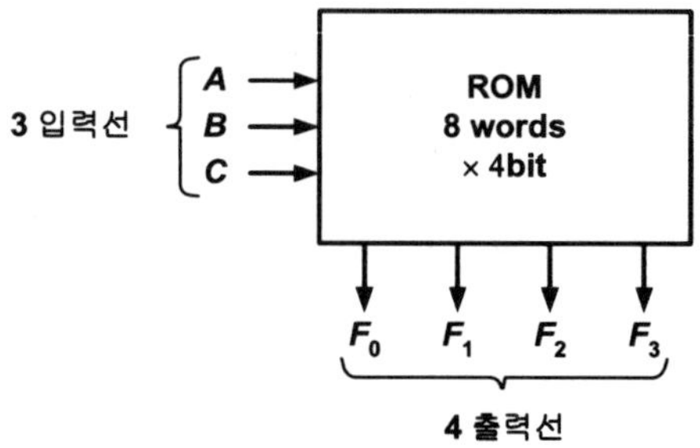

(a) 블록도

A	B	C	F_0	F_1	F_2	F_3
0	0	0	1	0	1	0
0	0	1	1	0	1	0
0	1	0	0	1	1	1
0	1	1	0	1	0	1
1	0	0	1	1	0	0
1	0	1	0	0	0	1
1	1	0	1	1	1	1
1	1	1	0	1	0	1

(b) ROM 진리표

[그림 7-22] 8워드×4비트 ROM

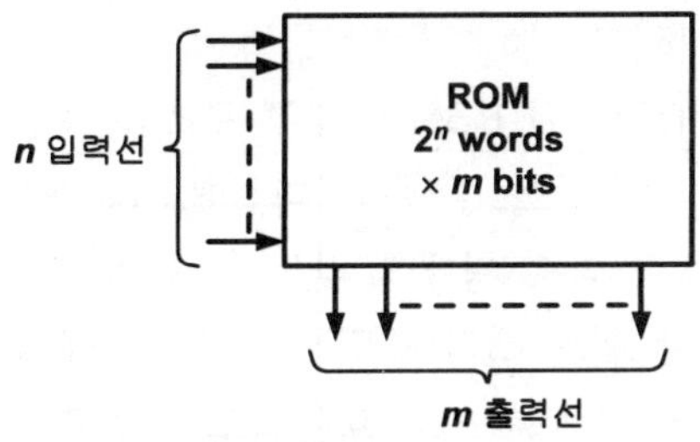

n 입력변수	m 출력변수
00 ⋯ 00	100 ⋯ 110
00 ⋯ 01	010 ⋯ 111
00 ⋯ 10	101 ⋯ 101
00 ⋯ 11	110 ⋯ 010
⋮	⋮
11 ⋯ 00	001 ⋯ 011
11 ⋯ 01	110 ⋯ 110
11 ⋯ 10	011 ⋯ 000
11 ⋯ 11	111 ⋯ 101

[그림 7-23] n개의 입력과 m개의 출력을 갖는 ROM

4개의 출력 단자를 갖고 있으므로 각 워드는 4비트의 데이터 크기를 갖으며, 이 ROM의 크기는 8워드×4비트 = 32비트이다.

그림 7-23에 나타낸 n개의 입력 라인과 m개의 출력 라인을 갖는 ROM은 2^n개의 워드 배열을 갖는다. 그리고 각 워드의 길이는 m비트이다. ROM에 입력 조합이 가해지면 대응하는 메모리 내부의 워드가 "0"과 "1"의 형태로 출력 단자에 나타난다.

그림 7-23의 예에서 만일 00⋯11이 ROM의 입력(주소라인)에 가해지면 해당하는 주소에 저장된 워드 110⋯010이 선택되어 출력 라인에 전송된다. 하나의 $2^n \times m$ ROM은 2^n 행과 m 열을 갖는 데이터를 저장할 수 있으므로, n개의 변수를 갖는 m개의 함수를 실현할 수 있다. 상업적으로 이용되는 ROM의 일반적인 크기는 32워드×4비트에서부터 8192×8비트 크기이다.

ROM은 그림 7-24에서 보이는 것처럼 기본적으로 디코더와 메모리 배열(OR 구조)로 이루어져 있다. n개의 "0"과 "1"의 형태가 디코더의 입력에 적용되면 정확하게 2^n 디코더 출력 중의 하나가 "1"이 된다. 이 디코더의 출력 라인은 메모리 배열 중에서

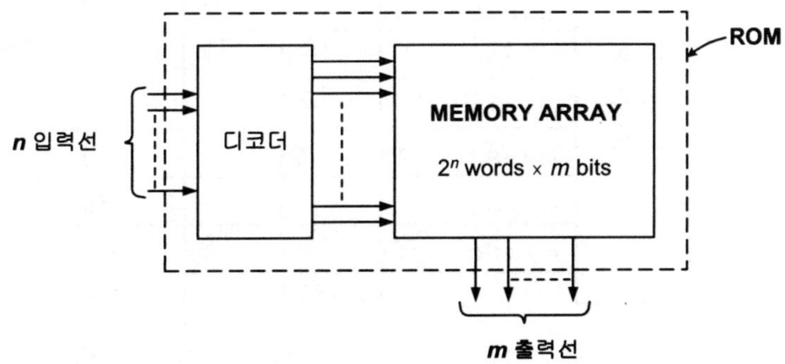

[그림 7-24] ROM의 기본 구조

한 개의 워드를 선택하게 되고, 이 워드에 저장된 비트 패턴이 메모리의 출력 라인으로 전송된다.

그림 7-25는 그림 7-22의 8워드×4비트로 된 ROM의 내부 구조를 표현한 것이다. 디코더는 3개의 입력 변수로부터 8개의 최소항을 발생시킨다. 메모리 배열은 선택된 최소항과 함께 OR 구조에 의해 4개의 출력 함수 형태를 갖는다. 만일 대응되는 최소항이 출력 함수에 포함된다면 논리 소자는 워드 선과 출력선의 교차점에 위치하게 된다. 그렇지 않으면 논리 소자는 생략된다. 이런 식으로 효율적으로 메모리 배열에 연결된 논리 소자들은 각각의 출력 함수에 대해 OR 게이트를 형성한다. 예를 들면 m_0, m_1, m_4와 m_6는 F_0를 형성하기 위해서, 그리고 출력 라인 F_1에 연결된 최소항들은 출력 F_1을 형성하기 위해 함께 OR되어 있다. 따라서 그림 7-25에 보인 ROM은 그림 7-22(b)의 진리표로부터 얻어진 다음과 같은 출력 함수를 발생시킨다.

$$
\begin{aligned}
F_0 &= m(0,1,4,6) = \overline{A}\,\overline{B} + A\overline{C} \\
F_1 &= m(2,3,4,6,7) = B + A\overline{C} \\
F_2 &= m(0,1,2,6) = \overline{A}\,\overline{B} + B\overline{C} \\
F_3 &= m(2,3,5,6,7) = AC + B
\end{aligned}
\qquad (7\text{-}9)
$$

ROM의 내용은 보통 진리표에 의해서 규정된다. 그림 7-22(b)의 진리표는 그림 7-25의 ROM을 규정하고 있다. 진리표의 출력 부분에 있는 "1" 또는 "0"은 ROM의 메모리 배열에서 논리 소자가 존재하거나 없는 것에 일치됨을 알 수 있다.

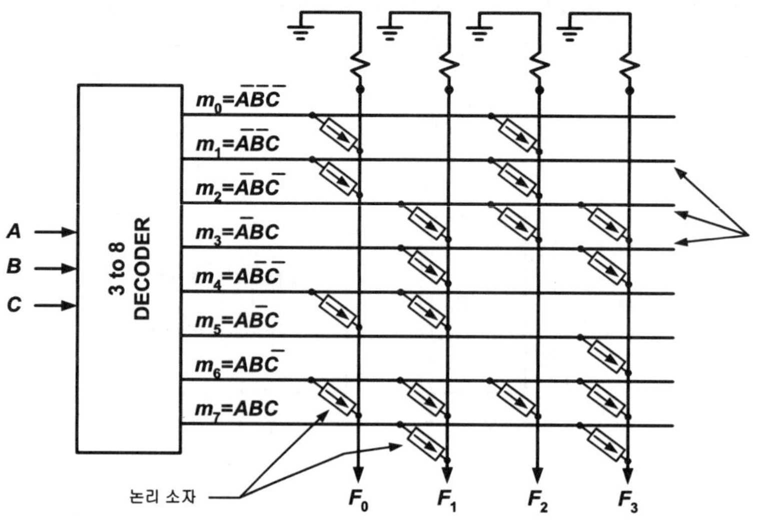

[그림 7-25] 8워드×4비트 ROM의 내부 구조

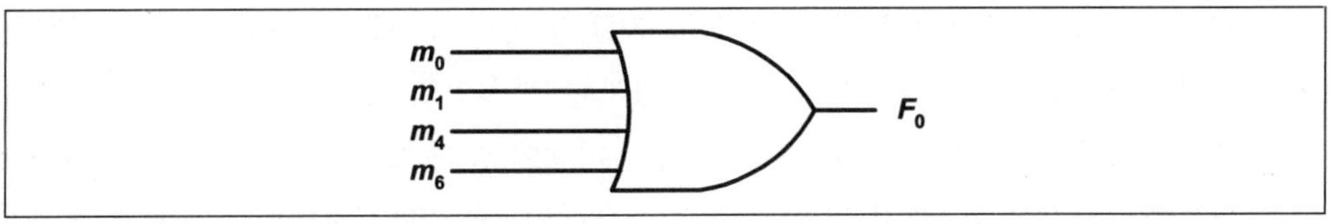

[그림 7-26] F_0를 위한 등가 OR 게이트

다중 출력을 갖는 조합회로는 ROM을 이용하여 쉽게 구현할 수 있다. 예를 들면 그림 7-7의 BCD를 3 초과 코드 회로로 변환시키는 것은 4-입력, 4-출력 ROM을 이용하여 구현할 수 있다. 그림 7-7의 진리표는 ROM에서 10개의 주소에 저장된 워드 데이터를 나타낸다고 볼 수 있다. 4-입력 ROM은 16개의 워드를 갖고 있으므로 나머지 여섯 개의 워드가 돈 캐어 상태가 되며 "0" 또는 "1"로 채워질 수 있다. 그림 7-27은 ROM의 내부구조를 나타낸 그림이다. 메모리 배열의 열과 행이 교차되는 지점의 논리 소자는 검은 점(Dot)을 이용하여 나타내었다. 하나의 검은 점은 논리 소자가 존재함을 나타내고, 없는 부분은 대응되는 논리 소자가 없음을 나타낸다.

ROM의 종류는 Mask ROM, Field-programmable ROM(PROM이라 함)과 소거가 가능한 EPROM(Erasable Programmable ROM), EEPROM(Electrically Erasable Programmable ROM) 등이 있다. Mask ROM은 제조 공정에서 진리표로 주어지는 데이터 배열을 ROM 속에 영구히 저장한다.

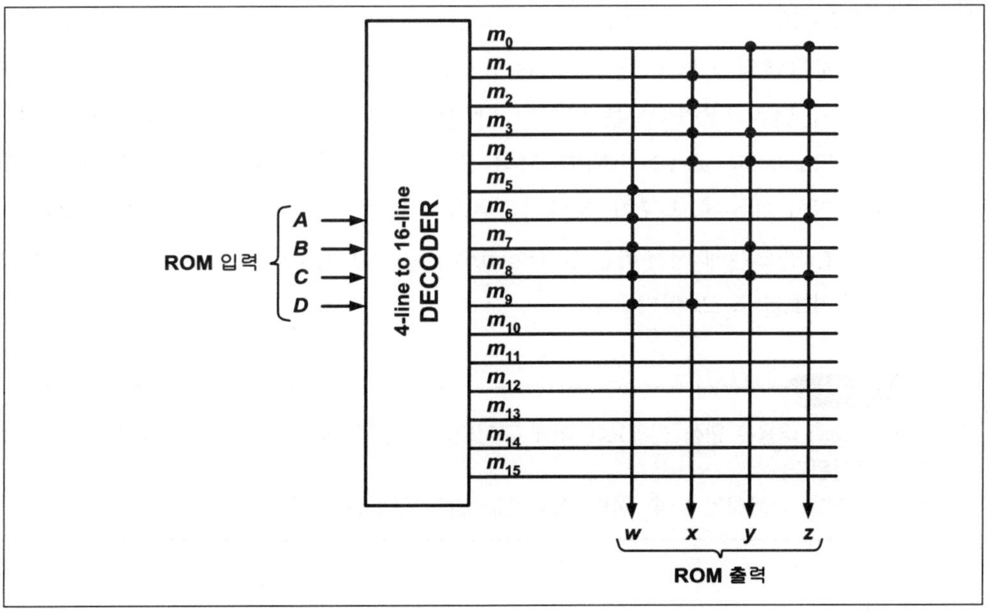

[그림 7-27] ROM으로 실현한 코드 변환기

이것은 메모리 배열의 열과 행의 교차 지점의 논리 소자들을 선택적으로 포함시키거나 생략시킴으로써 만들어진다. 이를 위해서는 집적회로 제조 공정에 특별한 “Mask”가 준비되어야 한다. 이러한 Mask의 준비는 비용이 많이 들게 되며 Mask-programmable ROM은 동일한 데이터 배열이 대량으로 요구되는(1,000개 이상) 경우에만 경제적이다.

만일 소량의 주어진 데이터 배열이 필요한 ROM이 요구되면 PROM이 사용될 수 있다. PROM은 메이커에서 제조시 메모리 배열의 형태를 논리 소자에 해당하는 퓨즈(Fuze)로, 각각의 행과 열의 교차점을 연결하고 있다. PROM에 데이터를 저장하려면 PROM 프로그램 장치(ROM Writer)라는 특별한 장치에 의해서 공급된 적당한 전압의 펄스를 이용하여 선택적으로 퓨즈의 연결을 끊어야 한다. 한 번 끊어지면 메모리 배열 내의 데이터는 영구히 보존된다.

디지털 시스템을 개발하는 동안 종종 ROM에 저장된 데이터를 변경해야 하는 필요가 발생되기도 한다. 데이터가 변경될 때마다 값비싼 새로운 PROM을 사용하는 것을 피하기 위해, 데이터의 삭제와 프로그래밍이 가능한 EPROM이 사용될 수 있다. 퓨즈로 연결된 대신 EPROM은 전하의 축적 기능을 이용하여 메모리 배열의 논리 소자를 인에이블(Enable)시키거나 디스에이블(Disable)시킨다. 이 경우 PROM 프로그램 장치는 메모리 배열의 위치에 전하를 저장시키기 위해 적당한 전압의 펄스를 제공한다. 이 방법에서 저장된 데이터는 일반적으로 자외선을 사용하여 소거시키기 전까지 영구히 보존된다. 소거가 끝난 후 다시 새로운 데이터를 EPROM에 저장시킬 수 있다.

EEPROM(Electrically Erasable Programmable ROM)은 전기적으로 소거가 가능하고 프로그래밍을 다시 할 수 있는 ROM이며, 기록된 내용 전체를 한꺼번에 지우는 EPROM과 달리 EEPROM은 바이트 단위로 내용을 지우고 기록 할 수가 있다.

또한 Flash Memory는 EEPROM의 구조를 개선시킨 메모리로 블록 단위(512Byte)로 기록되기 때문에 속도가 빠르며, 우리가 많이 사용하고 있는 USB 메모리나 디지털카메라, 핸드폰에 사용하는 SD(Secure Digital) 메모리 카드들도 모두 이 Flash 메모리에 기초를 두고 있다.

요 약

- ROM의 내용은 항상 진리표에 의해 규정되며 기본적으로 디코더와 메모리 배열(OR 구조)로 구성된다.
- ROM을 이용하면 다중 출력 회로망을 쉽게 구현할 수 있다.

7-9 PLA(Programmable Logic Array)

PLD(Programmable Logic Device)는 여러 가지 유형의 논리 함수를 제공하도록 프로그램될 수 있는 집적회로의 일반적인 이름이다. 전형적인 조합 PLD는 단일 집적 회로에 의해 4~16개의 변수로 이루어진 2~10개 정도의 논리 함수들을 실현 할 수가 있다. 따라서 PLD는 많은 SSI와 MSI를 대치할 수 있고 결과적으로 시스템 설계 비용을 줄 일 수 있으며, 시스템의 배선을 변경할 필요 없이 프로그래밍을 변경함으로써, 시스템의 설계 변경을 용이하게 한다. 사용 가능한 유형의 PLD들로는 PLA, PAL (Programmable Array Logic), GAL(Generic Array Logic), EPLD(Erasable PLD), PEEL(Programmable Electrically Erasable Logic) 등이 있다. 여기서는 PLA 및 PAL의 기능과 조합 회로의 응용에 대하여 살펴본다.

PLA 구조는 AND 어레이와 OR 어레이를 모두 프로그래밍할 수 있는 구조로 되어 있다. PLA는 논리 회로 구현에서 n 개의 입력과 m 개의 출력을 갖으며, m 개의 함수를 실현할 수 있다. 또한 신호가 2개의 프로그램 가능한 어레이를 통하여 전달되기 때문에 PAL에 비해서는 동작 속도가 느리다는 단점을 가지고 있다. 그림 7-28은 PLA의 일반적인 구조이다.

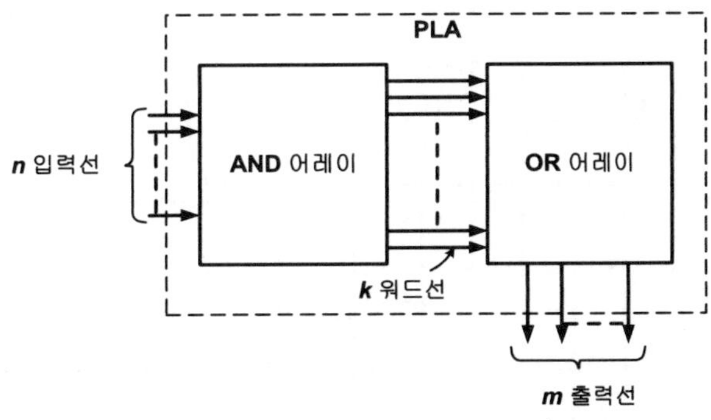

[그림 7-28] PLA의 일반 구조

또한 그림 7-29는 그림 7-25의 ROM이 갖는 함수와 동일한 함수를 실현한 3 입력 PLA 구조를 보여주고 있다. 곱항은 배열 내의 적당한 위치에 논리 소자를 연결함으로써 배열 내부에 형성한다. 예를 들어 $\overline{A}\,\overline{B}$의 형태를 갖도록 하려면 $\overline{A}$와 $\overline{B}$ 라인에 있는 워드 선을 연결하기 위해 논리 소자들이 사용된다. 논리 소자들은 출력 함수를 위해 필요한 곱항이 선택되도록 OR 배열과 연결된다. 예를 들어 $F_0 = \overline{A}\,\overline{B} + A\overline{C}$이므로, 논리 소자는 $\overline{A}\,\overline{B}$과 $A\overline{C}$ 라인을 F_0 라인에 연결하기 위해 사용된다. 이 PLA의 AND와 OR 배열 내의 연결은 그림 7-30의 AND-OR 배열과 등가이도록 해준다.

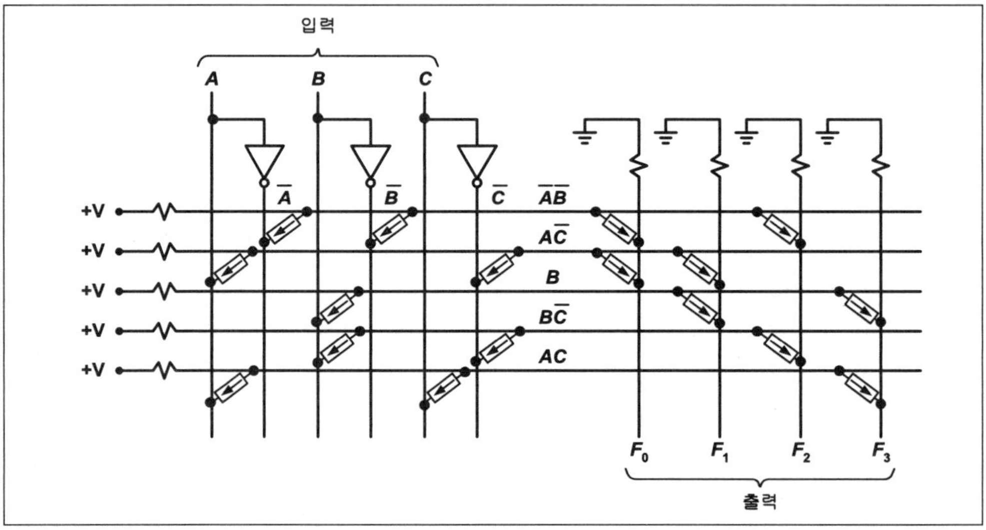

[그림 7-29] 3입력, 5곱항, 4출력을 갖는 PLA

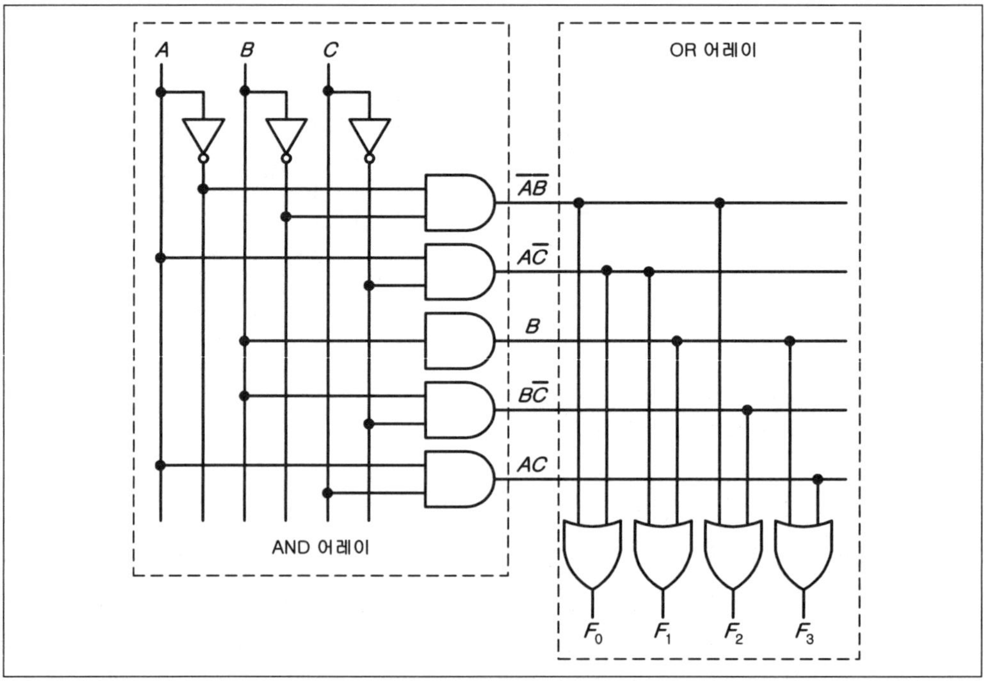

[그림 7-30] 그림 7-29에 대한 등가 AND-OR 배열

PLA의 내용은 수정된 진리표에 의해 규정할 수 있다. 표 7-1은 그림 7-29의 PLA를 규정한 것이다. 표의 입력측은 곱항을 규정한다. 논리 상수 "0"과 "1", 그리고 "-"는 변수가 보수된 것 보수되지 않은 것, 혹은 대응되는 곱의 합에서 나타나지 않은 변수를 가리킨다. 표의 출력은 각각의 출력 함수 중에서 어떤 곱항이 나타나는가를 결정한다. 하나의 "1" 또는 "0"은 주어진 곱항이 대응하는 출력 함수 내에 존재하는가 혹은 존재하지 않는가를 나타낸다. 따라서 표 7-1의 첫 번째 행은 $\overline{A}\,\overline{B}$항이 출력 함수 F_0, F_2에 존재하고 있음을 나타내며, 두 번째 행은 $A\overline{C}$항이 F_0, F_1에 존재함을 나타낸다.

[표 7-1] 그림 7-29에 대한 PLA표

	입 력			출 력			
곱 항	A	B	C	F_0	F_1	F_2	F_3
$\overline{A}\,\overline{B}$	0	0	-	1	0	1	0
$A\overline{C}$	1	-	0	1	1	0	0
B	-	1	-	0	1	0	1
$B\overline{C}$	-	1	0	0	0	1	0
AC	1	-	1	0	0	0	1

$$F_0 = \overline{A}\,\overline{B} + A\overline{C}$$

$$F_1 = A\overline{C} + B$$

$$F_2 = \overline{A}\,\overline{B} + B\overline{C}$$

$$F_3 = B + AC$$

다음에 PLA를 이용하여 식 (7-2)를 실현해 보자. 식 (7-2b)에 주어진 최소 다중 출력의 해를 이용하면 그림 7-31(a)처럼 각각 구분된 곱항에 대하여 하나의 행을 갖는 PLA표를 작성할 수 있다. 그림 7-31(b)는 이와 대응되는 PLA의 구조를 나타내고 있으며 4개의 입력과 6개의 곱항과 3개의 출력을 갖는다. 워드라인과 입력 또는 출력 라인의 교차점에 있는 검은 점은 배열에서 논리 소자들이 존재함을 나타낸다.

PLA의 표는 ROM의 진리표와는 많이 다르다. 진리표에서 각각의 행은 최소항을 나타낸다. 따라서 각 입력 변수의 조합에 의해 하나의 행이 정확하게 선택된다. 선택된 행의 출력 부분에서 "0"과 "1"은 대응되는 출력 함수에 의해 결정된다. 한편 PLA표 각각의 행은 일반적인 곱항을 표현한다. 주어진 입력 조합에 대한 f_1의 값을 결정하려면 PLA 표의 선택된 각각의 행에 있는 곱항들이 함께 OR 되어야만 한다.

다음의 예는 그림 7-31(a)의 PLA 표를 참조하고 있다. 만일 $abcd = 0001$ 이면 어떠한 행도 선택되지 않으며 모든 f_i는 0이다. 만일 $abcd = 1001$ 이면 오직 세 번째 행만 선택되며 $f_1 f_2 f_3 = 101$ 이다. 만일 $abcd = 0111$ 이면 첫 번째, 다섯 번째, 여섯 번째 행이 선택된다.

a b c d	$f_1\ f_2\ f_3$
0 1 − 1	1 1 0
1 1 − 1	1 0 1
1 0 0 −	1 0 1
− 0 1 −	1 0 0
− − 1 −	0 1 0
− 1 1 −	0 0 1

(a) PLA 표

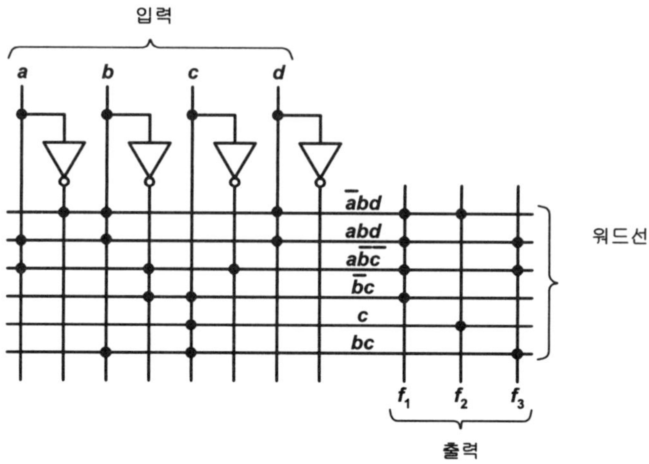

(b) PLA 구조

[그림 7-31] 식 (7-2b)를 PLA로 실현

Mask-programmable PLA와 Field-programmable PLA 모두 유용하게 사용된다. Mask-programmable 형태는 Mask-programmable ROM의 경우처럼 제조 공정 시에 프로그래밍된다. FPLA(Field-programmable Logic Array)는 퓨즈로 연결되어 있으며 AND와 OR 배열에서 패턴을 저장하기 위해 퓨즈를 끊는다. 전형적인 FPLA는 16개의 입력과 48개의 곱항, 8개의 출력을 갖는다. **입력 변수의 수가 작을 때는 PLA를 사용하는 것보다 ROM을 사용하는 것이 더 경제적이다. 그렇지만 입력 변수의 개수가 크다면 PLA가 ROM보다 더 경제적인 해법을 제공한다.** 예를 들면 16변수로 된 8개의 함수를 실현하기 위해서는 ROM은 65,536개의 8비트 워드로 된 ROM이 필요하다. 이러한 크기를 갖는 ROM은 신속하게 사용될 수 없으므로 크기가 작은 몇 개의 ROM을 이용하여 실현될 수 있도록 함수가 분해되어야 한다. 16변수로 된 8개의 동일한 함수는 총 곱항의 수가 작은 제공된 하나의 PLA를 이용하여 쉽게 구현할 수가 있다. 만일 그 이상의 항이 요구되면 여러 개의 PLA의 출력들을 함께 OR시키면 된다.

7-10 PAL(Programmable Array Logic)

PAL은 프로그램이 가능한 AND 배열과 고정된 OR 배열로 구성되어 있으며 AND 배열만 프로그램이 가능하기 때문에 복잡도를 감소시킬 수 있어 **설계가 용이하고 설계 시간을 단축할 수 있는 장점을 가지고 있다.**

또한 PAL은 일반적인 PLA보다 값이 싸며 프로그램이 더 용이하다. 이런 이유로 인해 논리회로 설계자들은 흔히 몇 개의 논리 함수만 실현되어야 할 때는 논리 게이트를 PAL로 구현하게 된다.

PAL의 기본적인 구조는 PLA와 유사하며 그림 7-32와 같다.

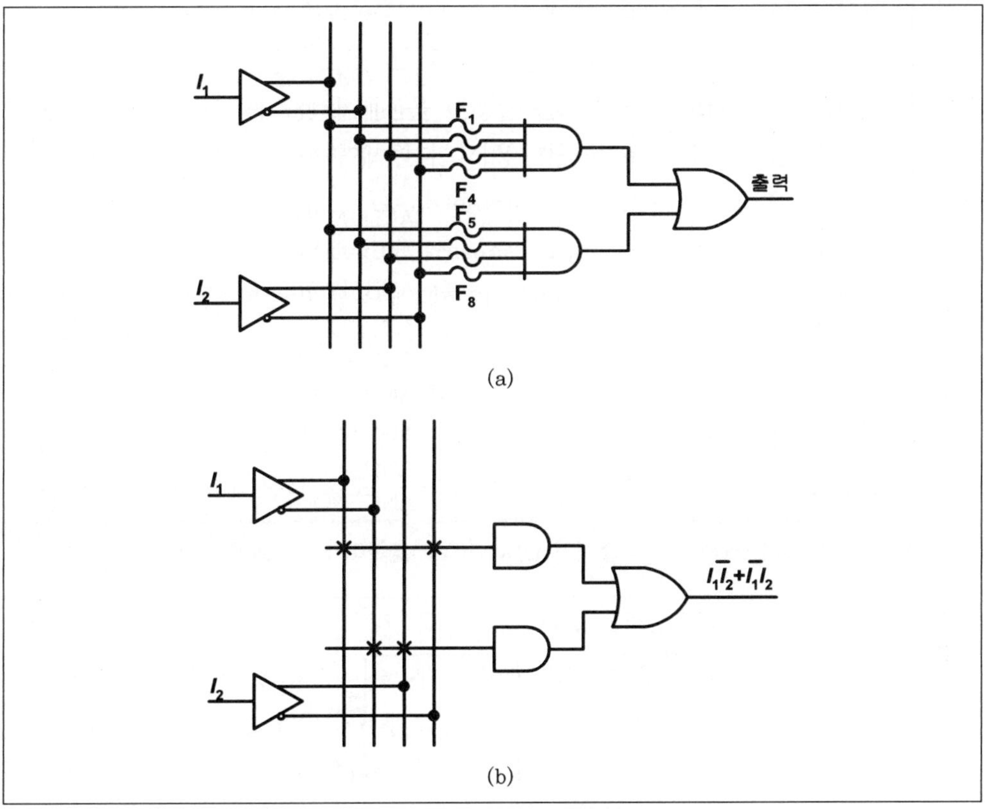

[그림 7-32] PLA의 일부분

각각의 PAL 입력은 많은 수의 AND 게이트 입력을 구동하여야 하므로 버퍼가 사용된다. PAL을 프로그램할 때, 퓨즈의 연결(F_1, F_2, …, F_8)은 AND 게이트 입력에 원하는 대로 연결되도록 선택적으로 끊어진다. PAL 내에서 AND 게이트의 입력에 대한 연결은 그림에서 보여주는 바와 같이 ×표에 의해 나타난다.

그림 7-32(a)에서 PAL의 일부는 함수 $I_1\overline{I_2}+\overline{I_1}I_2$를 실현하는 데 사용할 수 있다. ×표시는 I_1 과 $\overline{I_2}$ 라인이 첫 번째 AND 게이트에 연결되어 있음을 나타내고, $\overline{I_1}$ 과 I_2 라인은 또 다른 AND 게이트에 연결되어 있음을 나타낸다.

표 7-2는 조합형 PAL의 몇 가지 이용 가능한 형태에 대한 종류를 보여주고 있다.

[표 7-2] 조합형 PAL의 종류

종류	입력수	출력수	게이트 구조	입력수/OR 게이트
10H8	10	8	AND-OR	2
12H6	12	6	AND-OR	4,2,2,2,2/4
14H4	14	4	AND-OR	4
16H2	16	2	AND-OR	8
16C1	16	1	AND-OR/NOR	16
20C1	20	1	AND-OR/NOR	16
10L8	10	8	AND-NOR	2
12L6	12	6	AND-NOR	4,2,2,2,2/4
14L4	14	4	AND-NOR	4
16L2	16	2	AND-NOR	8
12L10	12	10	AND-NOR	2
14L8	14	8	AND-NOR	4,2,2,2,2,2,2,4
16L6	16	6	AND-NOR	4,4,2,2,4,4,
18L4	18	4	AND-NOR	4
20L2	20	2	AND-NOR	8
16L8	16	8	AND-NOR	8
20L8	20	8	AND-NOR	8
20L10	20	10	AND-NOR	4

※ H : 출력이 High, L : 출력이 Low, C : 출력이 High and Low

그림 7-33은 14개의 입력과 4개의 출력을 갖는 PAL 14L4에 대한 내부의 논리도를 나타낸 것이다. 4개의 출력 NOR 게이트 각각은 4개의 AND 게이트로부터 구동된다.

또한, 14H4는 NOR 게이트가 OR 게이트로 대치된 점만 제외하고는 14L4와 동일하다.

12H6(그림 7-34)은 12개의 입력과 6개의 출력을 갖는다. 출력 OR 게이트들 중에서 두 개는 4개의 AND 게이트들로부터 구동되며 OR 게이트들 중에서 4개는 2개의 AND 게이트로부터 각각 구동되고 있다. ×표시는 다음의 예에서 설명할 AND 게이트에 연결되어 있는 변수들을 나타낸다.

PAL을 설계할 때 논리식을 간소화시켜야 만하며 설계할 PAL들 중 하나(혹은 그 이상)를 선택하여 간략화 된 논리식이 적용될 수 있도록 고려해야 한다. PAL은 PLA와는 달리 AND 항은 두 개 혹은 그 이상의 OR 게이트들에 의해서 분할될 수 없다. 그래서 실현될 각 함수는 공통항을 고려할 필요 없이 그 자신에 의해서만 간소화가 될 수 있다. 주어진 PAL의 형태에 대하여 각각 OR 게이트에 전송하는 AND 항의 수는 고정되거나 제한된다. 만일 간소화된 함수의 AND 항의 수가 너무 클 경우에는 더 많은 수의 게이트 입력과 보다 작은 수의 출력을 갖는 PAL을 선택해야 한다.

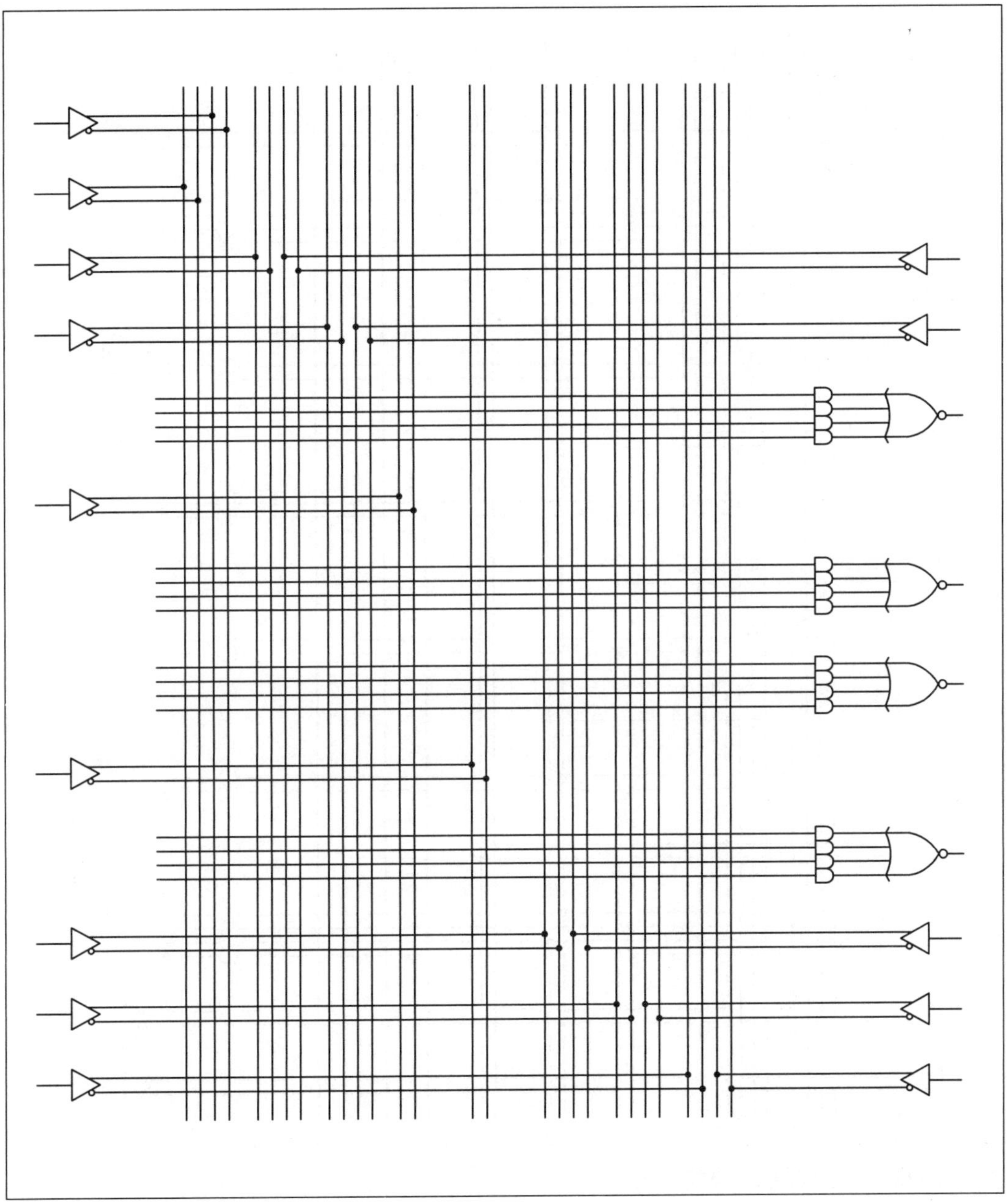

[그림 7-33] PAL 14L4에 대한 논리도

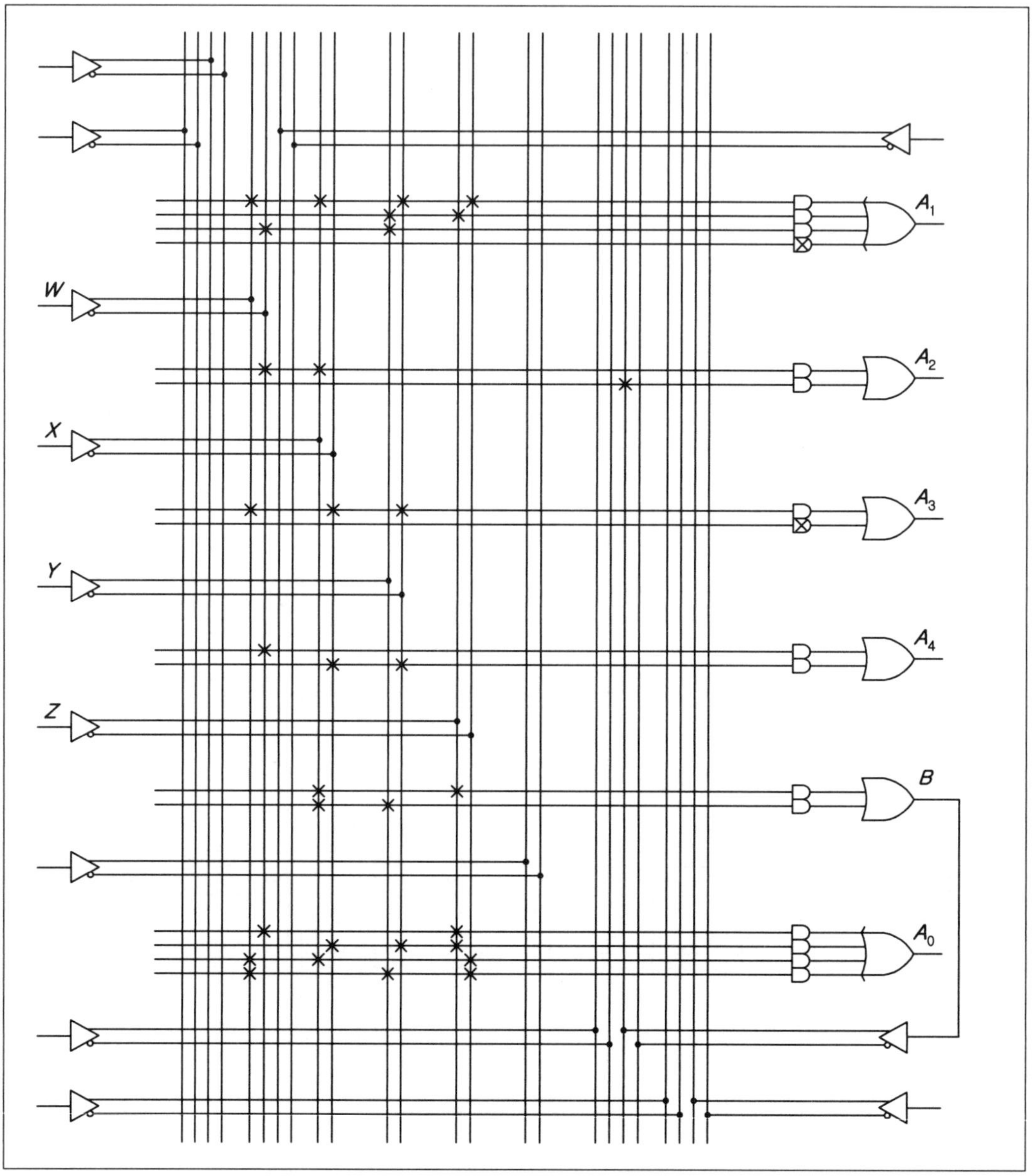

[그림 7-34] PAL 12H6에 대한 논리도

PAL을 이용하는 예로써 4비트의 2진수를 16진수로 변환하고 또 그 16진수에 대해 7-비트 ASCII 코드를 출력하는 회로를 설계해보자. 그림 7-35(a)는 회로에 대한 진리표를 나타낸다. $A_5 = A_4$이고 $A_6 = \overline{A_4}$이므로 PAL은 그림 7-33(b)에서처럼 4개의 변수를 갖는 5개의 함수를 생성할 필요가 있다. 표 7-2로부터 6개의 출력과 12개의 입력을 갖는 12H6이나 혹은 12L6 PAL을 임시로 선택하자.

Input W X Y Z	Hex Digit	ASCII Code for HEX Digit $A_6A_5A_4A_3A_2A_1A_0$
0 0 0 0	0	0 1 1 0 0 0 0
0 0 0 1	1	0 1 1 0 0 0 1
0 0 1 0	2	0 1 1 0 0 1 0
0 0 1 1	3	0 1 1 0 0 1 1
0 1 0 0	4	0 1 1 0 1 0 0
0 1 0 1	5	0 1 1 0 1 0 1
0 1 1 0	6	0 1 1 0 1 1 0
0 1 1 1	7	0 1 1 0 1 1 1
1 0 0 0	8	0 1 1 1 0 0 0
1 0 0 1	9	0 1 1 1 0 0 1
1 0 1 0	A	1 0 0 0 0 0 1
1 0 1 1	B	1 0 0 0 0 1 0
1 1 0 0	C	1 0 0 0 0 1 1
1 1 0 1	D	1 0 0 0 1 0 0
1 1 1 0	E	1 0 0 0 1 0 1
1 1 1 1	F	1 0 0 0 1 1 0

(a) 진리표

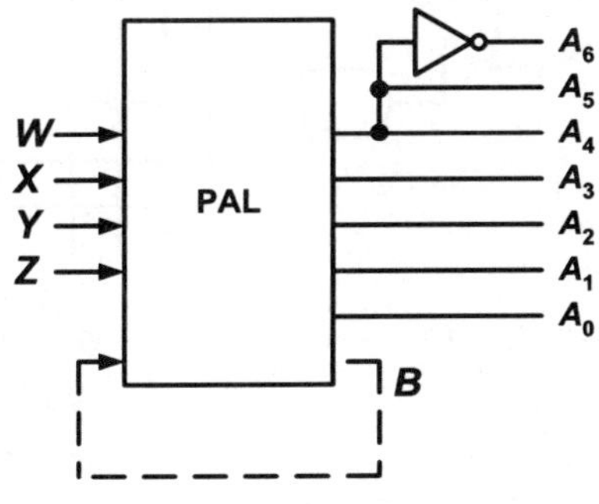

(b) 블록도

[그림 7-35] 2진-ASCII 코드 변환기

다음 단계는 그림 7-34에서처럼 카르노 맵을 이용하여 5개의 함수에 대해 간략화된 표현식을 찾는 것이다. 회로망을 12H6에 맞추는 것은 적절하지 못하다. 왜냐하면 함수들 중에서 두 개는 3개의 AND 항을 갖고 한 개의 함수는 4개의 AND 항을 갖기 때문이다. 한 가지 가능한 방법은 12L6을 이용하는 것이다. 이것은 반전된 출력을 갖고 있으므로 함수 $\overline{A_4}$, $\overline{A_3}$, $\overline{A_2}$, $\overline{A_1}$와 $\overline{A_0}$를 이용하면 된다. 이들 함수 중에서 2개의

의 함수는 4개의 AND를 필요로 하고, 한 개의 함수는 3개의 AND가 필요하므로 12L6을 양쪽에 모두 사용할 수 없음을 알 수 있다. 12H6으로 되돌아가서 보면 사용되지 않은 하나의 출력이 있음을 알 수 있다. A_2에 대한 식을 다시 쓰면

$$A_2 = \overline{W}X + (XZ + XY) = \overline{W}X + B, \text{ 여기서 } B = XZ + XY \qquad (7\text{–}10)$$

여분의 PAL 출력은 B를 생성하는데 사용할 수 있고 그림 7-35(b)에서처럼 B는 PAL의 입력들 중 하나에 연결할 수 있다. 이러한 방법으로 다른 외부 논리 회로 없이 단일 PAL로 5개의 함수 모두를 생성할 수 있다. 도표에서 ×표시는(그림 7-34) PAL의 AND 게이트 입력에 연결된 변수들을 나타낸다. AND 게이트 내부에 있는 ×는 해당 게이트가 사용되지 않는다는 것을 의미한다.

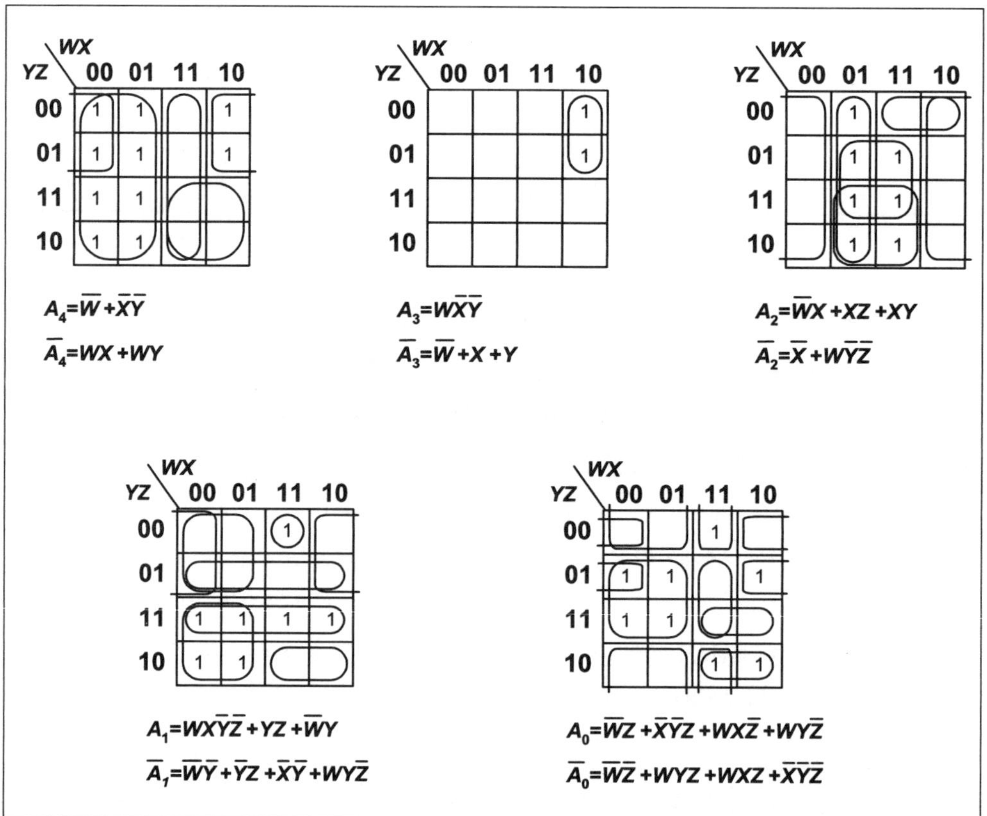

[그림 7-36] 2진-ASCⅡ 코드 변환기에 대한 카르노 맵

연습문제

01 많은 입력 중 선택된 입력선의 2진 정보를 출력선에 넘기므로 데이터 선택기라고도 불리는 것은?

① 디멀티플렉서　　② 멀티플렉서
③ PLA　　④ 디코더

02 주로 AND 게이트로 구성되어 있으며, 여러 대의 장치를 접속해서 동시에 동작시키는 장치는?

① 멀티플렉서　　② 디멀티플렉서
③ 디코더　　④ 인코더

03 4×1 멀티플렉서에서 선택의 수(數)가 몇 개이면 이상적인가?

① 1　　② 2
③ 3　　④ 4

04 멀티플렉서 64개의 입력을 제어하기 위해 몇 개의 선택선이 필요한가?

① 4　　② 6
③ 16　　④ 32

05 다음 논리 회로에서 Y=AB가 되게 하려면 S_1, S_0의 상태는?

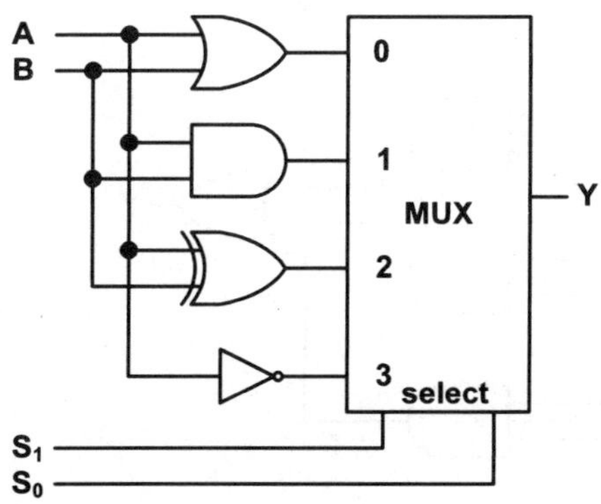

① 0, 0　　② 0, 1　　③ 1, 0　　④ 1, 1

06 다음 조합 논리 회로의 명칭은?

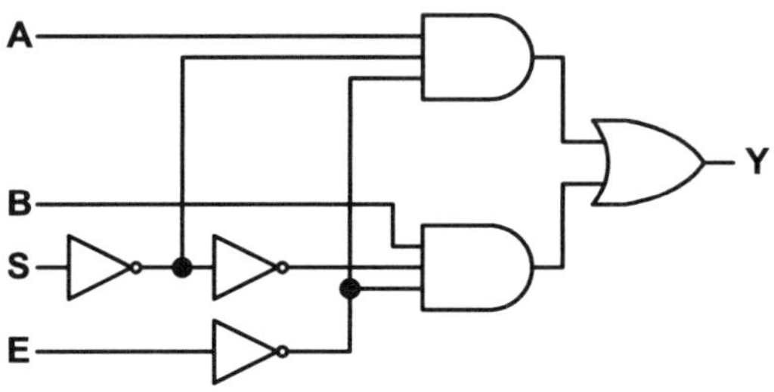

① 2×1 디코더
② 2×1 멀티플렉서
③ 4×1 인코더
④ 2×1 디멀티플렉서

07 다음 그림과 같은 MUX를 구성하기 위한 논리식은?

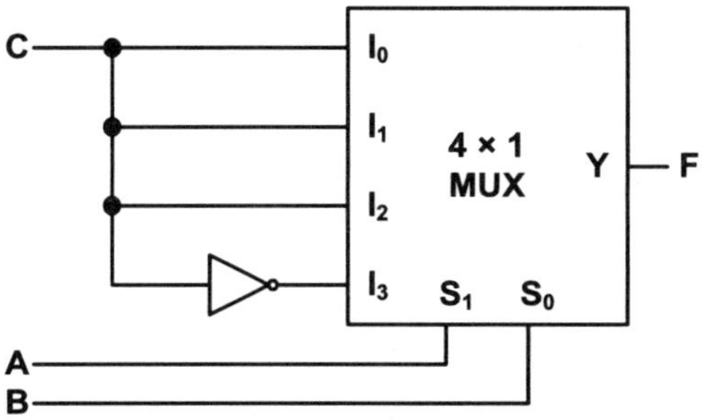

① F(A, B, C)=Σ(1, 3, 5, 6)
② F(A, B, C)=Σ(0, 1, 5 ,8)
③ F(A, B, C)=Σ(2, 5, 7, 8)
④ F(A, B, C)=Σ(0, 2, 4, 6)

08 다음 회로도는 어떤 기능의 소자에 관한 것인가?

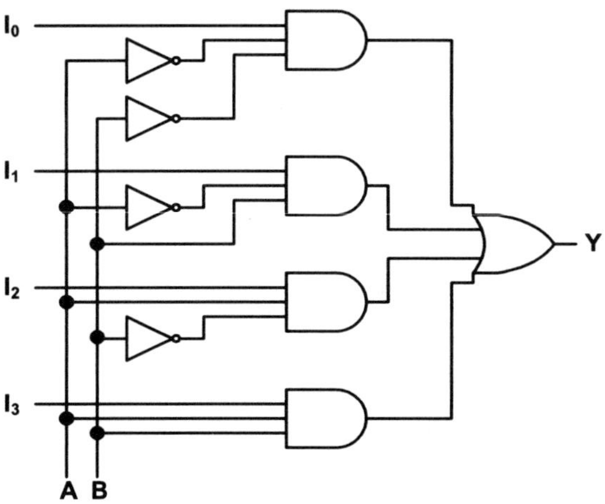

① 멀티플렉서(Multiplexer)
② 디코더(Decoder)
③ 인코더(Encoder)
④ 디멀티플렉서(Demultiplexer)

09 다음 회로에서 출력 F로 나올 수 없는 것은?

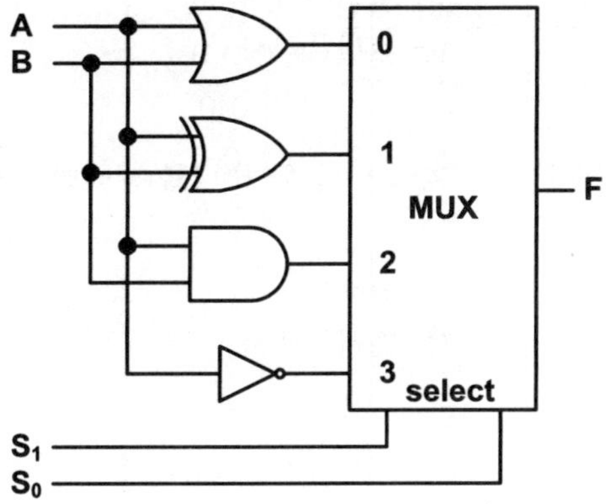

① $\overline{B}$
② $\overline{A}B+A\overline{B}$
③ AB
④ $A+B$

10 다음 회로의 기능은?

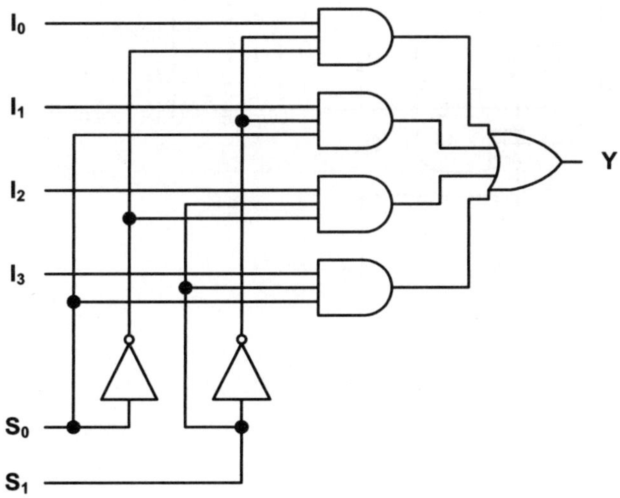

① 4×1 MUX
② 6×1 MUX
③ 4×1 디코더
④ 6×1 인코더

11 디멀티플렉서란?

① 많은 입력 중 1개 선택
② 2^n개의 입력, n개의 출력
③ 많은 수의 정보 통신장비를 적은 수의 채널로 전송
④ 정보를 한 선으로 받아서 여러 개의 가능한 출력선 중 하나를 선택하여 전송

12 데이터 분배 회로로 사용되는 것은?

① 시프트 레지스터 ② 디멀티플렉서
③ 인코더 ④ 멀티플렉서

13 한 선으로 정보를 받아서 2개 이상의 가능한 출력 선들 중 하나를 선택하여 받은 정보를 전송하는 회로는?

① 디코더 ② 인코더
③ 디멀티플렉서 ④ 멀티플렉서

14 다음 회로의 명칭은?

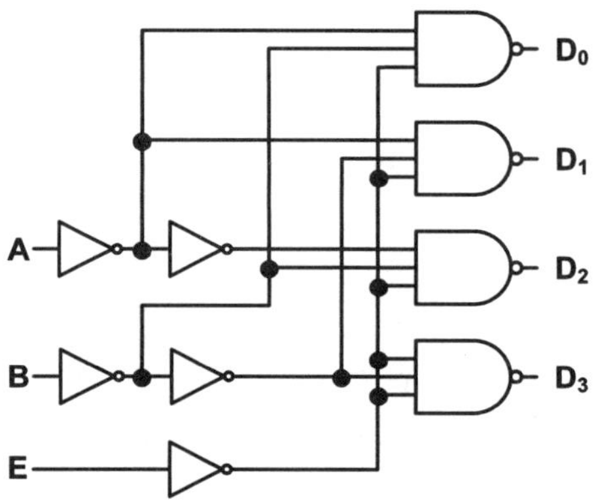

① 인코더
② 멀티플렉서
③ 디멀티플렉서
④ 패리티 체크 회로

15 다음 중 조합 논리 회로는?

① 디멀티플렉서 ② 시프트 레지스터
③ 카운터 ④ SRAM

16 인에이블 입력을 가지고 있는 디코더는 다음의 예 중 어느 것으로 사용될 수 있는가? (단, 그림에서 AB 입력과 Enable을 바꾸어서 사용)

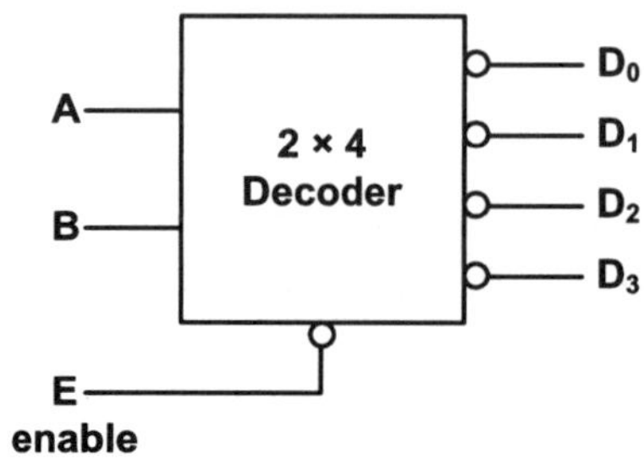

① 인코더
② 멀티플렉서
③ 디멀티플렉서
④ ROM

17 명령어 해독기로 쓰이는 회로는?

① 인코더 ② 디멀티플렉서
③ 멀티플렉서 ④ 디코더

18 부호화된 2진 정보를 n개의 입력선으로 받아 최대 2^n개의 다른 출력선으로 정보를 발생시키는 회로는?

① 인코더 ② 디코더
③ 디멀티플렉서 ④ 전감산기

19 코드화된 정보를 해독하여 해당하는 출력을 내보내는 회로를 무엇이라 하는가?

① 인코더 ② 디코더
③ 멀티플렉서 ④ 디멀티플렉서

20 BCD를 10진수로 변환하는 회로는?

① 해독기(Decoder) ② 부호기(Encoder)
③ 멀티플렉서(Multiplexer) ④ 디멀티플렉서(Demultiplexer)

21 64개의 다른 입력 조합을 받아들이기 위한 디코더의 입출력 개수는 각각 몇 개씩인가?

① 입력 : 6, 출력 : 64 ② 입력 : 6, 출력 : 32
③ 입력 : 5, 출력 : 64 ④ 입력 : 5, 출력 : 32

22 다음 회로를 무엇이라 하는가?

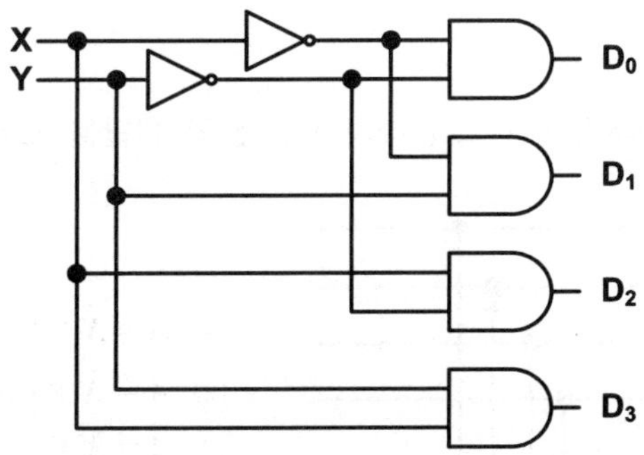

① 디코더(Decoder)
② 멀티플렉서(Multiplexer)
③ 인코더(Encoder)
④ 시프터(Shifter)

23 디코더의 주 구성회로의 조합은?

① NOT 회로 ② OR 회로 ③ AND 회로 ④ NOR 회로

24 다음 회로의 가능은?

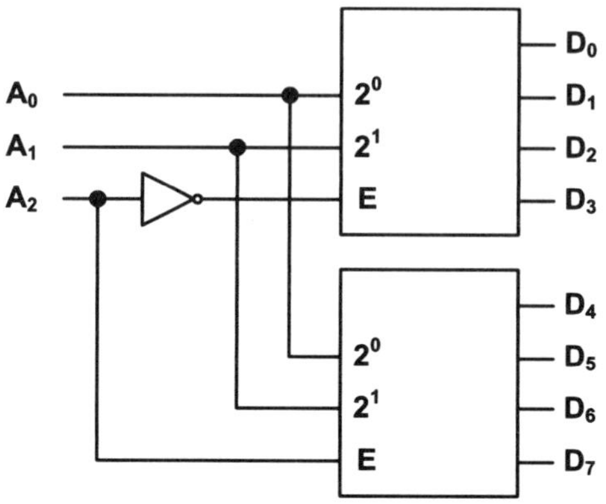

① 3×8 디코더
② 2×4 디코더
③ 2×8 디코더
④ 2×8 멀티플렉서

25 3×8 디코더를 설계할 때 몇 개의 AND 게이트가 필요한가?

① 2 ② 4 ③ 8 ④ 16

26 2×4 해독기의 논리식으로 옳지 않은 것은?

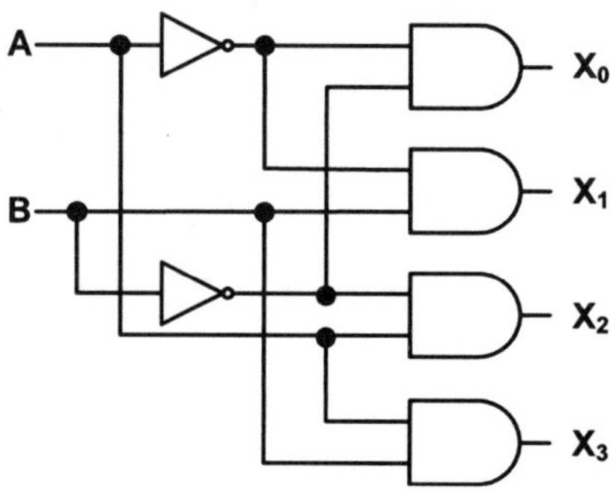

① $X_0 = \overline{A}\,\overline{B}$
② $X_1 = \overline{A}B$
③ $X_2 = A\overline{B}$
④ $X_3 = \overline{AB}$

27 다음의 그림에서 A를 X, Y로 나타내면?(단, 그림에서 X는 선의 절단을 표시함)

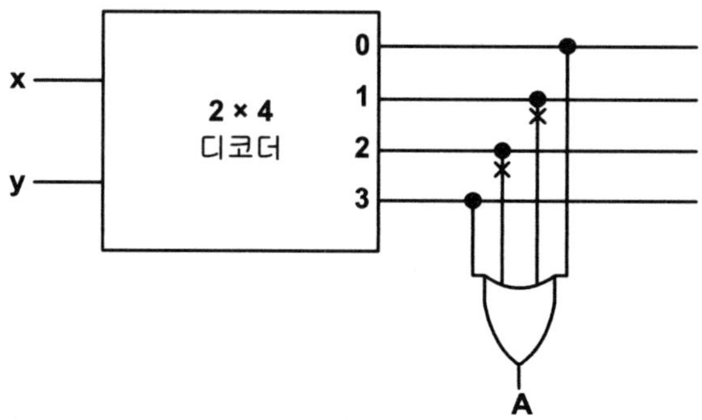

① $A = X + Y$
② $A = \overline{X}Y + X\overline{Y}$
③ $A = XY$
④ $A = XY + \overline{X}\,\overline{Y}$

28 0과 1의 조합에 의하여 어떠한 기호라도 표현될 수 있도록 부호화를 행하는 회로를 무엇이라 하는가?

① Encoder ② Decoder ③ Comparator ④ Detector

29 2진수의 8비트 입력을 3비트 출력 코드로 변환하는 소자는?

① 디코더 ② 멀티플렉서 ③ 인코더 ④ 카운터

30 인코더(Encoder)의 설명 중 옳지 않은 것은?

① 조합논리회로의 일종이다.
② BCD 코드를 생성하기도 한다.
③ 키보드와 같은 입력장치에서 사용한다.
④ n개의 입력선과 2^n개의 출력선이 있다.

31 다음 조합 논리 회로의 명칭은?

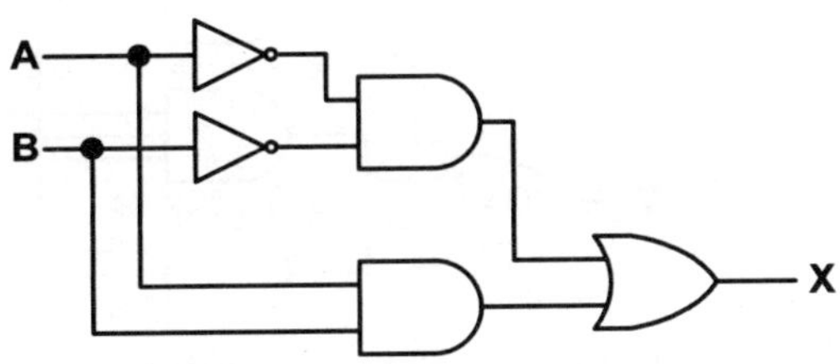

① 다수결 회로 ② 비교 회로 ③ 일치 회로 ④ 반일치 회로

32 ROM의 설명으로 옳지 않은 것은?

① 코드 변환기와 같은 다중 출력을 갖는 조합 회로에는 응용이 불가능하다.
② 비휘발성 소자이다.
③ 판독 전용 기억 소자이다.
④ 전원이 꺼지더라도 저장된 내용은 지워지지 않는다.

33 ROM에 대한 설명 중 옳지 않은 것은?

① 기억된 내용을 임의로 변경시킬 수 없다.
② 사용자가 작성한 프로그램이나 데이터를 기억시켜 처리하기 위해 사용하는 메모리이다.
③ Read만이 가능하다.
④ 마이크로 명령(Micro Instruction)을 내장하고 있다.

34 반도체 기억소자 ROM에 대한 설명 중 옳지 않은 것은?

① 전원이 나가면 기록된 내용이 지워진다.
② 제조 과정에서 하드웨어적으로 프로그래밍된다.
③ 정보의 쓰기는 불가능하고, 단지 읽기만 가능하다.
④ 기억내용을 수시로 바꾸어야 하는 곳에는 사용할 수 없다.

35 ROM의 특징을 설명한 것 중 옳지 않은 것은?

① Mask ROM : 반도체 공장에서 내용이 기입된다.
② PROM : PROM Writer로 기입되고 내용을 지울 수 없다.
③ EPROM : 자외선을 조사하면 내용을 지울 수 있다.
④ EEPROM : Refresh 회로가 필요하다.

36 대용량 메모리를 내장한 제품 중 프로그램되어 있는 ROM은?

① PROM ② Mask ROM ③ EPROM ④ EEPROM

37 전기적인 신호에 의해 소거되며 새로운 내용을 기록할 수 있는 교정 가능 읽기 전용 기억 메모리에 해당하는 것은?

① Fuse ROM ② Mask ROM ③ EEPROM ④ EPROM

38 16비트 256워드의 일치 선택(Coincident-select)형 메모리에 요구되는 입력선 수는 몇 개인가?

① 4 ② 8 ③ 12 ④ 24

39 32×4ROM인 경우 입력선의 개수는?

① 2 ② 4 ③ 5 ④ 8

40 용량이 1024(Word)인 기억 시스템에서 2진수로 된 번지(Address)는 몇 비트가 되어야 하는가?

① 5 ② 10 ③ 15 ④ 20

41 컴퓨터의 기억용량이 1 M Byte일 때 필요한 주소 선의 수는?

① 16개 ② 20개 ③ 24개 ④ 32개

42 다음 소자 중에서 ROM과 유사한 성격을 가지며, AND Array와 OR Array로 구성된 것은?

① PLA ② Shift Register ③ RAM ④ LSI

제 8 장

플립-플롭

FLIP-FLOP

지금까지 공부한 조합 논리 회로(Combinational logic circuit)는 현재 입력에 의해 출력이 결정되었다. 그러나 **순서 논리 회로(Sequential logic circuits : 순차 논리 회로 라고도 함)의 출력은 현재 입력만 아니라 과거 입력에 의해서도 결정되어진다는 특성을 갖는다.** 즉 이와 같은 순서 논리 회로들은 현재 상태의 출력을 얻기 위해서는 과거의 입력 상태를 기억할 수 있어야 한다. **플립-플롭은 순서 논리 회로에서 가장 일반적으로 사용되는 기억 소자이다.** 기본적으로 플립-플롭은 2개의 안정된 출력 상태 중 하나를 가질 수 있으며, 보수 출력을 가지고 있고 출력 상태를 변화시키는 한 개나 그 이상의 입력을 가지는 일련의 기억 소자이다. 8장에서는 플립-플롭의 형태와 종류에 대하여 자세히 설명하기로 한다.

8-1 게이트 지연 및 타이밍도

논리 게이트 입력이 변화할 때 출력은 순간적으로 변화하지는 않는다. 게이트 내의 트랜지스터나 혹은 다른 논리 소자들은 입력 변화에 대하여 반응하는 데는 어느 정도 시간이 걸리게 된다. 그러므로 게이트 출력에서의 변화는 입력 변화에 대하여 어느 정도 지연이 있게 된다. 그림 8-1은 인버터에 비하여 시간 $\varepsilon(\Delta t)$만큼 지연되었다면 이 게이트는 ε의 전파 지연(Propagation delay time)을 갖는다 라고 말할 수가 있다. 실질적으로 출력 변화 0에서 1에 대한 전파 지연은 1에서 0의 변화에 대한 전파 지연과 서로 다를 수가 있다.

집적 회로(IC:Integrated circuit)의 게이트에 대한 전파 지연은 수 ns(Nano-seconds:10^{-9}초)만큼 짧기 때문에 대부분 경우는 이들 지연 시간을 무시할 수가 있다. 그러나 어떤 순서 논리 회로 형태의 해석에 있어서는 짧은 지연일지라도 중요할 수 있다.

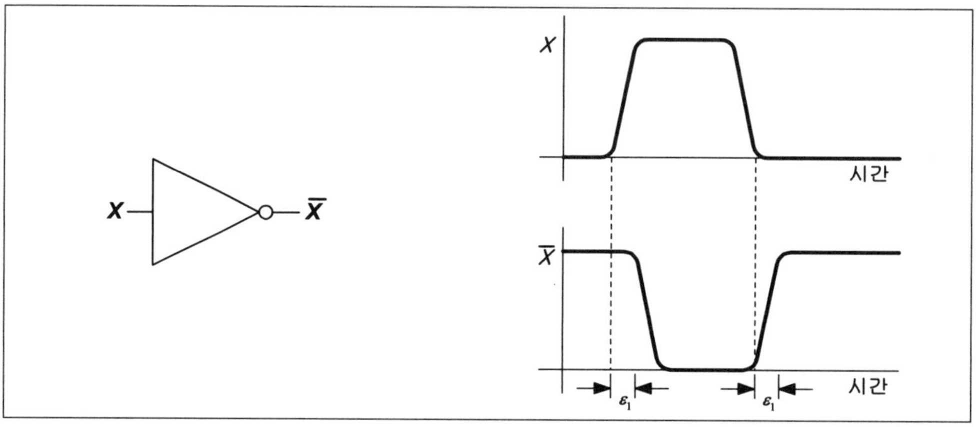

[그림 8-1] 인버터에서의 전파 지연

타이밍도(Timing diagram)는 순서 논리 회로를 해석하는데 종종 사용되어 진다. 이들 타이밍도는 회로에서의 여러 신호를 시간의 함수로 나타낸다. 즉 서로 다른 변수와 비교하여 변화된 여러 변수들의 시간을 쉽게 관찰할 수 있도록 동일한 시간 기준(Scale)으로 나타내어진다. 그림 8-2는 2개의 게이트로 이루어진 회로에 대한 타이밍도를 나타낸다. 각 게이트의 전파 지연은 $20ns$로 가정한다. 이 타이밍에서 게이트 입력 B와 C는 각각 1과 0으로 지속적으로 유지되고, 입력 A는 $t=40ns$일 때 1로 변하고, 그 다음에 $t=100ns$일 때 0으로 다시 변할 경우에 어떤 변화가 있는지를 나타낸 것이다. 게이트 G_1의 출력은 A가 변한 후 $20ns$후에 변하게 되고, 게이트 G_2의 출력은 G_1이 변한 후 $20ns$지난 다음에 변함을 나타낸다.

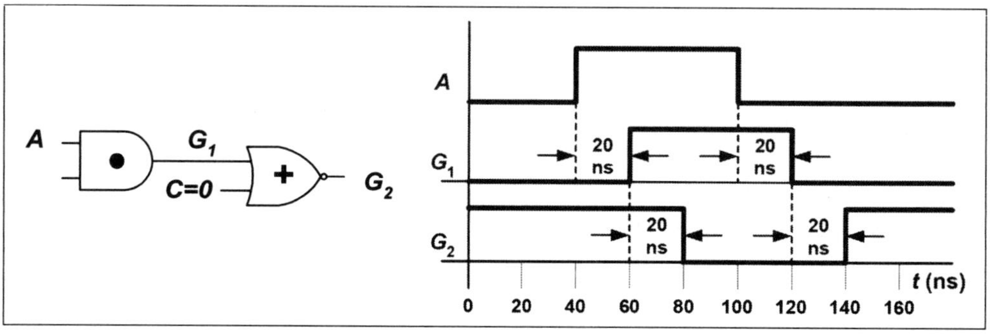

[그림 8-2] AND-NOR 회로의 타이밍도

그림 8-3은 지연 소자가 추가된 회로에 대한 타이밍도를 보여주고 있다. 입력 X는 2μs(Microsecond) 폭을 갖는 펄스와 3μs 펄스 폭을 갖는 두 개의 펄스로 구성되어 있다. 지연 소자는 출력이 Y이며 1μs 지연된 것만을 제외하고는 입력 X와 같다. 즉 Y는 X펄스의 상승점(Rising edge)에서 1μs 지난 후에 1로 변하고 X펄스의 하강점(Falling edge)에서 1μs 지난 후에 0으로 되돌아오게 된다. AND 게이트의 출력 Z는 X와 Y가 동시에 1인 시간 간격에서만 1이 된다. AND 게이트에서 매우 짧은 시간의 전파 지연(ε)이 있다고 했을 때, 출력 Z를 나타내었다.

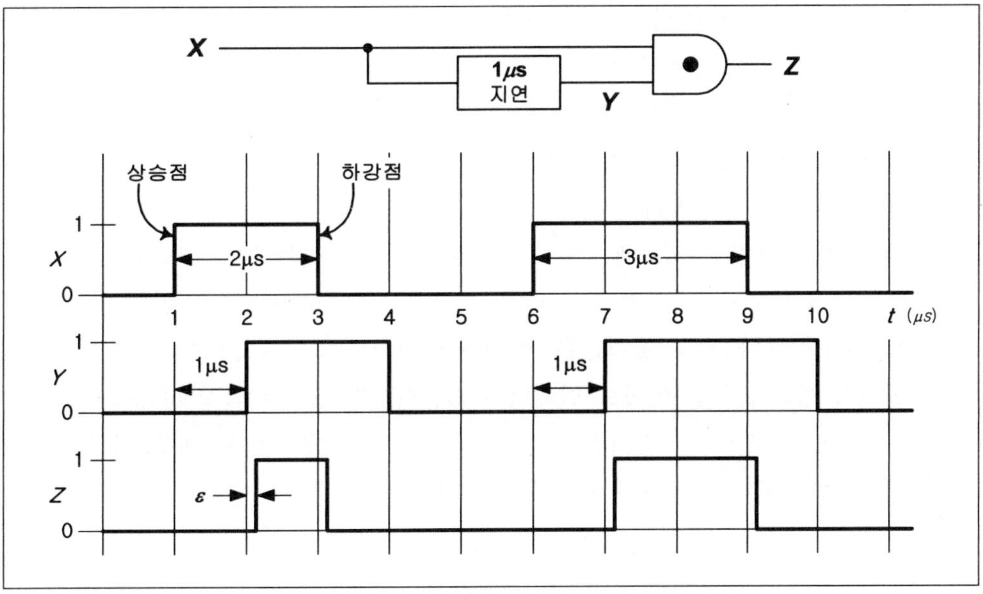

[그림 8-3] 지연 시간을 갖는 회로의 타이밍도

지금까지는 궤환(Feedback) 연결이 없는 스위칭 논리회로들에 대해서 설명하였다. 플립-플롭과 같은 기억소자를 가지는 스위칭 회로를 구현하기 위해서는 회로 내에 궤환이 있어야 한다. 궤환이란 것은 폐루프(Closed loop)를 형성하기 위해 게이트 출력 중의 하나를 회로 내의 다른 게이트 입력에 연결하는 것이다. 예를 들자면, 그림 8-6(a)의 NOR 게이트 논리회로에서 두 번째 NOR 게이트 출력을 첫 번째 NOR 게이트 입력에 연결하는 것이다. 회로가 간단한 경우는 회로의 신호를 추적(Tracing)하게 되면 회로는 궤환이 있다고 해석할 수가 있다.

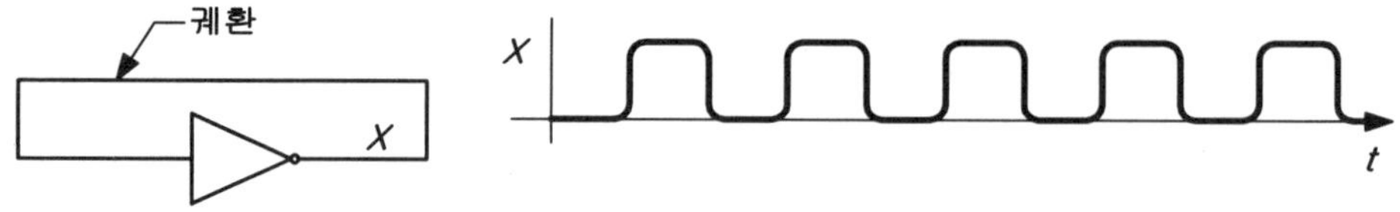

(a) 궤환을 갖는 인버터 (b) 인버터 출력에서의 발진

[그림 8-4]

그 예로 어떤 인버터 입력이 "0"이었다면 이 0 입력은 인버터를 통하여 전파되어 출력은 순간에 1이 된다. 다시 이 1은 입력으로 궤환되고 어느 정도 지연된 후에 인버터 출력은 0으로 된다. 다시 0은 입력으로 궤환되고 출력은 다시 1로 스위칭된다. 이 상태가 계속되어 그림 8-4(b)에서 보여주는 인버터 출력은 0과 1 사이에서 반복적으로 계속 일어나서 안정된 상태에 도달할 수 없게 된다. 회로의 발진율은 인버터의 전파지연에 의해서 결정되게 된다.

다음에는 그림 8-5(a)에 있는 두 개의 인버터를 갖는 궤환 루프를 고려하자. 이러한 경우에 회로는 2개의 안정 상태를 갖는다. 만일 첫 번째 인버터의 입력이 0이라면 출력은 1이 된다. 이 0 출력값은 첫 번째 인버터로 궤환되지만 이미 이 인버터 입력이 "0"이기 때문에 어떤 변화도 일어나지 않는다. 즉 회로는 안정 상태에 있게 된다. 그림 8-5(b)에 보여주는 것처럼 회로의 두 번째 안정 상태는 첫 번째 인버터 입력이 1이고 두 번째 인버터 입력이 0일 때 존재한다.

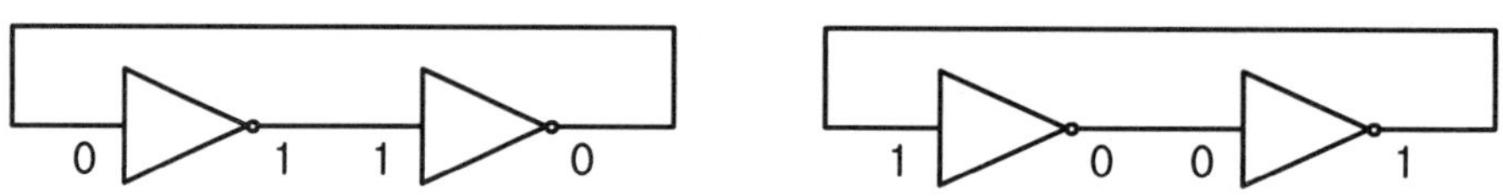

(a) (b)

[그림 8-5]

8-2 Reset-Set 플립-플롭

NOR 게이트 회로에 궤환을 삽입하여 간단히 플립-플롭을 그림 8-6처럼 구현할 수가 있다. 입력이 $S=R=0$일 경우에 회로는 $Q=0$, $P=1$인 안정 상태에 있다고 가정한다. 즉 이 상태는 두 번째 게이트에 $P=1$이 입력되어 출력 $Q=0$을 만들고

$Q=0$은 첫 번째 게이트에 입력되어 출력은 1이 되므로 안정 상태라는 것을 유의하여야 한다. 이 때 S를 1로 바꾸면 P는 0이 된다. 이 상태는 두 번째 게이트 입력과 출력이 모두 0이 되기 때문에 회로는 불안정 조건 혹은 불안정 상태가 된다. 그러므로 Q는 1로 바뀌게 되고 그림 8-6(b)에서처럼 안정 상태에 도달하게 된다.

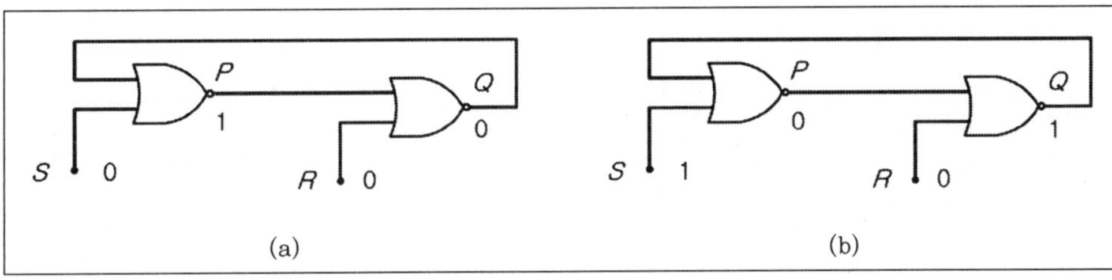

[그림 8-6]

만일 S가 0으로 바뀌더라도 그림 8-6(c)에서 보는 바와 같이 $Q=1$인 첫 번째 게이트로 되돌아가서 $P=0$으로 유지시키게 하므로 위의 상태로 남아 있게 된다.

따라서 입력을 재차 $S=R=0$으로 인가하여도 출력은 원래 출발한 상태와는 다르게 됨을 유의해야 한다. 그러므로 회로는 주어지는 입력의 조합에 대해 서로 다른 2개의 안정 상태를 가지고 있다.

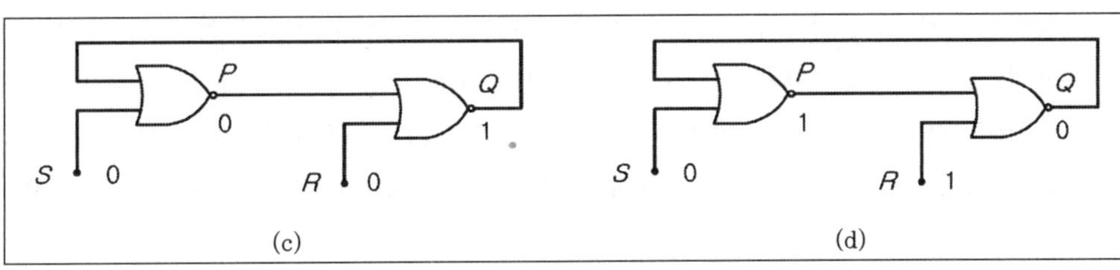

[그림 8-6] (계속)

R을 1로 변화시킬 경우에 그림 8-6(d)에서처럼 Q는 0으로 P는 1로 변하게 된다. 만일 다시 R을 0으로 변화시킬 경우에는 회로는 현 상태를 유지하게 되고 원래 출발한 곳으로 돌아온다. 이러한 형태의 회로를 일종의 기억소자라고 말한다. 즉, 출력은 현재 입력상태 뿐만 아니라 과거 입력 시컨스에 의해서도 결정되기 때문이다. 만일 R=S=1이 허용되지 않도록 입력을 제한한다면 출력 P와 Q의 안정 상태는 항상 보수(즉 $P=\overline{Q}$) 관계이다. 두 게이트 동작의 대칭성을 강조하기 위해서 회로는 일반적으로 그림 8-6(e)와 같이 교차연결(Cross-coupled) 형태로 그린다. 그림 8-6(b)와 (d)에서 보는 바와 같이 입력 $S=1$은 출력 Q를 1로 "Set"하고, 입력 $R=1$은 출력 Q

를 0으로 "Reset"한다. 그래서 R과 S가 동시에 1이 되지 않도록 제한하여 사용되어질 때 이런 회로를 보통 Reset-Set(R-S) 플립-플롭이라 하고 그림 8-6(f)는 R-S 플립-플롭의 심벌이다.

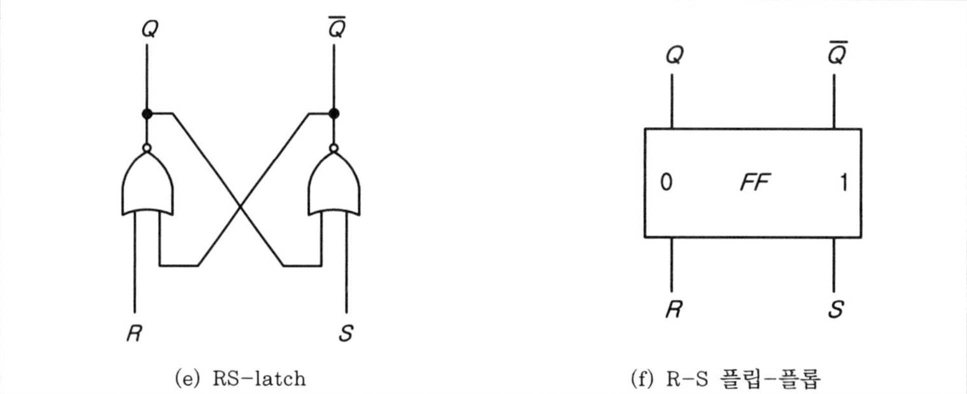

(e) RS-latch (f) R-S 플립-플롭

[그림 8-6] (계속)

만일 $S=R=1$인 경우에 플립-플롭은 그림 8-6(g)에서 보여주는 것처럼 적절하게 동작하지 않는다. $1 \rightarrow 0$의 정의는 입력이 원래 1에서 0으로 바뀐다는 의미이다. 여기서 S와 R이 동시에 1일 때는 P와 Q 모두가 0이 된다. 그러면 P는 $\overline{Q}$라는 관계는 성립하지 않게 된다. 즉, 이것은 플립-플롭 출력이 보수가 되어야 하는 플립-플롭 동작의 기본 규칙을 위배하고 있다. 더군다나 S와 R이 동시에 0으로 바뀌면 P와 Q도 동시에 1로 바뀌게 된다. 만일 $S=R=0$, $P=Q=1$이라면 게이트를 통해서 전파된 후 Q와 P는 다시 0이 된다. 그리고 게이트 지연시간이 정확하게 같다면 플립-플롭은 연속적으로 발진하게 될 것이다.

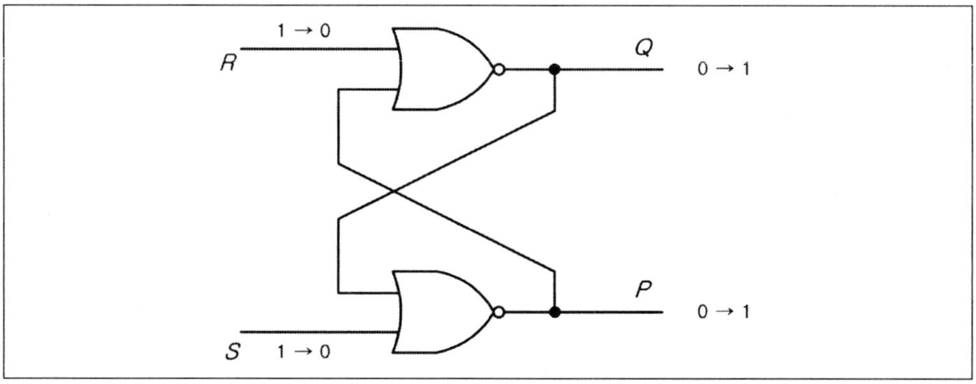

[그림 8-6(g)] 부적당한 R-S 플립-플롭 동작

그림 8-6(h)는 $R-S$ 플립-플롭에 대한 타이밍도를 보여주고 있다. S가 시간 t_1에서 1로 변하면 Q는 짧은 지연시간 ε후에 1로 변하게 된다(여기서 ε은 플립-플롭의 지연시간이나 반응시간이다). 시간 t_2에서 S가 다시 0으로 바뀌더라도 Q의 상태는 변하지 않는다. 시간 t_s에서 R이 1로 변하면 Q의 짧은 지연시간(ε) 후에 0으로 다시 변하게 된다. S(또는 R) 입력 펄스의 주기는 Q의 상태가 변할 수 있도록 하기 위해서는 최소한 지연시간(ε)만큼 커야 한다. 만일 ε보다 적은 시간에 대해 $S=1$이라면 게이트 출력은 변하지 않게 되어 플립-플롭 상태가 변할 수 없게 된다.

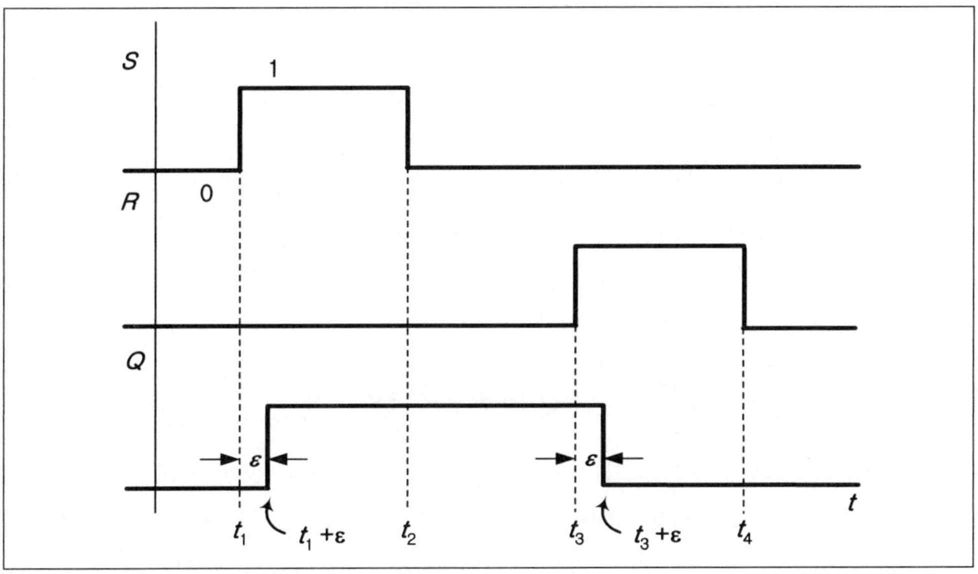

[그림 8-6(h)] R-S 플립-플롭의 타이밍도

$R-S$ 플립-플롭 동작 특성은 그림 8-6(i)에 요약하여 나타내었다. 이 표의 5번째 행은 어떤 시간에 입력이 $S=1$, $R=0$ 그리고 플립-플롭 출력이 $Q=0$이라면 지연시간 ε이 지난 후 플립-플롭 출력은 $Q=1$이 됨을 보여주고 있다. 다른 행들은 이와 비슷한 방법으로 해석하면 된다.

플립-플롭을 논의할 때, "현재 상태(Present state)"라는 용어는 입력신호가 인가된 시간에 플립-플롭의 출력 Q 상태를 뜻하고, "다음 상태(Next state)"란 플립-플롭이 입력신호에 반응한 후의 출력 Q 상태를 말한다. 위 표에서 $Q(t)$는 플립-플롭의 현재 상태, ε는 상태의 변화가 일어나는데 필요한 시간이며, $Q(t+\varepsilon)$는 플립-플롭의 다음 상태가 된다. 만일 시간 t에서 $S=0$, $R=1$일 경우에는 플립-플롭의 다음 상태는 현재 상태에 관계없이 $Q=0$이 된다. 일반적으로 출력이 안정될 때에는 플립-플롭의

$S(t)$	$R(t)$	$Q(t)$	$Q(t+\varepsilon)$	
0	0	0	0	
0	0	1	1	
0	1	0	0	
0	1	1	0	
1	0	0	1	
1	0	1	1	
1	1	0	–	허용되지 않는 입력
1	1	1	–	

[그림 8-6(i)]

상태만을 고려해야 한다. 그러므로 출력이 바뀔지도 모르는 t에서 $t+\varepsilon$의 간격 동안의 플립-플롭 동작은 논의할 필요가 없다. 위 표에서 $Q(t+\varepsilon)$에 대하여 카르노(Karnaugh) 맵을 적용하면 플립-플롭의 동작을 나타내는 방정식을 유도할 수 있다. 이때 그림 8-6(i)의 허용되지 않는 입력은 돈 케어(Don't care) 상태로 취급한다.

보통 방정식은 시간을 포함하지 않고 작성하며 Q는 플립-플롭 현재 상태를 나타내고 Q^+는 다음 상태를 나타낸다.

$$Q^+ = S + \overline{R}Q(SR=0)$$

한마디로 이 방정식은 입력 S에 1이 세트되거나 또는 현재 상태가 1이고 입력 S가 리셋되지 않는다면 플립-플롭의 다음 상태는 1이 된다. 여기서 $SR=0$ 조건은 S와 R이 동시에 1이 될 수 없다는 것을 의미한다. 플립-플롭의 다음 상태를 현재 상태와 입력으로 표현한 방정식 "다음 상태 방정식" 또는 "특성 방정식"이라고 한다. 따라서 위 식 Q^+는 RS 플립-플롭의 특성 방정식이 된다.

$R(t)\,Q(t)$ \ $S(t)$	0	1
00	**0**	**1**
01	**1**	**1**
11	**0**	**x**
10	**0**	**x**

$$Q(t+\varepsilon) = S(t) + \overline{R}(t)Q(t)$$

[그림 8-6(j)] Q(t+ε)에 대한 맵

또한 $R-S$ 플립-플롭의 특성 방정식을 위의 방법과 다른 방법으로 분석하여 유도할 수가 있다. 그림 8-6(k)에 나타낸 것처럼 두 번째 NAND 게이트 출력 Q는 두 번째 NAND 게이트 입력으로 궤환되어 있으므로 출력 Q와 입력 $\overline{R}$ 사이에는 지연시간(ε)이 일정한 지연 회로(Delay network)가 당연히 있게 된다. 만약 출력 Q를 다음 상태 방정식인 Q^+로 가정하면 Q^+는 지연 회로를 통하여 NAND 게이트 입력으로 궤환이 되게 된다. 궤환이 된 Q^+는 순서 논리 회로의 특성에 의하여 현재 상태 Q로 변환이 된다. 현재 상태 Q와 입력 $\overline{R}$는 두 번째 NAND 게이트에 입력이 되므로 출력 $\overline{Q^+}$가 결정된다.

$$\overline{Q^+} = R + \overline{Q}$$

위와 비슷한 방법으로 $\overline{Q^+}$는 지연 회로를 통과하게 되고 또 다시 두 번째 NAND 게이트의 입력이 되게 된다. 즉, 입력 $\overline{S}$, $\overline{Q}$는 두 번째 NAND 게이트에 입력되어지므로 특성 방정식인 Q^+를 $Q^+ = S + \overline{R}Q$로 결정할 수 있게 된다.

일반적으로 널리 사용되는 플립-플롭 형태는 NAND 게이트로 구성된 $R-S$플립-플롭이며 이를 기본형태로 정하여 적절하게 변형하면 $J-K$, T, D 플립-플롭 등을 다음과 같이 유도할 수가 있다.

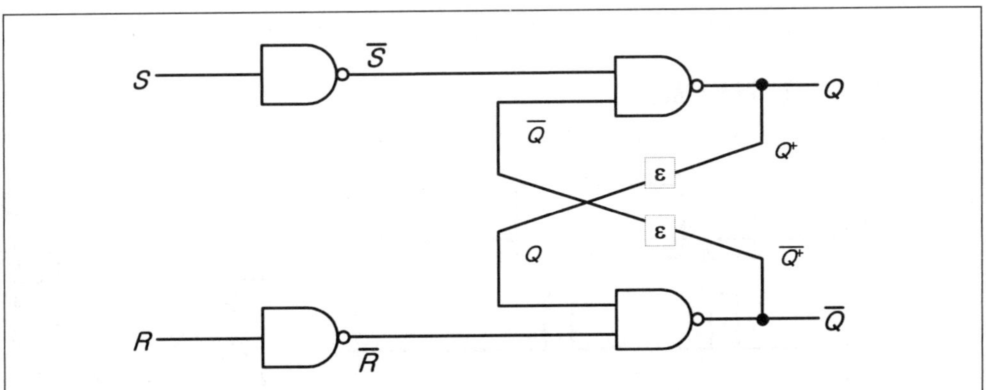

[그림 8-6(k)] NAND 게이트와 지연회로로 구성된 R-S 플립-플롭

8-3 트리거(T) 플립-플롭

그림 8-7(a) 트리거(Trigger) 혹은 T 플립-플롭은 한 개의 입력만을 갖는다. 이 입력(T)에 펄스를 가하면 상태를 변화시키게 된다. 예를 들어, $Q=1$이고 T 입력에 펄스가 가해지면 Q는 0으로 변하게 된다. 다시 T가 펄스되면 Q는 다시 1로 변하게 된다. 간단히 T 플립-플롭은 그림 8-7(b)에서 나타내는 것처럼 RS 플립-플롭과 2개의 AND 게이트를 사용하여 실현시킬 수 있다.

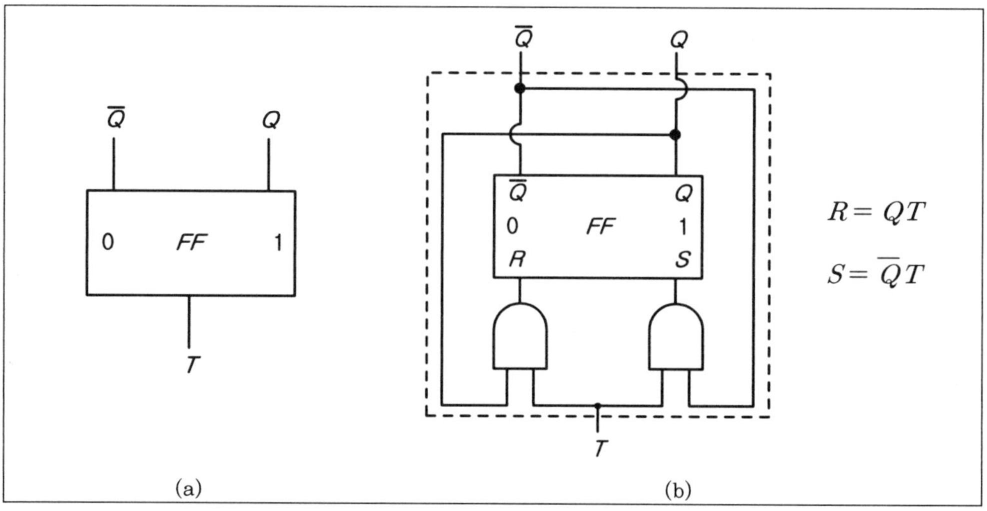

[그림 8-7] T 플립-플롭

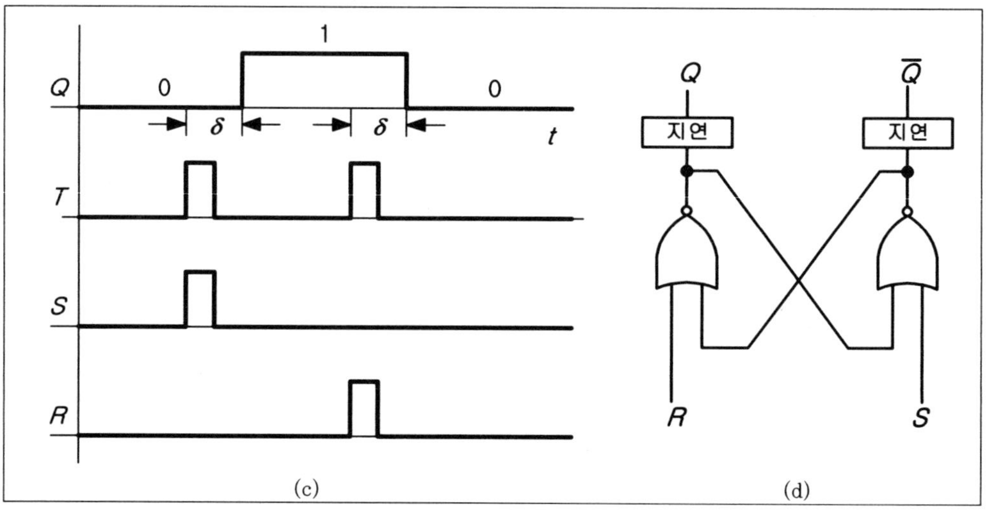

[그림 8-7] (계속)

그림 8-7(b)의 T플립-플롭에 대한 타이밍도는 그림 8-7(c)에 나타내었다. 여기에서 Q가 0이고 T와 S가 1이면 상태(Q)는 1로 변하게 되고 Q가 1이고 R이 1이면 플립-플롭은 0으로 리세트 된다.

이러한 형태의 플립-플롭이 정확하게 동작하기 위해서는 S 혹은 R 입력에 가해지는 펄스 시간과 플립-플롭 출력 Q가 변화하는 시간 사이에 일정한 지연(δ)이 있어야 한다. 상태 변화를 위한 이러한 지연은 커패시턴스나 또는 RS 플립-플롭 내에 부가적인 논리 회로를 첨가함으로써 이루어질 수가 있다. 그림 8-7(d)는 그림 8-6(a)의 기본 RS 플립-플롭이 상태 변화를 지연시키기 위해서 된 것을 기호로 나타낸 것이다. 그림 8-7(c)에서 T 펄스는 상태변화가 완료되기 이전에 끝나야 한다는 것을 알 수가 있다. 그리고 다른 펄스가 T에 입력될 때까지는 상태 변화는 더 이상 일어나지 않는다. 만일 T가 너무 길거나 RS 플립-플롭에서 시간지연(δ)이 너무 짧은 경우에는 Q의 변화가 그림 8-7(b)에서처럼 AND 게이트 입력으로 되돌아가게 되지만 T는 "1"상태로 남아 있어 또 다른 상태 변화를 일으킬 수 있는 원인이 된다. 만일 T가 "1"로 남아 있게 되면 플립-플롭은 다시 상태를 변화시킬 것이고 T가 0이 될 때까지 발진을 계속할 것이다. T 플립-플롭의 또 다른 형태는 입력 펄스의 상승 혹은 하강하는 점(Edge)에 반응하여 상태를 변화시킨다. 그런 경우 펄스 폭은 중요치 않다. T 플립-플롭에 대한 다음 상태표와 특성 방정식은 그림 8-7(e)에 나타내었다.

T	Q	Q^+
0	0	0
0	1	1
1	0	1
1	1	0

$$Q(t+\varepsilon) = \overline{T}(t)\,Q(t) + T(t)\,\overline{Q}(t)$$

또는

$$Q^+ = \overline{T}Q + T\overline{Q} = T \oplus Q$$

[그림 8-7(e)] (계속)

위 방정식으로부터 플립-플롭의 다음 상태는(Q^+)는 현재 상태가 1이고 T 펄스가 일어나지 않을 때 또는 현재 상태가 0이고 T 펄스가 일어날 때만 1이 된다.

8-4 *J-K* 플립-플롭

$J-K$ 플립-플롭은 $R-S$ 플립-플롭과 T 플립-플롭의 특성만을 조합한 플립-플롭이다. J나 K 입력에만 적용된 입력 1은 각각 S와 R 입력과 똑같은 동작을 한다. 즉, $J=1$이면 플립-플롭 출력은 $Q^+=1$로 세트된다. 그리고 $K=1$이면 플립-플롭 출력은 $Q^+=0$으로 리셋된다. $R-S$ 플립-플롭과 달리 J와 K는 동시에 입력 1을 적용할 수 있다는 것이다. 이 경우에 플립-플롭은 T 플립-플롭처럼 상태를 변화시킨다. 예를 들어, Q가 0이고 J와 K 양쪽에 입력 1을 순간적으로 입력하면 플립-플롭 상태는 $Q^+=1$로 변한다. $J-K$ 플립-플롭에 대한 다음 상태표와 특성 방정식은 그림 8-8에 나타내었다.

그림 8-8(c)는 $R-S$ 플립-플롭에 게이트를 첨가하여 $J-K$ 플립-플롭으로 구현시키는 한 가지 방법을 보여주고 있다. 만일 $Q=0$, $J=1$의 입력은 플립-플롭을 $Q^+=1$로 세트시킨다. 그리고 $Q=1$, $K=1$의 입력은 플립-플롭을 $Q^+=0$으로 리셋시킨다. J와 K 입력이 동시에 펄스되면($J=K=1$), 플립-플롭은 그림 8-7(b)의 T 플립-플롭처럼 동작하여 상태 변화가 일어난다. 또한 플립-플롭을 정확하게 동작하기 위해서는 그림 8-7(d)에서처럼 $R-S$ 플립-플롭의 상태 변화는 지연되어야만 된다.

J	K	Q	Q^+
0	0	0	0
0	0	1	1
0	1	0	0
0	1	1	0
1	0	0	1
1	0	1	1
1	1	0	1
1	1	1	0

(a)

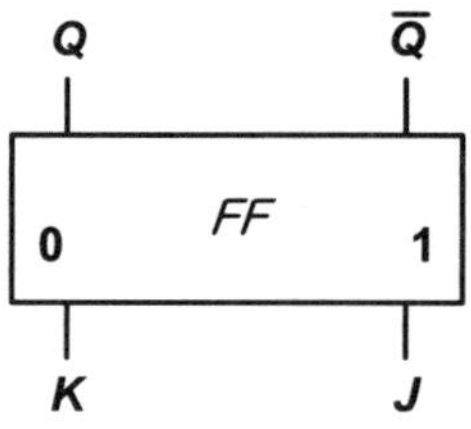

$$Q^+ = Q\overline{K} + \overline{Q}J$$

(b)

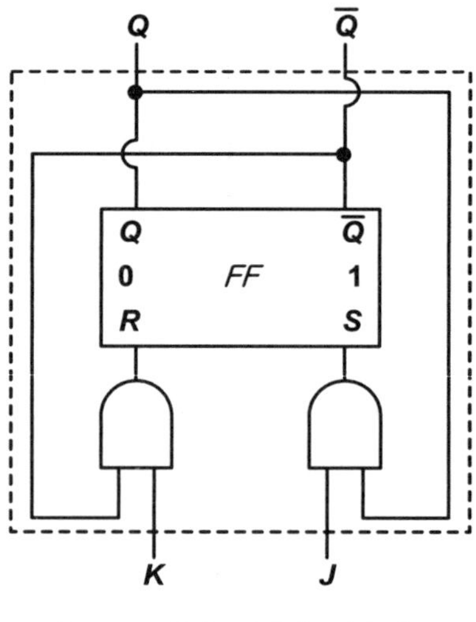

(c) R-S 플립-플롭을 이용한 J-K 플립-플롭의 구성

[그림 8-8] J-K 플립-플롭

J와 K에 동시에 펄스가 될 때 펄스가 너무 길거나 또는 J와 K에 펄스가 동시에 정확하게 도착하지 않으면 타이밍 문제가 야기될 수 있다. 이러한 타이밍 문제를 극복하기 위해서는 다음 절에서 논의될 클럭에 의해서 동작되는 $J-K$ 플립-플롭을 사용하여야 한다.

8-5 클럭형 *J-K* 플립-플롭

매우 큰 순차 논리회로에서 모든 플립-플롭 동작은 클럭이나 펄스 발생기에 동기시키는 것이 보통이다. 클럭 펄스는 외부 게이트를 통해서 각 플립-플롭에 공급된다. 혹은 내부 게이트를 통해 공급되는 경우는 집적화된 회로 플립-플롭을 갖는 경우이다. 클럭을 사용할 경우에 상태를 변화시키는 모든 플립-플롭은 어떤 다른 입력 신호 응답보다도 클럭 펄스 응답에 우선한다.

그림 8-9(a)는 클럭형 $J-K$ 플립-플롭(Clocked $J-K$ Flip-Flop)을 나타내고 있다. 이 플립-플롭은 3개의 입력, 즉 J, K와 클럭 입력을 가지고 있고 이것은 T나 CK로 표기된다. 그림 8-9(b)에서처럼 이 플립-플롭은 J와 K가 적절한 값을 가지고 있다면 클럭 펄스의 하강점 이후 짧은 시간이 지연된 후 상태는 변화된다. 클럭 펄스가 적용되는 동안에 $J=1$이라면 Q는 다음에 오는 클럭 펄스에 의하여 즉시 1로 세트되어진다. 다시 클럭 펄스가 적용된 동안에 $K=1$이면 Q는 클럭 펄스 이후에 0으로 리셋된다. 만일 $J=K=1$이면 Q는 클럭 펄스 이후에 상태가 변한다(Q의 상태가 반전된다). 상태 변화는 클럭 펄스 이후에 상태가 변한다(Q의 상태가 반전된다). 상태 변화는 클럭 펄스에 의해서 일어나고 J와 K에 의해서만 결코 상태 변화가 일어나지 않는다. 그림 8-9(b)로부터 첫 클럭 펄스가 적용되는 동안에는 $Q=0$, $J=1$, $K=0$이기 때문에 Q는 t_1에서 1로 상태가 변화한다. 두 번째 클럭 펄스가 적용되는 동안에는 $Q=0$, $J=0$, $K=1$이기 때문에 Q는 t_2에서 0으로 변한다. 세 번째 클럭 펄스 동안에는 $Q=1$, $J=1$, $K=1$이므로 Q는 t_3에서 1로 변한다. 클럭 입력으로 표시되는 플립-플롭의 화살촉(Arrow head) 기호는 클럭 입력을 나타내고 작은 원은 클럭이 1(High)에서 0(Low)으로 떨어질 때 상태가 변화함을 나타낸다. 즉, 클럭 펄스의 상승점에서의 변화보다는 하강점 이후에 상태가 변한다는 의미이다.

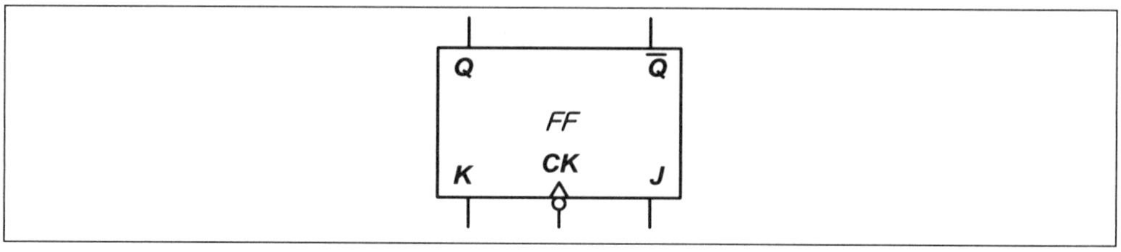

[그림 8-9(a)] 클럭형 J-K 플립-플롭

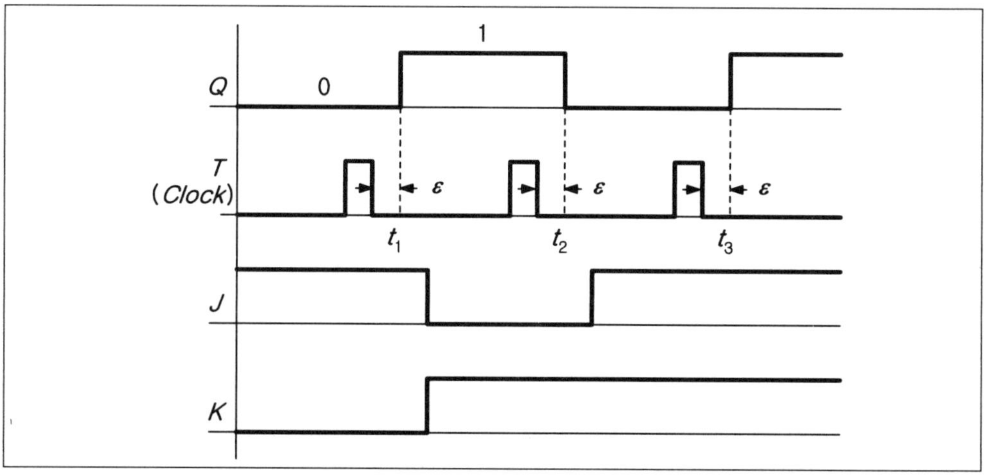

[그림 8-9(b)] J-K 플립-플롭 타이밍

클럭형 $J-K$ 플립-플롭에 대한 다음 상태표와 특성 방정식은 이전에 클럭이 없는 $J-K$ 플립-플롭에서 유도된 상태표 및 상태 방정식이 그대로 적용된다. 즉, Q는 클럭 펄스가 인가되기 이전의 상태이고 Q^+는 클럭 펄스가 인가된 후의 상태이다. 그러므로 클럭 신호의 존재는 방정식에 포함되어 있으나 정확히 나타나지 않는다. 클럭형 $J-K$ 플립-플롭을 실현하는 한 가지 방법은 그림 8-9(c)에서처럼 두 개의 $R-S$ 플립-플롭을 마스터(Master)-슬레이브(Slave) 형태가 되도록 연결하는 방법이다. 마스터-슬레이브 클럭형 $J-K$ 플립-플롭은 집적회로 형태로 만들어진다.

그림 8-9(d)는 클럭형 마스터-슬레이브 $J-K$ 플립-플롭에 대한 상세한 타이밍도를 나타내고 있다. 클럭 펄스에 상승점과 하강점의 기울기를 과장해서 나타낸 것은 플립-플롭과 내부 동작을 보다 더 자세히 나타내는데 있다. 그림 8-9(c)의 게이트 3과 게이트 4는 클럭 펄스가 적용되는 동안 게이트 1과 게이트 2와는 다른 시간에 동작하도록 설계되었다. 클럭 펄스의 상승점에서 게이트 3과 4는 점 "a"에서 슬레이브 플립-플롭 입력과 연결되지 않기 위해 열려져(Open) 있다. 다시 말해서 "a"에 오는 입력 x_1과 x_2는 0으로 동작하므로 P와 $\overline{P}$ 신호는 게이트를 통과할 수 없게 되어 슬레이브

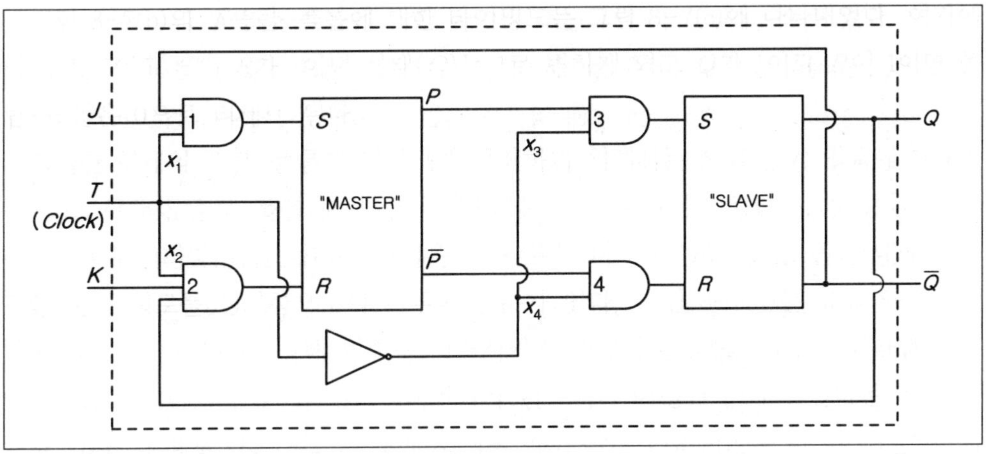

[그림 8-9(c)] 마스터-슬레이브 J-K 플립-플롭

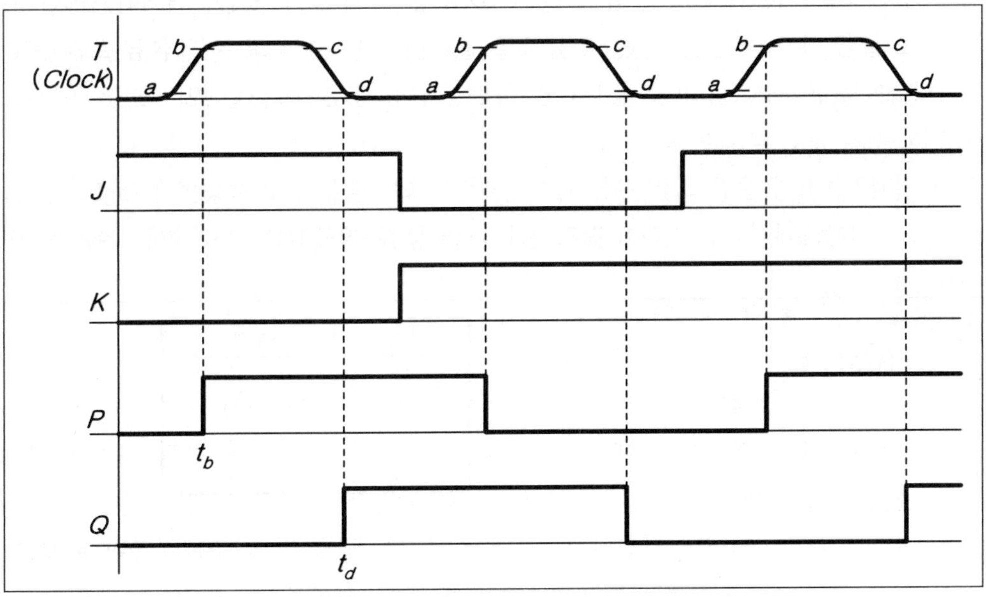

[그림 8-9(d)] 마스터-슬레이브 J-K 플립-플롭에 대한 내부 타이밍도

플립-플롭은 상태를 변화시키지 않는다. 다음에 클럭 펄스의 상승점에 b에서 게이트 1과 2는 마스터(Master) 플립-플롭을 적절한 상태로 세트시키기 위해 닫혀 있다. 즉, 입력 x_1과 x_2는 1로 동작하고 Q가 적당한 값을 갖는다면 J와 K 신호는 게이트를 통과할 수 있다. 클럭 펄스의 하강점에서 게이트 1과 게이트 2는 c점에서 입력을 차단시키기 위해 열려 있고 d점에서 게이트 3과 게이트 4는 동작하여 마스터 출력을 슬레이브에 전달시키기 위해 닫혀져 있다.

그림 8-9(d)에서 첫 클럭 펄스 동안에 $J=1$이므로 시간 t_b에서 P는 1로 세트되고 Q도 t_d에서 1로 세트됨을 알 수 있다. 마스터의 상태 변화는 클럭 펄스의 상승점 위에서 일어나며 슬레이브의 상태 변화는 클럭 펄스의 하강점에서 뒤따라 일어난다. 플립-플롭이 적절하게 동작하기 위해서는 방정식 $Q^+ = J\overline{Q} + \overline{K}Q$에 따라야 하며 또 J와 K 입력의 변화는 그림 8-9(d)에 나타난 것처럼 클럭 펄스 사이에서 발생해야 한다. 플립-플롭이 상태 변화는 펄스 폭과는 상관없이 항상 클럭펄스의 하강점에서 발생한다. 그러므로 클럭 펄스 폭이 어떤 최소값을 초과하는 한 플립-플롭의 적절한 동작은 펄스 폭과 관계가 없다.

클럭형 플립-플롭의 또 다른 2형태는 에지-트리거(Edge-triggered)형 플립-플롭이다. 에지-트리거형 플립-플롭은 마스터-슬레이브 플립-플롭과 마찬가지로 클럭 입력 변화 상태에 따라 상태가 변한다. 그러나 마스터-슬레이브 플립-플롭과 다른 점은 비정상적인 동작을 발생시키지 않고 클럭 펄스 동안에 다른 입력들이 변한다는 것이다. $J-K$ 마스터-슬레이브 플립-플롭과 $J-K$ 에지-트리거형 플립-플롭에 대해서 가끔 같은 기호가 사용된다. 그리고 이들의 외부적 동작은 J와 K가 클럭 펄스 동안에 변하지 않는 한 동일하다.

8-6 D 플립-플롭

집적회로 형태도 사용할 수 있는 또 다른 플립-플롭은 클럭형 D(지연:Delay) 플립-플롭이며 그림 8-10(a)에 나타내었다. 클럭 펄스 인가후 이 플립-플롭의 상태(Q^+)는 클럭 펄스가 인가되기 전의 입력(D)과 동일하다. 예를 들어, 클럭 펄스가 인가되기 전 $D=1$이었다면 이전 Q의 값과는 무관하게 클럭 펄스가 인가된 후에 $Q=1$이 된다. 그러므로 특성 방정식은 $Q^+ = D$가 된다. 클럭형 $J-K$ 플립-플롭과 마찬가지로 D 플립-플롭의 화살 기호는 클럭 입력을 가리키며 작은 반전(Inversion) 원은 상태 변화가 클럭 펄스의 하강점 이후에 1(High)에서 0(Low)으로 변화가 일어남을 나타낸다.

만일 D가 뒤에 나오는 각 클럭 펄스에 따라서 매번 변한다면 플립-플롭의 출력은 그림 8-10(b)에서처럼 클럭 펄스의 하강점이 지나갈 때까지 출력 변화가 지연되는 것을 제외하고는 입력 D와 동일하다.

D	Q	Q^+
0	0	0
0	1	0
1	0	1
1	1	1

$Q^+ = D$

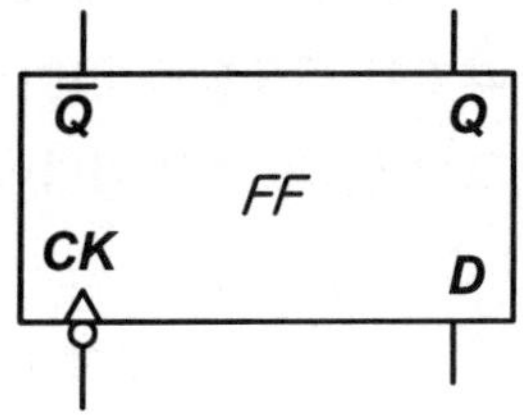

[그림 8-10(a)] 클럭형 D 플립-플롭

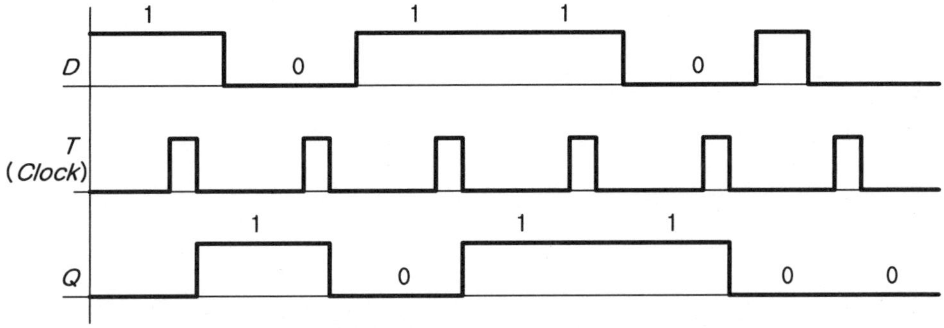

[그림 8-10(b)] 클럭형 D 플립-플롭에 대한 타이밍

8-7 클리어와 프리세트 입력이 있는 클럭형 플립-플롭

클럭형 집적회로 플립-플롭들은 가끔 클럭과 무관하게 플립-플롭의 초기 상태를 세트(Set)하기 위한 부가적인 입력을 가지고 있다. 그림 8-11은 클리어(CLR)와 프리세트(PR) 입력을 가지고 있는 클럭형 $J-K$ 플립-플롭을 나타내고 있다.

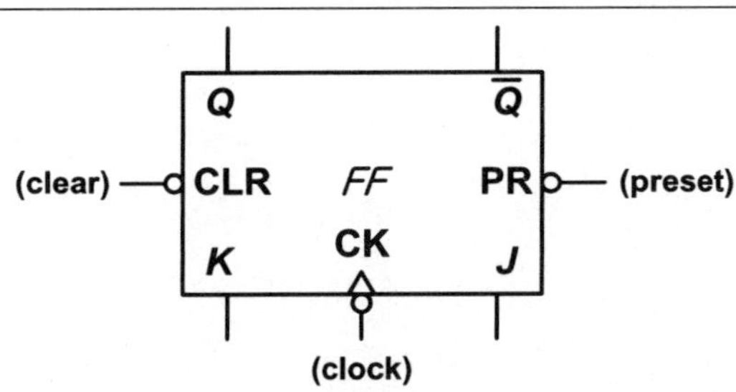

[그림 8-11] 클리어와 프리세트 입력을 가진 클럭형 J-K 플립-플롭

이들 입력 단자에 있는 작은 원은 플립-플롭을 세트하거나 클리어(Clear)하는데 논리 0이 필요함을 의미한다. 그러므로 CLR 입력에 0을 적용하면 플립-플롭 Q는 0으로 리셋되고 PR 입력에 0을 인가하면 플립-플롭 Q는 1로 세트된다. 즉, CLR 입력에 0을 적용하면 $J-K$ 값과 클럭에 상관없이 플립-플롭은 리셋된다. 정상동작 상태 하에서는 CLR과 PR에 0을 동시에 적용해서는 안 된다. 그러므로 CLR과 PR 입력이 논리 1로 유지될 때에 J, K와 클럭 입력은 일반적 방법으로 입력할 수 있게 된다.

연습문제

01 순서 논리 회로 기본 구성도는?

① 감산 회로와 논리합 회로　② 조합 회로와 논리소자
③ 가산 회로와 논리곱 회로　④ 조합 회로와 기억소자

02 순서 논리 회로와 조합 논리 회로의 차이점은?

① NAND 게이트로 구성되느냐, NOR 게이트로 구성되느냐의 차이
② AND 게이트로 구성되느냐의 차이
③ 메모리가 있느냐 없느냐의 차이
④ 궤환이 되느냐 안 되느냐의 차이

03 게이트 소자와 기억 소자로 구성된 논리 회로는?

① 순차 논리 회로　② 정논리 회로
③ 조합 논리 회로　④ 동기 논리 회로

04 순서 논리 회로(Sequential logic circuit)로써 제어 논리를 구성할 때 발생되는 단점으로 옳지 못한 것은?

① 설계 과정이 복잡하다.　② 회로 자체가 복잡하다.
③ 처리 속도가 늦어진다.　④ 고장 수리가 용이하지 못하다.

05 순차 회로에 대한 설명 중 옳지 않은 것은?

① 플립-플롭은 1비트를 저장한다.
② 플립-플롭의 집합은 레지스터를 구성한다.
③ 조합 회로에 논리 게이트를 포함하면 순차 회로이다.
④ 플립-플롭은 2진 정보를 저장하고 게이트는 그것을 제어한다.

06 다음 중 순서 논리 회로의 구성에 관한 설명이 옳지 않은 것은?

① 기억 소자가 필요하다.
② 조합 논리 회로를 포함한다.
③ 카운터는 순서 논리 회로가 아니다.
④ 입력 신호와 레지스터의 상태에 따라서 출력이 결정 된다.

07 입력 신호에 의해 상태를 바꾸도록 지시할 때까지 현재의 2진 상태를 그대로 유지해 주는 회로는?

① 플립-플롭 ② 디코더
③ 인코더 ④ 콘덴서

08 순차 회로의 출력 값은 현재의 입력 값뿐만이 아니라 순차 회로의 과거의 입력값에도 의존하고 있다. 이 회로의 구성요소인 1bit의 기억소자를 무엇이라 하는가?

① 멀티플렉서 ② 플립-플롭(Flip-flop)
③ 디코더 ④ 인코더

09 1비트(Bit)를 저장할 수 있는 기억장치는?

① Register ② Accumulator
③ Flip-Flop ④ Delay

10 플립-플롭(Flip-flop)의 설명 중 틀린 것은?

① 플립-플롭(Flip-flop)은 한 비트의 이진수 기억소자이다.
② 레지스터 상호 간 공통선들의 집합을 버스(Bus)라 한다.
③ m비트 레지스터는 n개의 플립-플롭으로 구성된다.
④ 0 또는 1의 상태를 각각 유지하고 있는 두 개의 안정 회로이다.

11 플립-플롭에 관한 설명으로 적절한 것은?

① 레지스터의 구성요소이다.
② 2개의 비트를 기억하는 능력을 갖는다.
③ 출력값이 입력값에 영향을 주지 않는다.
④ 조합 논리 회로이다.

12 플립-플롭(Flip-flop)으로 구성되지 않는 것은?

① 디코더 ② SRAM
③ 카운터 ④ 레지스터

13 플립-플롭을 사용하지 않는 것은?

① 큐 ② 카운터
③ 멀티플렉서 ④ 레지스터

14 플립-플롭으로 구성할 수 없는 회로는?

① Half Adder ② Register
③ Counter ④ SRAM

15 순서 논리 회로가 아닌 것은?

① 플립-플롭(Flip-flop) ② 가산기(Adder)
③ 레지스터(Register) ④ 계수기(Counter)

16 플립-플롭(Flip-flop)과 관계가 먼 것은?

① 카운터 ② 레지스터
③ 디코더 ④ SRAM

17 어떤 플립-플롭의 전파 지연 시간(Propagation delay)이 50ns라고 하면 이 플립-플롭이 정상적인 동작을 하도록 인가할 수 있는 클럭의 최대 주파수는 몇 MHz인가?

① 5 ② 10
③ 20 ④ 50

18 플립플롭과 관계되지 않는 것은?

① JK ② RS
③ Ripple ④ Master-slave

19 다음 그림의 회로와 관계가 없는 것은?

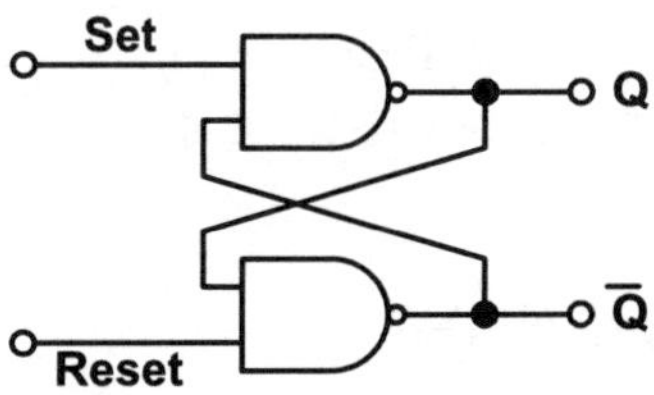

① 플립-플롭의 기본 회로이다.
② R=S=0이 동시에 일어나면 $Q=\overline{Q}=0$로 된다.
③ 래치(Latch) 회로라고 한다.
④ 1-bit의 기억소자이다.

20 RS Flip-Flop인 경우 시간 t_n에 입력 S=1, R=0일 때 시간 t_{n+1}에서의 출력 Q와 $\overline{Q}$의 상태는?

① $Q=0$, $\overline{Q}=0$ ② $Q=0$, $\overline{Q}=1$
③ $Q=1$, $\overline{Q}=0$ ④ $Q=1$, $\overline{Q}=1$

21 RS 플립-플롭에서 R=0, S=1일 때 출력 Q의 상태는?

① 부정 ② 1
③ 0 ④ Complement

22 RS 플립-플롭의 동작 상태 중 옳지 않은 것은?

① S=0, R=0이면 전 상태 유지 ② S=0, R=1이면 리셋
③ S=1, R=0이면 세트 ④ S=1, R=1이면 리셋

23 RS 플립-플롭에서 R=S=1일 때 발생되는 결점을 보완한 플립-플롭은?

① D 플립-플롭 ② T 플립-플롭
③ RS 플립-플롭 ④ JK 플립-플롭

24 JK 플립-플롭의 특징은?

① Inverter의 단점 보완 ② D 플립-플롭의 단점 보완
③ T 플립-플롭의 단점 보완 ④ RS 플립-플롭의 단점 보완

25 다음 진리표와 같은 플립-플롭을 나타내는 것은?(단, X는 don't care)

입	력	CP	Q_{n+1}	$\overline{Q_{n+1}}$
0	0	X	불	변
0	1	↑	0	1
1	0	↑	1	0
1	1	↑	반전(toggle)	

① D 플립-플롭 ② RS 플립-플롭
③ JK 플립-플롭 ④ Clocks RS 플립-플롭

26 JK 플립플롭에서 $J_n = 1$, $K_n = 0$일 때 Q_{n+1}의 출력 상태는?

① 반전 ② 불변
③ 세트 ④ 리셋

27 JK 플립-플롭의 트리거 입력과 상태 전환 조건을 설명한 것 중 옳지 않은 것은?

① J=0, K=0 일 때는 반전치 않는다. ② J=0, K=1 일 때는 0으로 되돌아간다.
③ J=1, K=0 일 때는 1로 된다. ④ J=1, K=0 일 때는 반전된다.

28 JK 플립-플롭에서 $J_n = K_n = 1$일 때 C_p가 인가되면 Q의 출력은?

① Q_n ② Toggle
③ $Q(n+1)$ ④ 1

29 JK 플립-플롭 $J_n = K_n = 1$일 때 Q_{n+1}의 출력 상태는?

① 반전 ② 변화가 없다
③ 1 ④ 0

30 JK 플립-플롭에서 J=K=1일 때 클럭이 인가되면 출력 Q의 상태는?

① 변화 없음 ② Set
③ Reset ④ Toggle

31 JK 플립-플롭에서 J에 "1", K에 "0" 상태에서 클럭에 "0"인 펄스를 가하면 출력 측의 상태는?

① 반전(Toggle) ② 불변
③ 1 ④ 0

32 JK 플립-플롭에서 J의 값이 1이며, K의 값이 0인 경우 출력 값은?

① 불변(Previous state) ② 리셋(Reset)
③ 세트(Set) ④ 토글(Toggle)

33 JK 플립-플롭에서 J=K=High일 때 C_p가 인가되면 Q는?

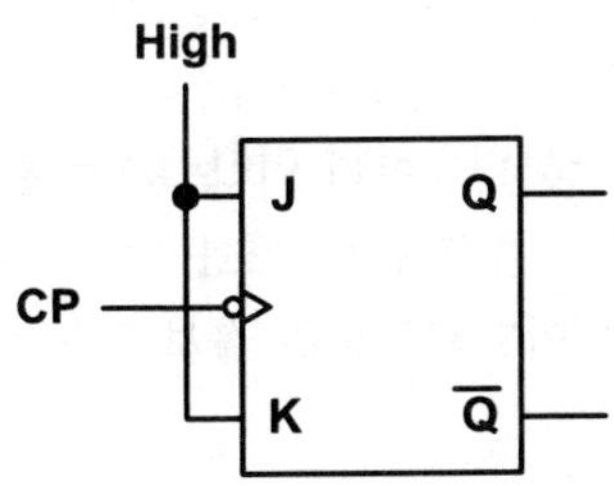

① 불변
② 0
③ 1
④ Toggle

34 JK 플립-플롭에서 J=K=1일 때 클럭이 인가되면 출력 Q의 상태는?

① 변화 없음 ② 세트
③ 리셋 ④ 반전

35 JK 플립-플롭의 특성 방정식(Characteristic equation)은?

① $Q_{(t+1)} = JQ + KQ$　　② $Q_{(t+1)} = J\overline{Q} + K\overline{Q}$

③ $Q_{(t+1)} = \overline{J}Q + \overline{K}Q$　　④ $Q_{(t+1)} = J\overline{Q} + \overline{K}Q$

36 다음 그림은 어떤 플립-플롭의 타이밍 다이어그램인가?

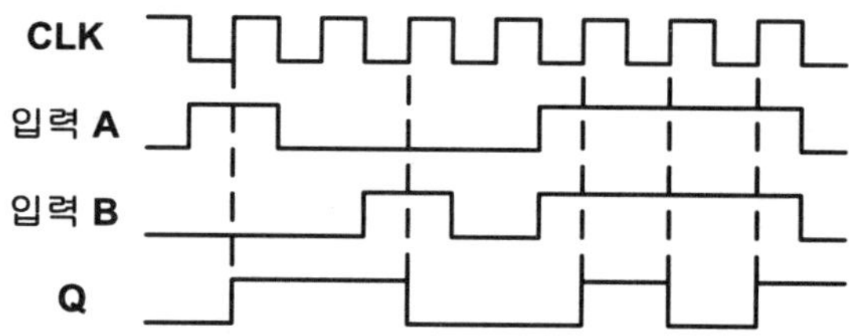

① RS 플립-플롭
② D 플립-플롭
③ T 플립-플롭
④ JK 플립-플롭

37 플립-플롭(Flip-flop) 중 보수(Complement) 기능이 있는 것은?

① T 플립-플롭, D 플립-플롭　　② JK 플립-플롭, T 플립-플롭

③ RS 플립-플롭, JK 플립-플롭　　④ D 플립-플롭, RS 플립-플롭

⑤ RS 플립-플롭, T 플립-플롭

38 JK 플립-플롭 그림과 같이 연결하면 어떤 플립-플롭과 같은 동작을 하는가?

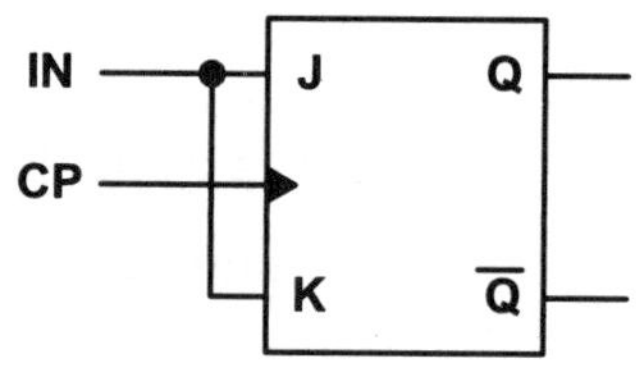

① D
② RS
③ T
④ Master-slave

39 J-K 플립-플롭의 J 입력과 K 입력을 하나로 연결하면 어떤 플립-플롭의 동작을 하는가?

① D 플립-플롭　　② T 플립-플롭

③ M/S 플립-플롭　　④ RS 플립-플롭

40 반전(Toggling) 상태를 이용한 플립-플롭 형태는?

① RS 플립-플롭　　② D 플립-플롭

③ JK 플립-플롭　　④ T 플립-플롭

41 4가지 플립-플롭 중에서 값이 1일 때 이전 상태 값을 토글(Toggle)하여 출력하는 기능을 담당하는 것으로 키보드의 Caps locks 키 같이 토글 동작이 가능한 것은?

① T
② D
③ JK
④ RS

42 T 플립-플롭의 차기 상태(Next state) $Q_{(t+1)}$을 T 입력과 현재 상태 Q로 표시하면?

① $Q_{(t+1)} = TQ$
② $Q_{(t+1)} = TQ' + T'Q$
③ $Q_{(t+1)} = T' + Q'$
④ $Q_{(t+1)} = TQ + T'Q'$

43 플립-플롭(Flip-flop) 중에서 입력 상태가 그대로 출력되는 것은?

① RS 플립-플롭
② D 플립-플롭
③ JK 플립-플롭
④ T 플립-플롭

44 다음 표는 D-FF의 진리표이다. Q_{n+1}의 상태는?

D	Q	Q_{n+1}
0	0	a
0	1	b
1	0	c
1	1	d

① a : 0, b : 0, c : 0, d : 0
② a : 0, b : 0, c : 0, d : 1
③ a : 0, b : 1, c : 0, d : 1
④ a : 0, b : 0, c : 1, d : 1

45 D 플립-플롭에 해당하는 것은?

①
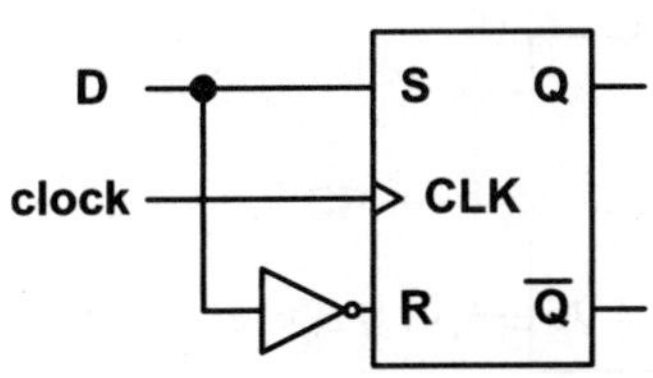

②
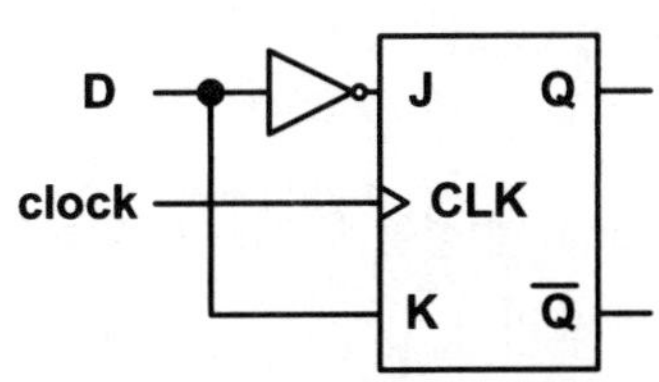

③
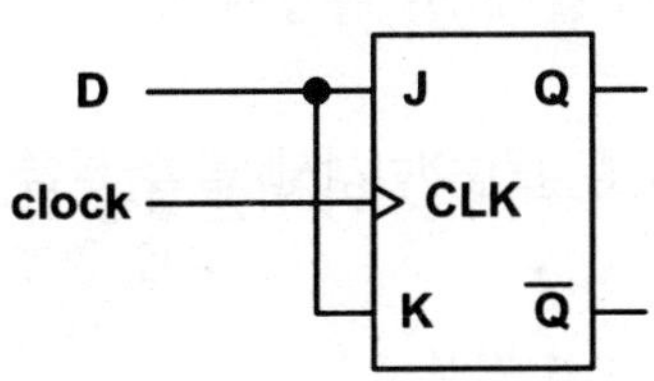

④
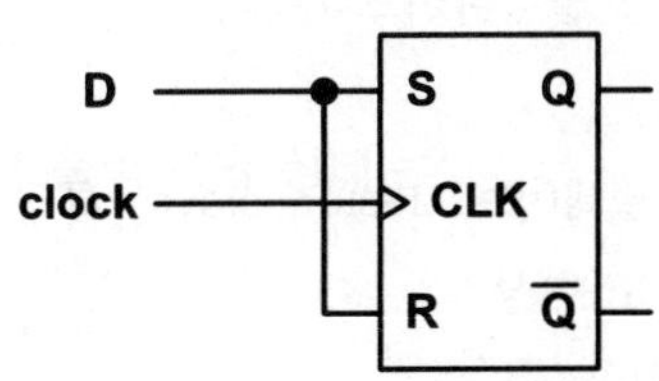

46 D 플립-플롭 셋업(Setup) 시간=5ns, 홀드(hold) 시간=10ns, 전파(Propagation)시간=15ns 이다. 클럭 에지가 발생하기 얼마 전에 데이터가 입력되어야 하는가?

① 5ns ② 10ns
③ 15ns ④ 30ns

47 출력측의 일부가 입력측에 궤한되어 유발되는 레이스 현상을 없애기 위해 고안된 플립-플롭은?

① JK 플립-플롭 ② 마스터-슬레이브 플립-플롭
③ RS 플립-플롭 ④ D 플립-플롭

48 마스터-슬레이브 JK 플립-플롭을 사용하는 이유는?

① 지연시간을 짧게 하기 위해 ② 지연시간을 길게 하기 위해
③ 클럭 펄스를 사용할 수 없을 때 ④ 레이싱(Racing) 현상을 없애기 위해

49 레이스(Race) 현상을 방지하기 위하여 사용하는 것은?

① 무안정 M/V ② M/S 플립-플롭
③ Schmitt Trigger ④ JK 플립-플롭

50 마스터 슬레이브 JK-FF에서 클럭 펄스가 들어올 때마다 출력 상태를 반전시키기 위한 J와 K의 입력으로 옳은 것은?

① J=1, K=1 ② K=1, K=0
③ J=0, K=1 ④ J=0, K=0

51 주인의 역할을 하는 회로와 종의 역할을 하는 2개의 별개 플립-플롭으로 구성된 플립-플롭은?

① JK 플립-플롭 ② T 플립-플롭
③ MS 플립-플롭 ④ D 플립-플롭

52 레이스(Race) 현상을 방지하기 위하여 사용되는 것은?

① 슈미트 트리거 ② 단안정 멀티바이브레이터
③ 무안정 멀티바이브레이터 ④ 마스터/슬레이브 플립-플롭

53 마스터-슬레이브(Master-slave) 플립-플롭은 어떤 현상을 해결하기 위한 플립-플롭인가?

① Toggle 현상 ② Race 현상
③ Hogging 현상 ④ 전파 지연 현상

제 9 장

카운터 설계

Counter Design

카운터는 순차 회로 중에서 가장 간단한 회로 중 하나이다. 카운터는 대개 입력 펄스가 가해질 때 앞서 설명한 시컨스처럼 상태가 변화되는 2개 이상의 플립-플롭으로 구성된다. 이 장에서는 카운터에 대한 플립-플롭 입력 방정식을 유도하는 과정에 대하여 배우게 될 것이다.

9-1 2진 카운터 설계

이 장에서 논의될 카운터는 모두가 동기형 카운터이다. 플립-플롭의 동작은 공통 입력 펄스(P)에 의해 동기화되며 플립-플롭의 상태 변화는 동시에 일어난다. 플립-플롭의 상태 변화가 다음 단 플립-플롭으로 트리거되는 리플 카운터는 이 장에서는 논의하지 않기로 한다.

우선 3개의 T 플립-플롭을 이용하여 펄스를 계수하는 2진 카운터를 설계해 보자. 모든 플립-플롭은 입력 펄스 하강점에서 순간적으로 상태가 변한다고 가정한다. 그러면 카운터의 상태는 각각의 플립-플롭에 의해 결정된다. 만일 플립-플롭 A가 상태 0, 플립-플롭 B가 상태 1, 플립-플롭 C가 상태 1이면 카운터 상태는 011이 된다. 초기에는 모든 플립-플롭이 0 상태로 리셋되어 진다. 펄스가 가해질 때 카운터는 001로 변한다. 그 다음에 두 번째 펄스가 들어오면 상태는 010으로 변한다. 따라서 플립-플롭 상태의 순차는 ABC=000, 001, 010, 011, 100, 101, 110, 111, 000, …이 된다.

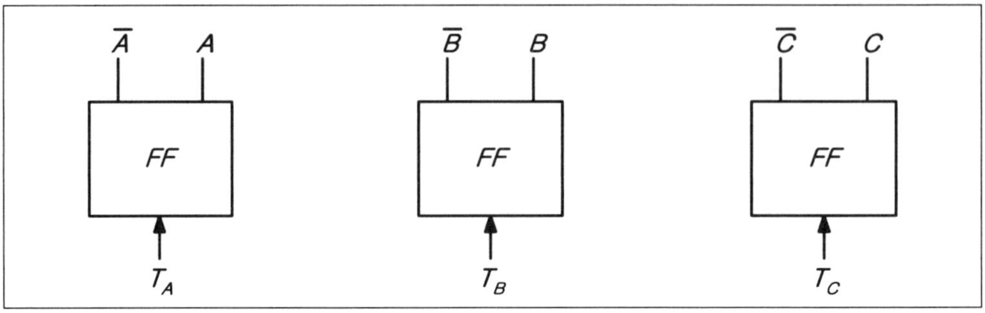

[그림 9-1] 2진 카운터에 대한 플립-플롭

카운터가 111 상태에 이르면 다음 펄스로 카운터는 000 상태로 리셋되고 그 다음 시컨스는 반복됨을 알 수 있다. 처음에는 카운팅 순서(Sequence)를 고려하여 카운터를 설계하지만 그 다음에는 다른 형태의 카운터에도 적용할 수 있는 체계적인 절차(Systematic procedure)를 사용하여 설계할 것이다. 이 절차에서 플립-플롭 입력 T_A, T_B, T_C를 결정하는 것이 문제이다. 위 카운팅 순서로부터 C는 펄스가 인가될 때마다 상태가 변함을 알 수 있다. 펄스를 발생하는 T_C는 C의 상태를 변화하게 하고 그 펄스는 직접 T_C 입력에 연결되어야 한다. 그런 다음 $C=1$일 경우에 펄스가 가해진다면 B는 상태를 변화시킨다. 그러므로 AND 게이트를 그림 9-2에서처럼 T_B에 연결하여 C가 1이고 펄스가 가해질 때 B는 상태를 변화시킨다. 이와 비슷하게 A는 B와 C가 모두 1이고 펄스가 가해질 경우만 상태를 변화시킨다. 그러므로 $B=1$, $C=1$이고 펄스가 A의 상태를 변화시키기 위해서는 그림 9-2에서처럼 AND 게이트를 T_A에 연결하면 된다.

그림 9-2의 2진 카운터는 회로를 통한 추적신호(Tracing signal)를 정확하게 계산함으로써 정상동작 상태를 확인할 수가 있다. 초기에 $ABC=000$일 경우 첫 번째 펄스는 단지 T_C에만 전달되어 상태는 001로 변한다. 두 번째 펄스가 T_B와 T_C에 인가되면 상태는 010으로 변한다. 이런 과정은 상태가 111에 도달할 때까지 연속적으로 발생한다. 다음 펄스가 T_A, T_B, T_C에 전달되고 모든 플립-플롭들은 0 상태로 돌아온다.

이번에는 상태표(표 9-1)를 이용하여 2진 카운터를 설계하는 방법을 설명한다. 상태표는 플립-플롭 A, B, C의 현재 상태(펄스가 가해지기 전)와 다음 상태(펄스가 가해진 후)를 나타낸다. 이 상태표에는 펄스가 나타나 있지 않지만 펄스는 입력으로 생각하면 된다. 예를 들어, 플립-플롭의 상태(ABC)가 011이고 펄스가 가해지면 다음 상태는 $A^+B^+C^+=100$으로 된다. 상태표에서 3번째 칸은 T_A, T_B, T_C에 대한 입력을 유도하는데 사용된다. C열과 C^+열에 기재사항들(Entries)이 다를 때마다 플립-플롭 C는 상태를 변화시켜야 하고 T_C는 1이 되어야 한다.

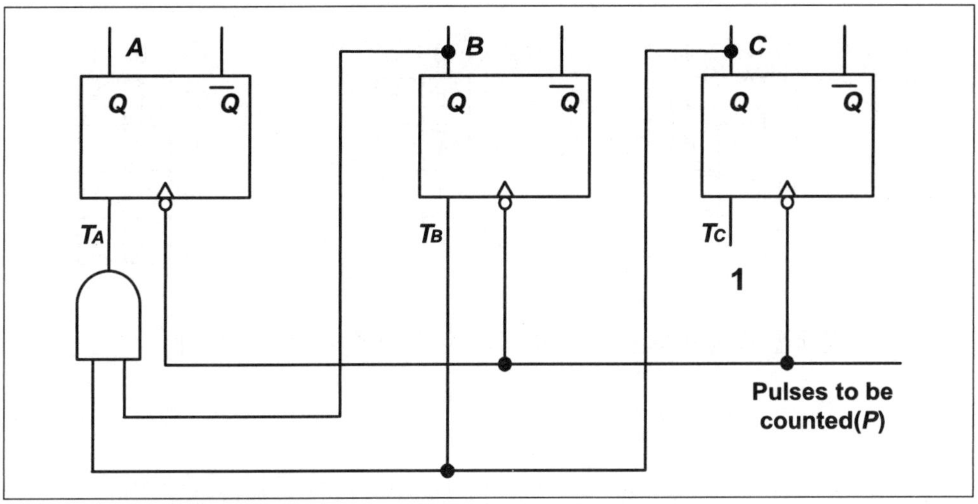

[그림 9-2] 동기형 2진 카운터

이와 비슷하게 B와 B^+가 다르고 $T_B=1$이면 B는 상태를 변화시켜야 한다. 예를 들어 $ABC=011$, $A^+B^+C^+=100$이면 세 개의 플립-플롭 모두 상태가 변화되어지므로 $T_A T_B T_C$는 111이다.

[표 9-1] 2진 카운터의 상태표

현재 상태 A B C	다음 상태 $A^+B^+C^+$	플립-플롭 입력 $T_A T_B T_C$
0 0 0	0 0 1	0 0 1
0 0 1	0 1 0	0 1 1
0 1 0	0 1 1	0 0 1
0 1 1	1 0 0	1 1 1
1 0 0	1 0 1	0 0 1
1 0 1	1 1 0	0 1 1
1 1 0	1 1 1	0 0 1
1 1 1	0 0 0	1 1 1

T_A, T_B, T_C는 상태표로부터 A, B, C 함수로 표현할 수가 있다. 표로부터 $T_C=1$이 유도된다. T_A, T_B는 카르노 맵을 이용하면 다음과 같이 구할 수 있다.

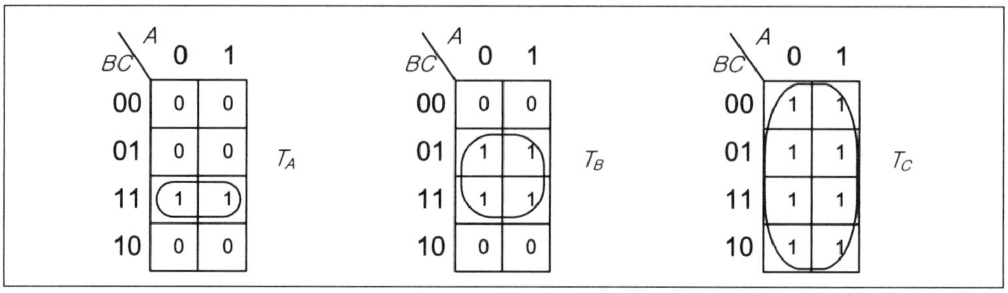

각 상태를 변화시키는 데는 펄스(P)가 동시에 가해져야 한다.

$$T_A = BC \qquad T_B = C \qquad T_C = 1$$

이들 입력 방정식은 이전에 유도된 회로와 동일함을 나타내고 있다.

9-2 다른 순차(시컨스)를 갖는 카운터

카운터 응용에서 카운터의 상태 순차가 2진 코드(Code) 순차가 아닌 경우도 있다. 그림 9-3은 이와 같이 2진 순차 상태가 아닌 카운터에 대한 상태도를 나타내고 있다. 화살표 방향은 상태 순차를 가리킨다. 이 카운터가 000 상태에서 시작된 경우에 첫 펄스가 들어오면 상태는 100이 되고 그 다음 펄스가 들어오면 상태는 111이 된다. 카운트 펄스(Count pulse)는 회로에 대해 입력으로 간주된다.

그림 9-3 상태도에 대응하는 상태표는 표 9-2와 같다.

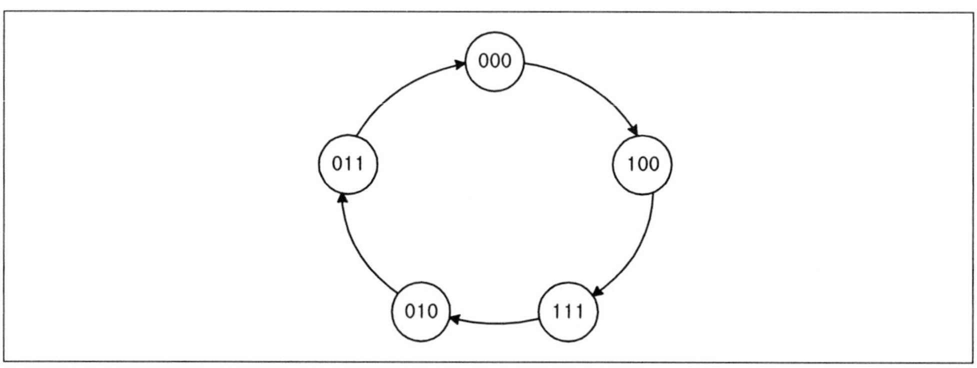

[그림 9-3] 카운터의 상태도

[표 9-2] 그림 9-3의 상태표

A B C	A^+ B^+ C^+	T_A T_B T_C
0 0 0	1 0 0	1 0 0
0 0 1	× × ×	× × ×
0 1 0	0 1 1	0 0 1
0 1 1	0 0 0	0 1 1
1 0 0	1 1 1	0 1 1
1 0 1	× × ×	× × ×
1 1 0	× × ×	× × ×
1 1 1	0 1 0	1 0 1

상태표에서 현재 상태 001, 101, 110에 대응하는 다음 상태는 표시되지 않았다. 입력 T_A, T_B, T_C는 이전의 예에서처럼 상태표로부터 직접 유도할 수 있다. 그러나 A, B, C의 함수인 A^+, B^+, C^+를 다음 상태 맵(Next state maps)으로 구현하는 것이 더욱 편리하며 T_A, T_B와 T_C는 이 맵으로부터 유도한다. 그림 9-4(a)에서 다음

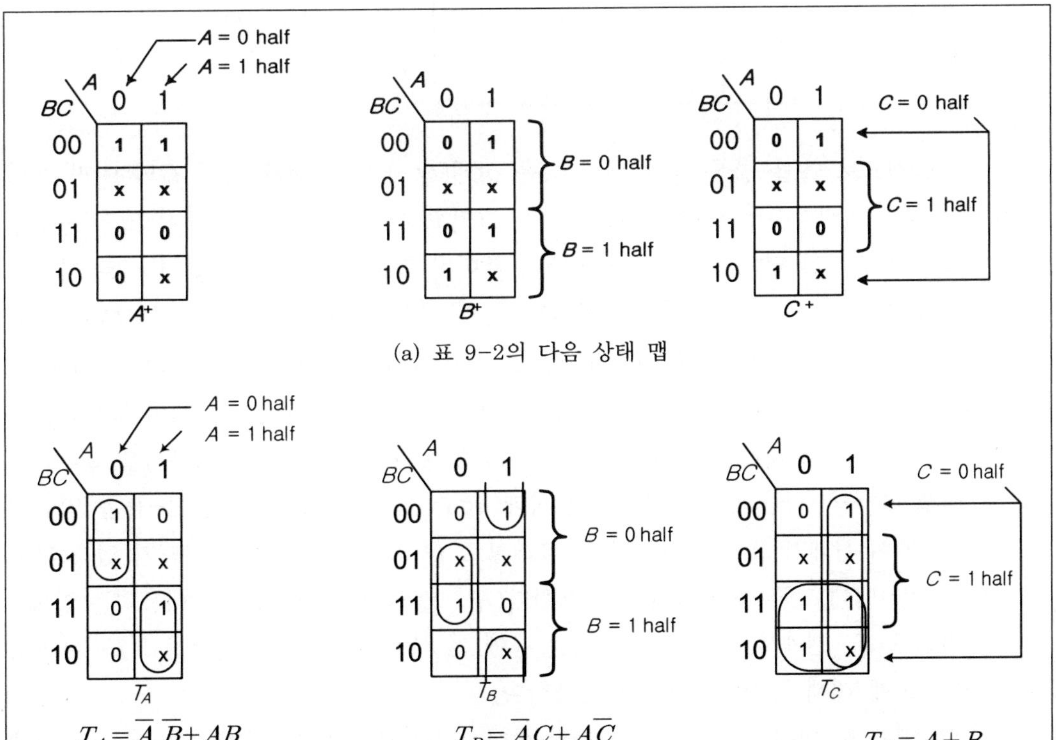

(a) 표 9-2의 다음 상태 맵

$$T_A = \overline{A}\,\overline{B} + AB = \overline{A \oplus B}$$

$$T_B = \overline{A}C + A\overline{C} = A \oplus C$$

$$T_C = A + B$$

(b) T 입력으로의 유도

[그림 9-4]

단계 맵들은 표 9-2로 쉽게 작성되어진다. 표의 첫 번째 행에서 보면 $ABC=000$인 칸에는 A^+, B^+, C^+ 맵들을 각각 1, 0, 0으로 채워준다. 두 번째 행에서는 $ABC=001$인 칸에는 세 개의 맵 모두가 "돈 케어" 상태로 채워지고, 세 번째 행에서는 $ABC=010$인 칸에서 A^+, B^+, C^+ 맵은 각각 0, 1, 1로 채워진다. 이후의 다음 상태 맵은 이런 방법으로 계속하게 되면 손쉽게 완성할 수가 있다.

이번에는 다음 상태 맵으로부터 T 입력에 대한 맵을 구해보자. 이후에 나오는 일반적인 기호 Q는 플립-플롭의(A, B, 혹은 C) 현재 상태를 나타내며 Q^+는 같은 플립-플롭의 다음 상태(A^+, B^+혹은 C^+)를 나타낸다. T 플립-플롭(Q)의 현재 상태와 다음 상태(Q^+)가 주어지면 T 입력은 상태 변화가 요구될 때마다 입력($T=1$)되어야 한다. 그러므로 표 9-3에 나타난 것처럼 $Q^+ \neq Q$일 때마다 $T=1$이 된다.

[표 9-3] T 플립-플롭 입력의 유도

Q Q^+	T
0 0	0
0 1	1
1 0	1
1 1	0

$$T = Q^+ \oplus Q$$

일반적으로 플립-플롭 Q에 대한 다음 상태(Q^+) 맵은 현재 상태 Q와 여러 개의 서로 다른 입력함수로서 Q^+가 주어진다. 그리고 Q의 값은 행이나 혹은 열의 변수값으로부터 결정이 된다. Q^+에 대한 맵이 주어질 경우 Q^+와 Q의 값이 서로 다르면 T_Q 맵에 대한 각 칸에 1을 넣으므로 T_Q에 대한 맵을 작성한다. 그러므로 그림 9-4(b)에서 T_A의 맵은 그림 9-4(a)의 A^+ 맵으로부터 형성된다. 즉 $ABC=000$ 칸에 대하여 $A=0$, $A^+=1$이기 때문에 T_A의 $ABC=000$ 칸에 1을 채워 넣는다. 또 $ABC=111$ 칸에 대해서도 $A=1$, $A^+=0$이므로 T_A의 ABC=111 칸에 1을 넣는다.

플립-플롭의 다음 상태에 돈 케어 상태(Don't care)가 있으면, 플립-플롭 입력에도 돈 케어 상태가 그대로 반영된다. 그러므로 Q^+맵 내에 돈 케어 상태가 있을 경우에는 T_Q 맵에도 돈 케어 상태가 존재한다(Q^+ 맵의 돈 케어 상태와 대응되는 칸에). 그러므로 T_A 맵에서 A^+맵과 대응하는 칸에 돈 케어 상태가 존재하므로 $ABC=001$, 101, 110에 대해 돈 케어 상태가 존재한다.

Q^+맵을 한 번에 T_Q맵으로 한 칸씩 변형시키는 대신에 Q^+맵을 $Q=0$과 $Q=1$에 대응되도록 2부분으로 나누어서 T_Q맵의 각 부분을 변형할 수 있다. 표 9-3으로부터 $Q=0$인 경우에는 $T=Q^+$ 그리고 $Q=1$인 경우에는 $T=\overline{(Q^+)}$로 됨을 알 수 있다.

그러므로 Q^+ 맵에서 T맵으로의 변형은 돈 케어 상태에 상관없이 $Q=0$인 경우에는 그 절반을 그대로, $Q=1$인 경우에는 그 절반을 보수화(Complement)하면 된다.

이 방법을 적용하면 그림 9-4(a)에서 보여주는 카운터에 대한 A^+, B^+, C^+ 맵을 T 맵으로 전환할 수가 있다. 첫 번째 맵에서 A는 Q와(그리고 A^+는 Q^+와) 대응하고 A^+맵으로부터 T_A맵을 얻기 위해서는 2번째 열($A=1$ 부분)을 보수화하고 나머지 맵은 그대로 둔다. 유사하게 B^+로부터 T_B를 얻기 위해 B 맵의 아래 절반을 보수화하고, C^+로부터 T_C를 얻기 위해서는 중간 두 행을 보수화한다. 이렇게 하여 그림 9-4(b)의 맵과 방정식이 얻어진다. 그리고 이 방정식으로 설계한 카운터는 그림 9-5와 같다. 게이트 입력은 플립-플롭 출력에 직접 연결하지 않고 생략한 형태로 간략하게 표시하였다.

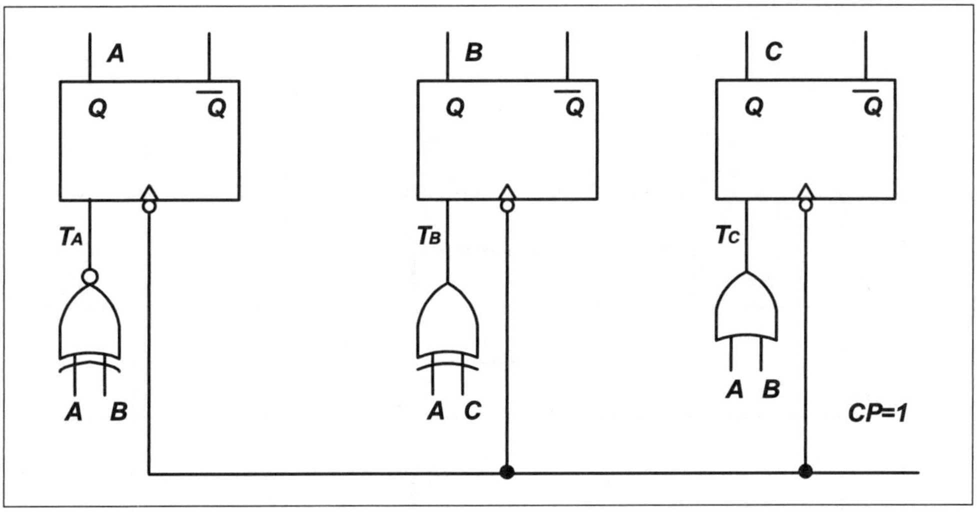

[그림 9-5] T 플립-플롭을 사용한 카운터

입력 펄스(P)는 입력 펄스가 가해질 때만 플립-플롭 상태를 변화시키기 위해서 각각 T 함수와 AND되어 있다. 펄스가 상태를 변화시켜야 하는 모든 플립-플롭에 동시에 도달하게 하기 위해서는 플립-플롭에서 가장 가까운 곳에 있는 게이트에 펄스를 연결해야만 한다. 카운터의 각 플립-플롭 입력에 펄스가 도달할 수 있도록 사용되는 게이트 수가 서로 다를 경우에는 타이밍 문제가 발생할 수 있다. 그러나 클럭형 T 플립-플롭을 사용하면 이 회로는 최소로 간략화할 수 있으며 이러한 타이밍 문제를 피할 수 있다. 그림 9-6의 타이밍 도는 그림 9-3 상태도에 따라 카운터가 동작한다. 예를 들어 $ABC=000$에서 출발한다고 가정할 경우에, 첫 펄스는 T_A상에만 나타나게 되어 다음 상태를 100이 되도록 한다. 플립-플롭은 항상 입력 펄스가 끝난 후에 상태를 변화시킨다.

카운터에 대한 원래 상태도(표 9-2)에서 상태가 완전하게 규정되어 있지 않더라도 001, 101, 110 상태에 대한 다음 상태는 회로 설계과정에서 규정할 수 있다. 예를 들어 플립-플롭이 초기에 $A=0$, $B=0$, $C=1$로 세트되어 있고 펄스가 가해지면 조합회로의 추적신호(Tracing signal)는 $T_A = T_B = 1$이 되고 상태는 111로 변한다. 이와 같은 동작을 그림 9-7에서 점선으로 나타내었다. 상태가 일단 111에 도달하면 펄스가 계속적으로 가해지므로 상태도에 나타난 원래의 카운팅 순차대로 카운터는 연속적으로 동작을 하게 된다. 카운터 회로에 전원을 처음 가했을 때의 플립-플롭의 초기 상태는 예견할 수가 없다. 이런 이유 때문에 카운터에서 모든 돈 케어 상태는 파워(Power)가 리셋으로 되지 않는 한 카운팅 순차가 확실하게 지켜지는지를 확인해야 한다.

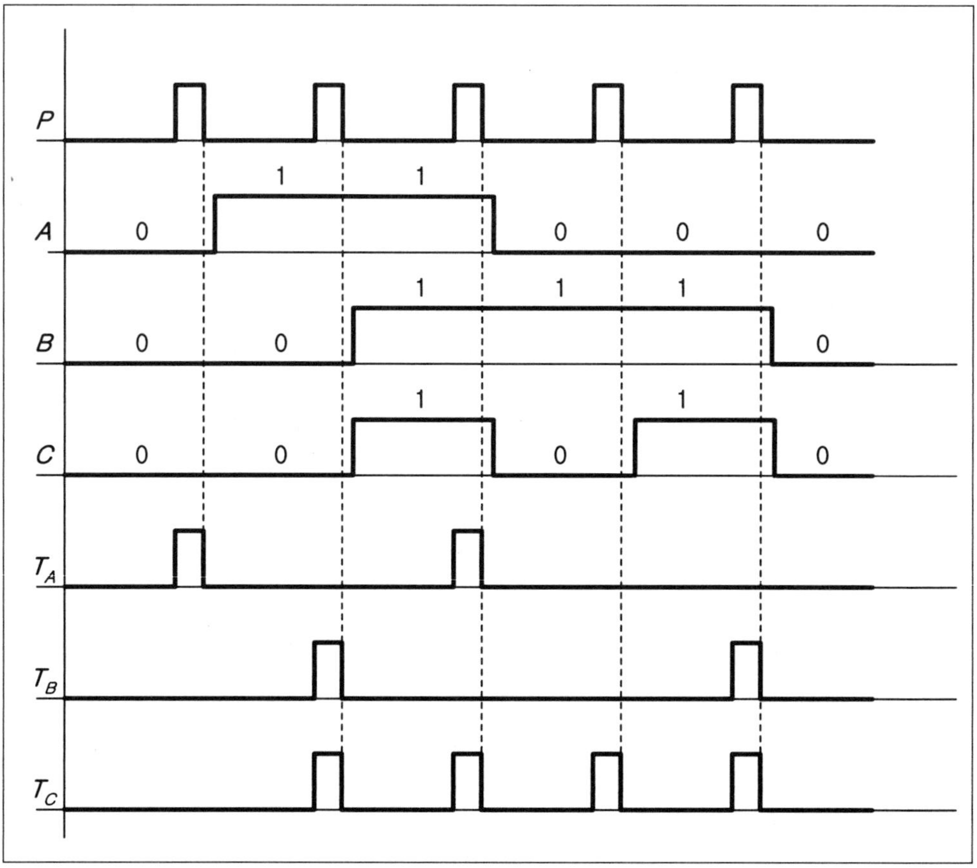

[그림 9-6] 그림 9-5에 대한 타이밍도

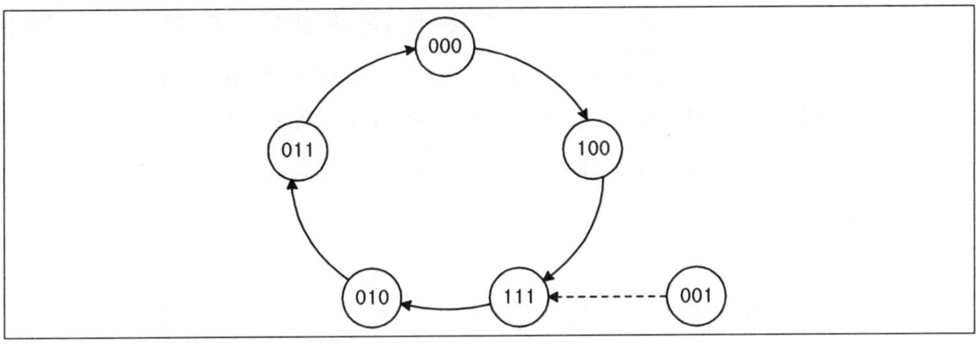

[그림 9-7] 카운터에 대한 상태도

T 플립-플롭을 이용하여 카운터를 설계하는 과정을 요약하면 다음과 같다.

① 현재 플립-플롭 상태를 조합하여 다음 플립-플롭 상태를 나타내는 상태표를 작성한다.

② 상태표로부터 다음 상태 맵을 그린다.

③ 각 플립-플롭에 대한 T입력 맵을 그린다(T_Q 맵을 작성할 때, $Q^+ \neq Q$일 때만 T_Q는 1이 되어야 한다. 이것은 맵의 절반인 $Q=1$을 보수화하고 절반인 $Q=0$은 그대로 두면 Q^+ 맵으로부터 T 입력식을 구할 수 있음을 의미한다).

④ 최종적으로 맵으로부터 T 입력 방정식을 구하여 회로를 실현한다.

9-3 R-S 플립-플롭을 이용한 카운터 설계

$R-S$ 플립-플롭을 이용한 카운터 설계 과정은 9.1절과 9.2절에서 논의된 카운터 설계 과정과 동일하다. 단지 차이점은 T 플립-플롭에 대한 입력 방정식을 유도하는 것대신 S와 R 입력 방정식을 유도하는 것이며 이제부터는 S, R 입력 방식을 유도하기로 한다. 표 9-4(a)는 $R-S$ 플립-플롭의 동작 상태를 나타내고 있다. S, R, Q 상태가 주어지면 이 표를 이용하여 Q^+를 결정할 수가 있다. 그러나 여기서의 문제는 현재 상태 Q와 다음 상태 Q^+가 주어질 경우에 S와 R의 상태를 결정해야 하는 것이다.

플립-플롭의 현재 상태가 $Q=0$이고 다음 상태가 $Q^+=1$이면 플립-플롭을 1로 세트하기 위해 1을 S에 입력해야 한다. 또한 현재 상태는 $Q=1$이고 다음 상태가 $Q^+=0$이면 플립-플롭을 0으로 리셋하기 위해 1을 R 입력에 적용해야 한다. 그래서 플립-플롭의 입력은 $R=1$이면 $S=0$, $S=1$이면 $R=0$이어야 하는 제한이 반드시 있게 된다(플립-플롭의 정의). 그러므로 표 9-4(b)처럼 $QQ^+ = 01, 10$행에 해당하는 입력 SR은 각각 10과 01로 채워진다. 만일 현재 상태(Q)와 다음 상태(Q^+) 모두가 0이면 플립-플롭이 1로 세트되는 것을 방지하기 위해서는 $S=0$이어야 한다. 그러나 $Q=0$, $R=1$일 경우에는 플립-플롭이 상태는 변하지 않기 때문에 R은 0이 되든지 1이 되든지 상관이 없다.

그리고 현재 상태(Q)와 다음 상태(Q^+) 모두가 1일 경우에 플립-플롭이 리셋되는 것을 방지하기 위해서는 R은 0이어야만 한다. 그러나 S는 0이든지 1이든지 상관이 없다. 이와 같이 얻어진 S와 R의 입력들은 표 9-4(b)에 요약하였다. 표 9-4(c)는 R과 S에 교대로 돈 케어(Don't care)로 표현한 것을 제외하고는 표 9-4(b)와 동일하다.

[표 9-4] R-S 플립-플롭의 입력

(a)

$S\ R\ Q$	Q^+
0 0 0	0
0 0 1	1
0 1 0	0
0 1 1	0
1 0 0	1
1 0 1	1
1 1 0	–
1 1 1	–

(b)

$Q\ Q^+$	$S\ R$
0 0	0 0
	0 1
0 1	1 0
1 0	0 1
1 1	0 0
	1 0

(c)

$Q\ Q^+$	$S\ R$
0 0	0 ×
0 1	1 0
1 0	0 1
1 1	× 0

$Q^+ = S + \overline{R}Q(SR=0)$

그림 9-3의 카운터를 $R-S$ 플립-플롭을 이용하여 다시 설계하여 보자. 표 9-2에 다 R과 S 플립-플롭 입력을 추가하여 적용하면 표 9-5로 나타내어진다. 이 행들은 표 9-4(c)를 이용하여 채워질 수 있다. $ABC=000$인 경우에 $A=0, A^+=1$이므로 $S_A=1$, $R_A=0$이다.

$ABC=100$인 경우는 $A=1$, $A^+=1$이므로 $S_A=X$, $R_A=0$가 된다. 111인 행에서는 $A=1$ 그리고 $A^+=0$이므로 $S_A=0, R_A=1$이다. $ABC=001$, 101 그리고 110일 경우 $A^+=X$이므로 $S_A=R_A=X$이다. 이와 같은 방식으로 S_B와 R_B의 값은 B와 B^+의 값에서 유도되어지고 S_C와 R_C의 값은 C와 C^+의 값에서 유도될 수 있다. 이와 같은 결과로 얻어지는 플립-플롭 입력 함수는 그림 9-8(a)에서처럼 맵으로 나타낼 수 있다.

[표 9-5] 상태도

$A\ B\ C$	$A^+B^+C^+$	S_A	R_A	S_B	R_B	S_C	R_C
0 0 0	1 0 0	1	0	0	×	0	×
0 0 1	× × ×	×	×	×	×	×	×
0 1 0	0 1 1	0	×	×	0	1	0
0 1 1	0 0 0	0	×	0	1	0	1
1 0 0	1 1 1	×	0	1	0	1	0
1 0 1	× × ×	×	×	×	×	×	×
1 1 0	× × ×	×	×	×	×	×	×
1 1 1	0 1 0	0	1	×	0	0	1

방정식을 상태표로부터 직접 유도하는 것보다 다음 상태 맵으로부터 직접 $R-S$ 플립-플롭 입력 맵을 유도하는 것이 일반적으로 빠르고 더 쉽다. 각 플립-플롭에 대한 S와 R값을 결정하는 데는 표 9-4(c)를 이용하여 다음 상태(Q^+)맵으로부터 S와 R 입력 맵을 유도해야 한다. $R-S$ 플립-플롭 입력 방정식을 유도하기 위해서는 이전의 T 플립-플롭에서 유도하였던 것처럼 그림 9-4(a)의 A^+, B^+, C^+에 대한 다음 상태의 맵을 이용한다. 이들의 맵을 편의상 그림 9-8에 다시 그린다. 입력 맵을 유도할 때 한 번에 각각의 다음 상태의 맵들의 절반을 고려 대상으로 한다. 플립-플롭 A ($Q=A$, $Q^+=A^+$)로 시작하여 맵의 $A=0$인 행을 고려한다. 표 9-4(c)로부터 $A=0$, $A^+=1$이면 $S=1$, $R=0$이다. 그러므로 $A=0$, $A^+=1$인 행에 해당하는 모든 칸(Square)에 대하여 입력 맵의 대응하는 칸 속에 $S_A=1$과 $R_A=0$을 기재해야 한다. 이와 동일한 방법으로 $A=0$, $A^+=0$인 행에 해당하는 모든 칸에는 입력 맵 상에 $S_A=0$, $R_A=X$을 넣는다. $A=1$행에서 $A^+=0$인 경우는 $S_A=0$, $R_A=1$이고 $A^+=1$인 경우는 $S_A=X$, $R_A=0$이다. A^+맵 상의 돈 케어 상태는 S_A와 R_A 맵 상에도 그대로 돈 케어 상태로 남겨 둔다. 왜냐하면 다음 상태가 어떤 상태가 되는지를 고려하지 않는다면 입력이 무엇이 되건 고려치 않아도 되기 때문이다. 이와 동일한 방법으로 맵의 위에서 절반인 $B=0$과 아래에서 절반인 $B=1$을 함께 고려하면 B^+ 맵으로부터 S_B와 R_B 맵을 유도할 수가 있다. 앞서와 마찬가지로 플립-플롭이 세트되거나 리셋되면 S와 R 맵에 1을 집어넣는다. $Q=1$이고 상태 변화가 없으면 S는 돈 케어 상태이다. 그리고 $Q=0$이고 상태 변화가 없으면 $R=X$이다. 최종적으로 S_C와 R_C는 C^+ 맵으로부터 유도된다.

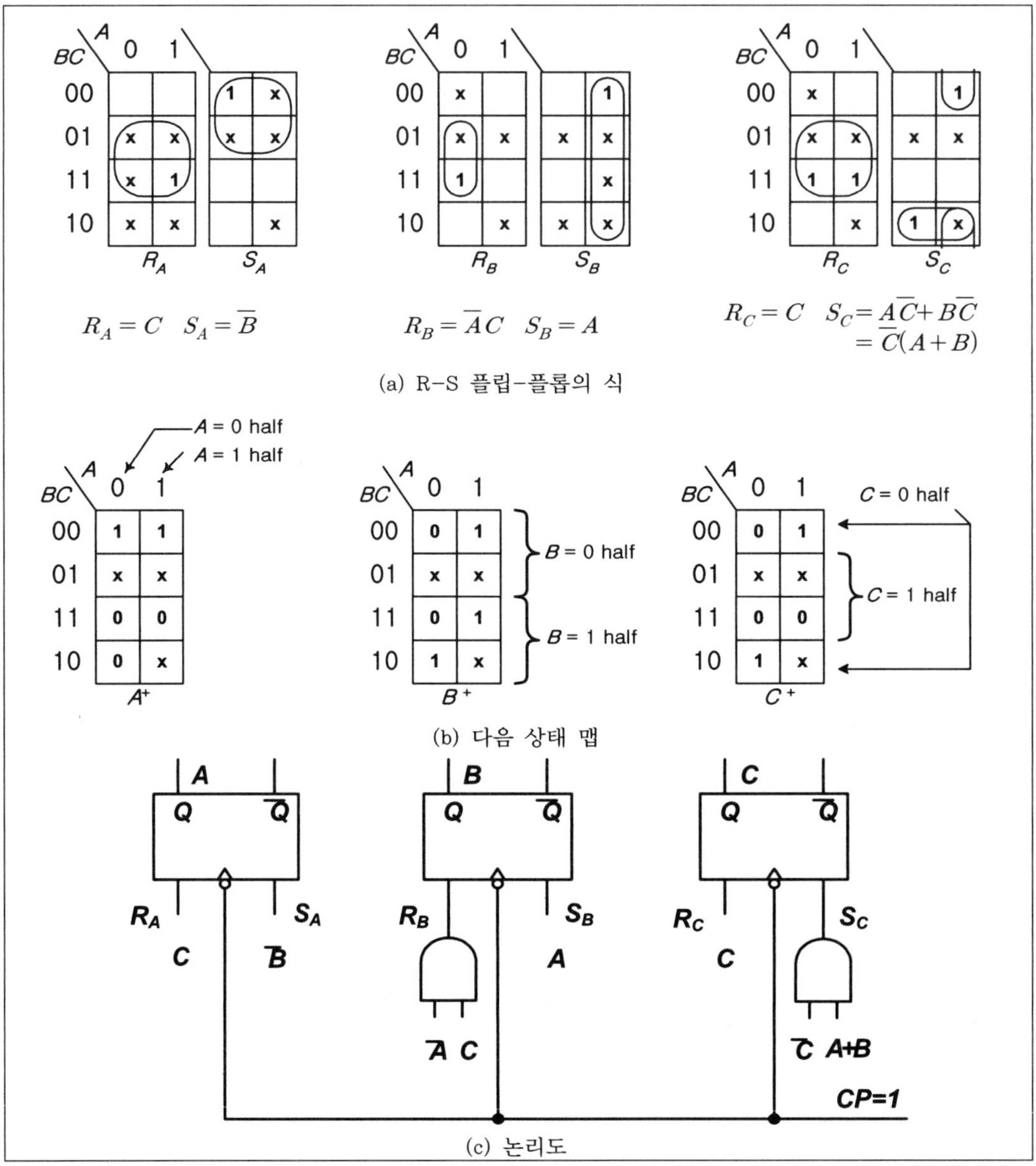

[그림 9-8] R-S 플립-플롭을 이용한 그림 9-3의 카운터

그림 9-8(c)는 이런 과정을 통해서 얻어지는 최종 논리 블록도이다. 플립-플롭 출력들과 게이트 입력간이 연결선은 회로도를 단순화하기 위해서 생략하였다. 펄스가 가해질 때에만 단지 상태 변화가 일어날 수 있도록 입력 펄스(P)는 각 플립-플롭 입력과 AND되어 있다. 이 설계는 카운터 상태가 각 펄스에 대해 단 한번만 변화할 수 있도록 적절하게 펄스 폭을 조정한 것으로 가정한다.

9-4 J-K 플립-플롭을 사용한 카운터 설계

$J-K$ 플립-플롭을 이용한 카운터 설계 과정은 이전의 $R-S$ 플립-플롭으로 카운터를 설계하는 과정과 매우 유사하다. $J-K$ 입력이 동시에 1일 때 $J-K$ 플립-플롭의 상태 변화를 제외하고는 $R-S$ 플립-플롭과 동일하다. 표 9-6(a)는 J, K와 Q의 함수로서 다음 상태를 보여준다. 이 표를 이용하여 Q와 Q^+가 주어질 때 J와 K에 대한 필요한 입력 조건을 유도할 수가 있다. 그러므로 $Q=0$에서 $Q^+=1$로 변화시키려면 $J=1$, $K=0$을 이용하여 플립-플롭을 1로 세트할 수 있거나 혹은 $J=K=1$을 이용하여 상태를 변화할 수 있다. 즉 이것은 $J=1$이고 K는 돈 케어 상태를 나타낸다. 이와 비슷하게 1에서 0으로의 상태 변화는 $K=1(J=0)$로 플립-플롭을 리셋시키거나 $J=K=1$로 플립-플롭의 상태를 변화시킬 수 있다. 상태 변화가 필요치 않을 경우에는 $R-S$ 플립-플롭과 같은 입력 조건이 된다(즉 $J=K=0$). $J-K$ 입력 조건들은 표 9-6(b)와 9-6(c)에 요약해 놓았다.

[표 9-6] J-K 플립-플롭 입력 조건

(a)

$J\ K\ Q$	Q^+
0 0 0	0
0 0 1	1
0 1 0	0
0 1 1	0
1 0 0	1
1 0 1	1
1 1 0	1
1 1 1	0

(b)

$Q\ Q^+$	$J\ K$
0 0	0 0
	0 1
0 1	1 0
	1 1
1 0	0 1
	1 1
1 1	0 0
	1 0

(c)

$Q\ Q^+$	$J\ K$
0 0	0 ×
0 1	1 ×
1 0	× 1
1 1	× 0

$$Q^+ = J\overline{Q} + \overline{K}Q$$

$J-K$ 플립-플롭을 사용하여 그림 9-3의 카운터를 다시 설계 해보자. 표 9-7은 표 9-2에 $J-K$ 플립-플롭 입력들을 첨가하여 구성된 표이다. 표 9-6(c)를 사용하여 이들 $J-K$ 입력 행들을 채울 수 있다. $ABC=000$ 행에서는 $A=0$이고 $A^+=1$이므로 $J_A=1$, $K_A=X$가 된다. $ABC=010$, 011 행들에서는 $A=0$, $A^+=0$이므로 $J_A=0$, $K_A=X$가 된다. 나머지 행들도 이와 유사하게 작성하면 된다. 최종적으로 $J-K$ 플립-플롭 입력함수는 그림 9-9(a)에서처럼 나타낸다.

[표 9-7]

A B C	$A^+B^+C^+$	J_A	K_A	J_B	K_B	J_C	K_C
0 0 0	1 0 0	1	×	0	×	0	×
0 0 1	× × ×	×	×	×	×	×	×
0 1 0	0 1 1	0	×	×	0	1	×
0 1 1	0 0 0	0	×	×	1	×	1
1 0 0	1 1 1	×	0	1	×	1	×
1 0 1	× × ×	×	×	×	×	×	×
1 1 0	× × ×	×	×	×	×	×	×
1 1 1	0 1 0	×	1	×	0	×	1

$J-K$ 플립-플롭 입력 맵은 역시 다음 상태 맵으로부터 직접 유도할 수가 있다. 표 9-6(c)로부터 $Q=0$인 경우 $J=Q^+$, $K=X$가 되고 $Q=1$인 경우는 $J=X$, $K=(\overline{Q^+})$가 된다. 따라서 J맵의 절반인 $Q=0$에서 J는 Q^+와 같고 나머지 절반인 $Q=1$에서 J는 모두 X 상태이다. 또한 K 맵의 절반인 $Q=0$에서는 K는 모두 X이며 Q가 1일 때 K는 Q^+의 보수이다. 그림 9-4(a) 다음 상태 맵을 그림 9-9(b)에 다시 나타내었다. 위에서 설명한 방법을 이용하여 이들 다음 상태 맵으로부터 직접 그림 9-9(a)의 $J-K$ 맵을 유도할 수가 있다. J_A 맵의 절반인 $A=0$은 A^+ 맵의 대응하는 절반과 동일하다. 그리고 J_A 맵의 절반인 $A=1$은 모두 돈 케어 상태이다. K_A 맵의 절반인 $A=1$은 A^+ 맵의 보수이며, K_A 맵의 절반인 $A=0$은 모두 돈 케어 상태이다. B^+의 맵으로부터 J_B와 K_B 맵 유도도 이와 비슷한 방법으로 행하면 된다. J_C와 K_C 맵도 C^+ 맵으로부터 유도할 수 있다. $J-K$ 맵으로부터 플립-플롭 입력 방정식을 유도한 후 그림 9-9(c)의 논리도를 그릴 수 있다. 클럭형 플립-플롭을 사용하였으므로 입력 펄스(P)를 그림 9-8(c)처럼 AND 게이트로 연결시키는 것보다 플립-플롭 클럭(CK) 입력에 직접 연결하면 된다.

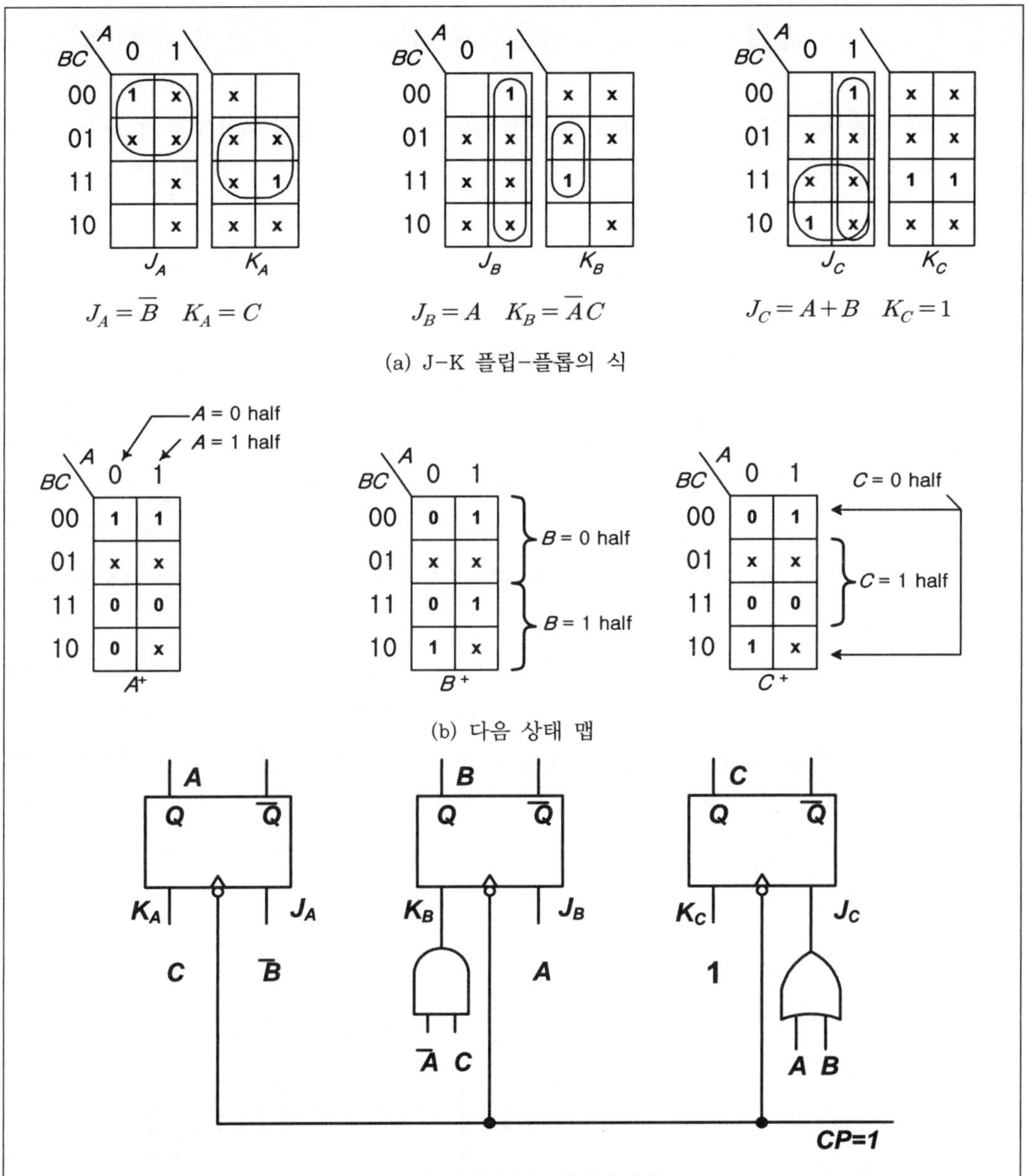

(a) J-K 플립-플롭의 식

(b) 다음 상태 맵

(c) 논리도(궤환선은 생략하였음)

[그림 9-9] J-K 플립-플롭을 사용한 그림 9-3 카운터 설계

9-5 J-K 플립-플롭 입력 방정식을 유도하기 위한 간단한 방법

이 절에서는 J와 K 맵을 따로 작성할 필요 없이 다음 상태 맵으로부터 직접 $J-K$ 입력 방정식을 구하는 방법에 대하여 설명을 하기로 한다. 그림 9-9로부터 함수 J_A와 K_A에는 변수 A가 포함되어 있지 않음을 알 수 있다. 이와 비슷하게 J_B와 K_B는 변수 B에 무관하고 J_C와 K_C는 변수 C에 무관하다. 이것은 플립-플롭 Q에 대하여 최소화된 J와 K 입력 방정식은 Q에 무관하다는 것을 알 수 있다. 즉 J맵의 절반인 $Q=1$은 전부 돈케어 상태가 되기 때문에 이런 경우가 발생하는 것이다. 그러므로 J 맵의 절반인 $Q=0$ 부분의 1들도 $Q=1$ 부분의 돈케어 상태(X)와 결합하여 변수 Q가 소거되기 때문이다. 이와 같은 상태는 K에 대해서도 유도할 수가 있다. K 맵의 절반인 $Q=0$에서 모두 돈케어 상태이므로 J와 같은 방식을 사용할 수 있다. 표 9-6(c)로부터 $Q=0$인 경우 $J=Q^+$가 된다. 그러므로 J는 Q와 독립적으로 Q^+맵의 절반인 $Q=0$인 부분으로부터 직접 J를 구하면 된다. 이러한 설명을 그림 9-10에 나타내었다.

각각 3개의 변수로 재구성되어진 그림 9-4(a) 다음 상태 맵은 2개의 변수로 이루어진 두 개의 맵으로 나누어진다. A^+에 대해서 첫 번째 열($A=0$)은 B와 C의 함수로서 J_A라는 맵을 구성한다. 이와 비슷하게 B^+ 맵의 절반인 상단($B=0$) 부분은 A와 C 함수로서 J_B라는 맵으로 작성되고, 세 번째 맵에서 상단과 하단 열은 J_C에 대한 맵을 성립시킨다. 이들 맵으로부터 유도되는 J 함수는 그림 9-9(a) 맵으로부터 구하는 것과 동일하다.

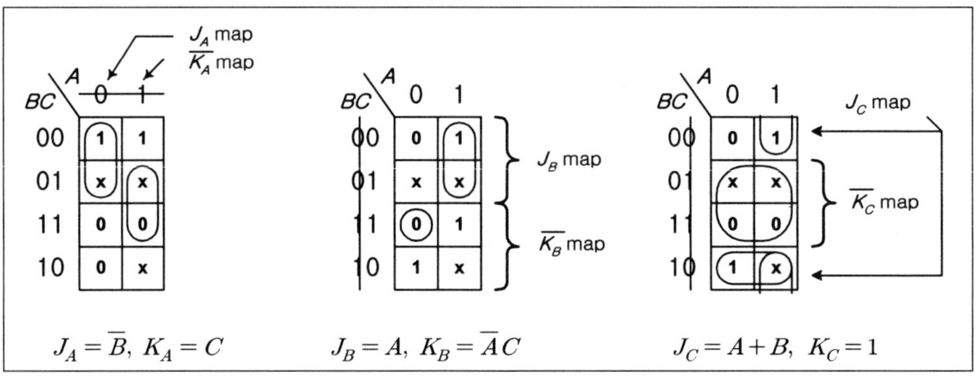

[그림 9-10] J-K 방정식을 유도하기 위한 간단한(Short-cut) 방법

표 9-6(c)로부터 $Q=1$인 경우 $K=(\overline{Q^+})$이다. 따라서 Q^+맵의 절반인 $Q=1$ 부분은 $\overline{K}$에 대한 맵으로 다룬다. 그러므로 1대신에 0을 취함으로써 $\overline{K}$ 맵으로부터 직접 K을 구할 수 있다. 예를 들어 그림 9-10의 A^+ 맵에서 $A=1$ 열은 $\overline{K}$ 맵을 성립시킨다. 따라서 이 맵 상의 0과 돈 케어 상태를 결합시킴으로써 $K_A = C$를 얻는다. 이와 비슷하게 K_B도 B^+맵의 하단에 있는 0을 판독함으로써 얻어지고, K_C는 C^+ 맵의 중간 두 행으로부터 얻으면 된다(그림 9-10 참조). 이들 맵으로부터 얻어지는 K 함수들과 그림 9-9에서 유도된 방정식은 다음과 같다.

간단한(Short-cut) 방법이 타당하다는 것은 $J-K$ 플립-플롭에 대한 특성 방정식으로부터 증명할 수 있다.

$$Q^+ = J\overline{Q} + \overline{K}Q \tag{9-1}$$

Q^+를 다음과 같이 Q와 n개의 다른 변수의 함수라고 가정하면,

$$Q^+ = F(Q, X_1, X_2, \cdots, X_n) \tag{9-2}$$

따라서,

$$Q^+ = J\overline{Q} + \overline{K}Q = F(Q, X_1, X_2, \cdots, X_n) \tag{9-3}$$

이 된다. 여기서 $Q=0$으로 놓으면

$$Q^+|_{Q=1} = J = F(0, X_1, X_2, \cdots, X_n) \tag{9-4}$$

이 되고, $Q=1$이라 놓으면

$$Q^+|_{Q=1} = \overline{K} = F(1, X_1, X_2, \cdots, X_n) \tag{9-5}$$

가 되므로

$$K = \overline{(Q^+|_{Q=1})} = \overline{F}(1, X_1, X_2, \cdots, X_n) \tag{9-6}$$

이 된다.

식 (9-2)에 대응하는 Q^+에 대한 $n+1$ 변수 맵이 주어지면 $Q=0$으로 정하는 것은 맵에서 맵의 절반인 $Q=0$ 부분을 선택하면 Q를 소거하는 것과 같다고 할 수 있다. 그 결과로 식 (9-4)는 N 변수 맵에서 J에 대한 맵으로 되는 것을 나타낸다. 식 (9-2)

에서 $Q=1$로 정하는 것은 Q^+맵의 $Q=1$인 부분을 선택하는 것과 $\overline{Q}$를 소거하는 것과 같다고 할 수 있으며, 그 결과는 식 (9-5)에 나타난 것처럼 $\overline{K}$에 대한 n변수 맵이 된다. $\overline{K}$ 맵에서 0항을 판독함으로써 K에 대한 식을 유도할 수 있다.

간단한(Short-Cut) 방법으로 플립-플롭 Q에 대한 J와 K 입력들을 결정하는 단계를 요약하면 다음과 같다.

① 다음 상태(Q^+) 맵을 작성한다.
② 맵에서 $Q=0$인 부분과 $Q=1$인 부분을 확인 점검한다.
③ 맵의 가장자리(edge)에 있는 Q의 값을 줄을 그어 삭제한다(J와 K는 Q와 무관하기 때문, 그림 9-10 참조).
④ J를 남아 있는 변수의 함수로 결정하기 위해 맵에서 $Q=0$ 부분에 있는 1들을 조합한다.
⑤ K를 남아 있는 변수의 함수로 결정하기 위해 맵에서 $Q=1$ 부분에 있는 0들을 조합한다.

위에서 설명된 간단한 방법은 표준적 방법보다도 두 가지 장점이 있다.

첫째는 J와 K에 대한 맵을 별도로 작성할 필요가 없다는 것이다. 둘째는 사용되는 변수가 한 개까지 감소할 수 있다는 것이다(J_Q와 K_Q 부분 맵(Submap)은 Q와 무관하기 때문이다).

9-6 D 플립-플롭을 사용한 카운터 설계

D 플립-플롭에 대해서 다음 상태 방정식은 $Q^+=D$이다. 따라서 D입력 맵은 항상 다음 상태 맵과 동일하다.

그러므로 D에 대한 입력 방정식은 Q^+맵으로부터 직접 구할 수 있다. 그림 9-3 카운터에 대한 입력 방정식은 그림 9-4(a)에서 보여주는 다음 상태 맵으로부터 다음과 같이 유도한다.

$$D_A=A^+=\overline{B} \qquad D_B=B^+=A+B\overline{C} \qquad D_C=A\overline{C}+B\overline{C}=\overline{C}(A+B)$$

이것을 클럭형 D 플립-플롭을 사용하면 그림 9-11과 같은 회로로 나타낼 수 있다.

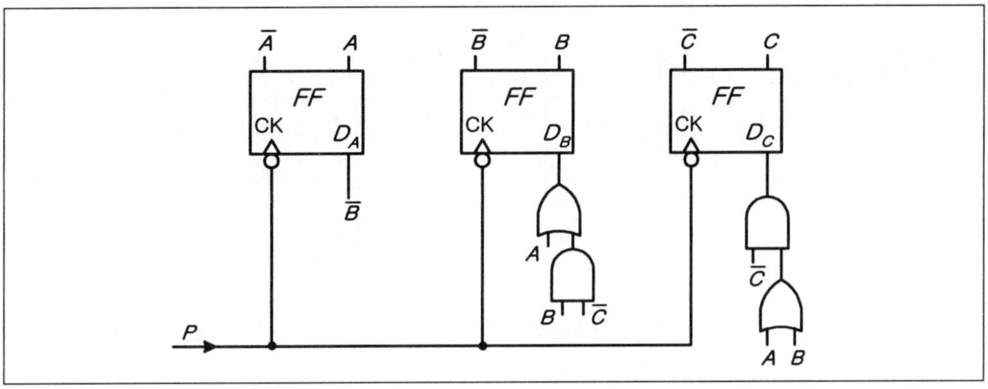

[그림 9-11] D 플립-플롭을 사용한 그림 9-3 카운터에 대한 논리도

9-7 코드 변환기(Code Converter)의 설계

카운터를 설계하는 같은 방법을 적용하면 외부 입력이 없고 단지 처음(초기) 변화만 일어나는 하나의 입력 펄스를 갖는 순차 회로를 설계할 수 있다. 예를 들어, 8-4-2-1 BCD 코드를 Excess-3 코드로 변화시키는 코드 변환기를 4개의 플립-플롭을 사용하여 설계해보자. 처음에 BCD 디지트(0-9) 중의 하나가 플립-플롭 내에 저장된다. 회로에 펄스가 가해지고 나면 대응하는 Excess-3 디지트 코드가 플립-플롭에 나타난다. 표 9-8에 변환기(Converter)에 대한 상태표가 주어진다. 그림 9-12는 다음 상태 맵, $J-K$ 입력 방정식, 논리 회로도를 나타내고 있다. $J-K$ 입력 방정식을 유도하기 위해 간단한(Short-Cut) 방법을 이용하였다. 초기에 플립-플롭에 저장되는 BCD 디지트에 대한 회로는 도표에서 생략하였다.

[표 9-8] 코드 변환기에 대한 상태표

A B C D	A^+ B^+ C^+ D^+
0 0 0 0	0 0 1 1
0 0 0 1	0 1 0 0
0 0 1 0	0 1 0 1
0 0 1 1	0 1 1 0
0 1 0 0	0 1 1 1
0 1 0 1	1 0 0 0
0 1 1 0	1 0 0 1
0 1 1 1	1 0 1 0
1 0 0 0	1 0 1 1
1 0 0 1	1 1 0 0

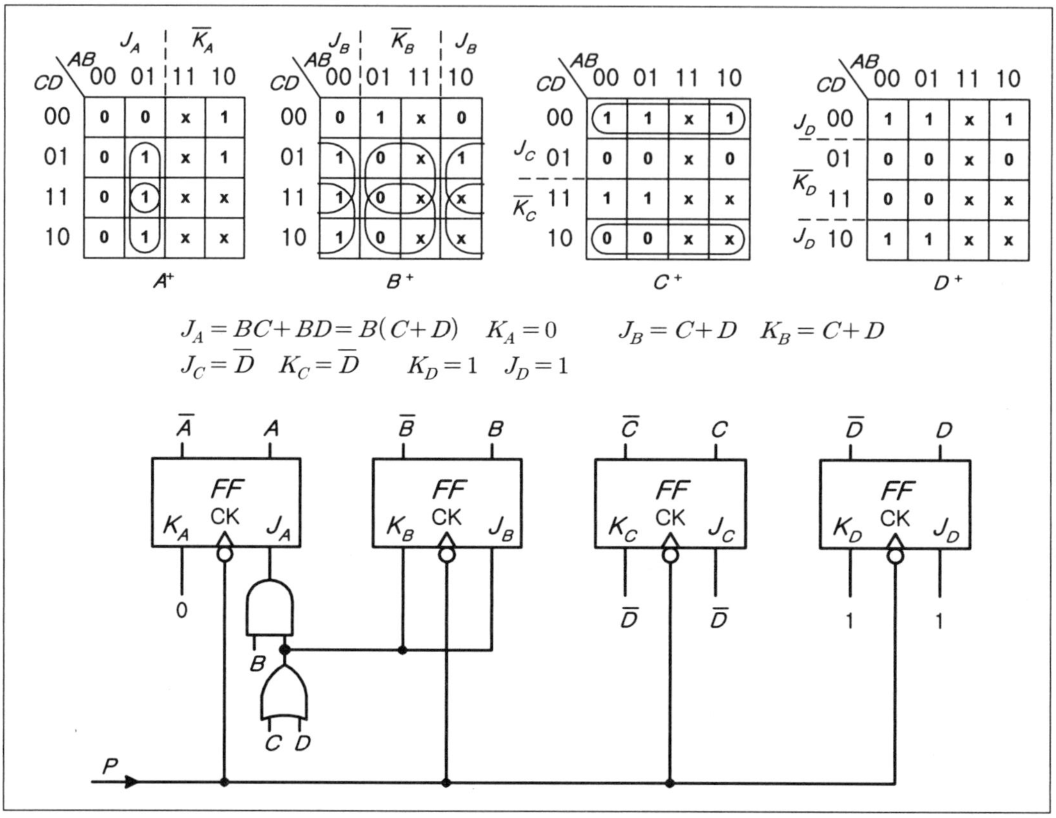

[그림 9-12] BCD에서 3 초과 코드 변환기

9-8 시프트 레지스터

시프트 레지스터는 2진수를 저장할 수 있는 플립-플롭들의 집합체(Group)를 의미한다. 이들 2진수들은 시프트 펄스가 적용될 때 왼쪽이나 오른쪽으로 이동될 수 있다. 레지스터의 한쪽 끝으로 이동된 비트는 없어질 수가 있다. 혹은 시프트 레지스터가 순환 형태로 구성되어 있다면 한쪽 끝으로 이동된 비트는 다른 쪽 끝으로 순환되어 되돌아간다. 그림 9-13(a)는 $R-S$ 플립-플롭으로 이루어진 4비트 순환 오른쪽형 시프트 레지스터이다. 레지스터 초기 내용이 0111이었다면 펄스가 가해진 후에는 레지스터 내용은 1011이 된다. 두 번째 펄스가 가해지면 상태는 1101이 되고 그 다음에는 1110, 그리고 4번째 펄스가 인가되면 레지스터는 초기상태 내용인 0111로 되돌아간다. 플립-플롭 A의 출력은 AND 게이트를 통해서 플립-플롭 B의 입력으로 들어간다. 만약 $A=1$이라면 플립-플롭 B는 시프트 펄스로 인해 1로 세트되고 $A=0$이면 플립-플롭 B는 시프트 펄스로 인해 0으로 리셋 된다. 이 외의 다른 플립-플롭들도 똑같은 방법으로 연결되어 있다. 그림 9-13(b)와 같이 클럭형 플립-플롭을 사용하였다면 AND 게이트를 소거할 수가 있다.

그림 9-13(a)의 시프트 레지스터 동작을 적절하게 동작되도록 하기 위해서는 시프트 펄스가 완전하게 가해질 때까지는 플립-플롭의 상태 변화는 지연되어야 한다. 그렇지 않으면 하나의 시프트 펄스에 대해 여러 번 시프트 동작이 일어날 수 있기 때문이다. 지연은 플립-플롭에서 만들어지며 이 경우 시프트 펄스 폭은 플립-플롭 지연보다 적어야만 한다. 어떤 경우에서든 시프트 레지스터에 있는 플립-플롭 동작은 시프트 펄스에 의해서만 동기된다. 그러므로 상태 변화가 동시에 일어날 수 있도록 하기 위해서는 시프트 펄스에 의해서만 동기되어야 한다. 즉 플립-플롭은 펄스가 가해지고 나면 동시에 상태를 변화시킨다.

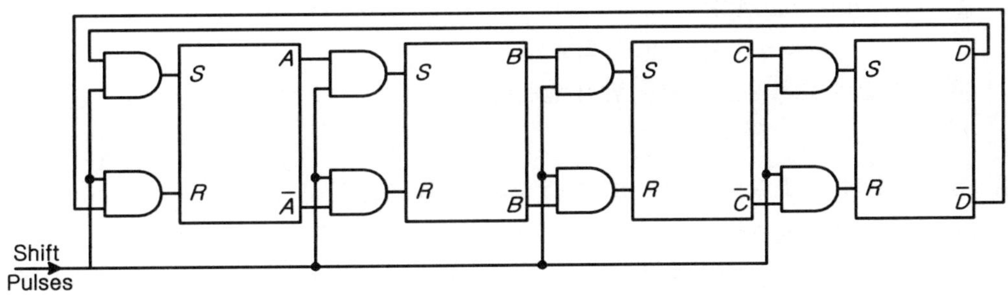

(a)

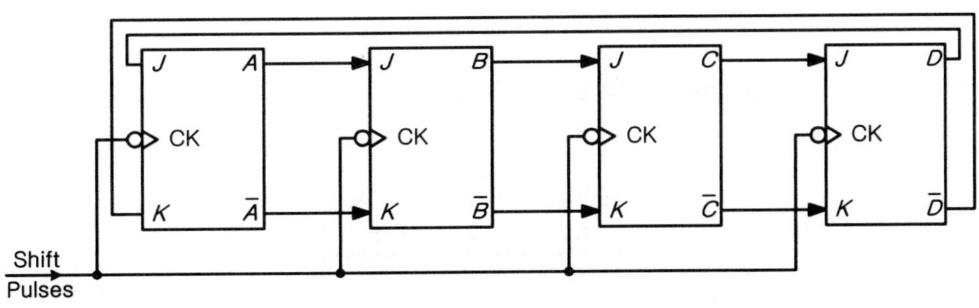

(b)

[그림 9-13] 순환 시프트 레지스터

연습문제

01 순서 논리 회로를 설계하는 방법을 순서에 옳게 나열한 것은?

㉮ 상태표 작성	㉯ 동작 상태를 상태도로 표시
㉰ 플립-플롭을 논리식으로 표시	㉱ 플립-플롭의 여기표 작성
㉲ 논리식을 회로도로 표시	

① ㉮ → ㉯ → ㉰ → ㉱ → ㉲
② ㉯ → ㉰ → ㉮ → ㉱ → ㉲
③ ㉲ → ㉱ → ㉰ → ㉮ → ㉯
④ ㉯ → ㉮ → ㉱ → ㉰ → ㉲

02 순서 회로의 설명 중 옳지 않은 것은?

① 조합회로가 포함 된다.
② 기억소자가 필요하다.
③ 카운터는 전형적인 순서 논리 회로이다.
④ 입력 값의 순서에는 영향을 받지 않는다.

03 순서 논리 회로의 구성에 관한 설명 중 옳지 않은 것은?

① 기억 소자가 필요하다.
② 조합 논리 회로를 포함한다.
③ 카운터는 순서 논리 회로가 아니다.
④ 입력신호와 레지스터의 상태에 따라서 출력이 결정된다.

04 다음 표는 R-S 플립-플롭의 여기표이다. A, B, C, D는 각, 각 어떻게 표시되는가?(단, d는 don't care이다)

현재상태 Q_n	다음상태 Q_{n+1}	입력 S	입력 R
0	0	A	B
0	1	1	0
1	0	0	1
1	1	C	D

① A=0, B=0, C=d, D=d
② A=1, B=0, C=0, D=1
③ A=d, B=0, C=0, D=d
④ A=0, B=d, C=d, D=0

05 다음 표는 J-K 플립-플롭의 여기표(Excitation table)이다. A, B, C, D는 각각 어떻게 표시되는가?(단, d는 돈 케어이다)

현재상태 Q_n	다음상태 Q_{n+1}	입력 J	입력 K
0	0	0	d
0	1	A	B
1	0	C	D
1	1	d	0

① A=0, B=d, C=d, D=0
② A=1, B=1, C=d, D=d
③ A=1, B=d, C=d, D=1
④ A=d, B=1, C=1, D=d

06 다음은 각 플립-플롭의 여기표이다. 옳은 것은? (단, $Q_{(t)}$는 현재 상태, $Q_{(t+1)}$은 다음 상태, X는 리던던시 조건임)

①

$Q_{(t)}$	$Q_{(t+1)}$	S	R
0	0	0	X
0	1	1	X
1	0	X	1
1	1	X	0

②

$Q_{(t)}$	$Q_{(t+1)}$	J	K
0	0	0	X
0	1	1	0
1	0	0	1
1	1	X	0

③

$Q_{(t)}$	$Q_{(t+1)}$	D
0	0	0
0	1	1
1	0	0
1	1	1

④

$Q_{(t)}$	$Q_{(t+1)}$	T
0	0	0
0	1	1
1	0	1
1	1	1

07 다음 표는 각 플립-플롭의 여기표이다. 옳지 않은 것은? (단, $Q_{(t)}$는 현재 상태이고, $Q_{(t+1)}$은 다음 상태이다)

①

$Q_{(t)}$	$Q_{(t+1)}$	S	R
0	0	0	X
0	1	1	0
1	0	0	1
1	1	X	0

②

$Q_{(t)}$	$Q_{(t+1)}$	J	K
0	0	0	X
0	1	1	X
1	0	X	1
1	1	X	0

③

$Q_{(t)}$	$Q_{(t+1)}$	D
0	0	0
0	1	1
1	0	0
1	1	1

④

$Q_{(t)}$	$Q_{(t+1)}$	T
0	0	1
0	1	0
1	0	0
1	1	1

08 입력 펄스의 수를 세는 회로는?

① 카운터 ② 레지스터
③ 디코더 ④ 인코더

09 2진 계수회로에 가장 적합한 플립-플롭은?

① RS 플립-플롭 ② D 플립-플롭
③ T 플립-플롭 ④ JK 플립-플롭

10 비동기형 5진 계수 회로를 설계 시 필요한 플립-플롭은?

① 1개 ② 2개 ③ 3개 ④ 4개

11 Mod-6 카운터를 구성하기 위한 플립-플롭의 최소 수는?

① 2 ② 3 ③ 4 ④ 5

12 7진 계수기를 만들려면 T형 플립-플롭이 몇 개 필요한가?

① 1 ② 2 ③ 3 ④ 4

13 8진 카운터를 구성하고자 할 경우 몇 개의 J-K 플립-플롭이 필요한가?

① 3개 ② 4개 ③ 8개 ④ 16개

14 10진 카운터를 구성하려고 한다. 플립-플롭을 몇 단으로 하면 가장 적절한가?

① 2 ② 3 ③ 4 ④ 5

15 동기형 15진 계수기를 구성하려면 필요한 플립-플롭의 개수는?

① 2 ② 3 ③ 4 ④ 5

16 Mod-16 2진 카운터의 모든 상태를 완전히 디코더하기 위해 필요한 AND 게이트 수는?

① 4개 ② 8개 ③ 16개 ④ 31개

17 Mod-19 계수기를 만들려면 적어도 몇 개의 플립-플롭이 소요되는가?

① 3 ② 4 ③ 5 ④ 6

18 비동기식 99진 리플 카운터로 동작시키려면 몇 개의 플립플롭이 필요한가?

① 4개 ② 5개 ③ 6개 ④ 7개

19 다음의 JK 플립-플롭으로 설계된 회로는 몇 진 카운터인가?

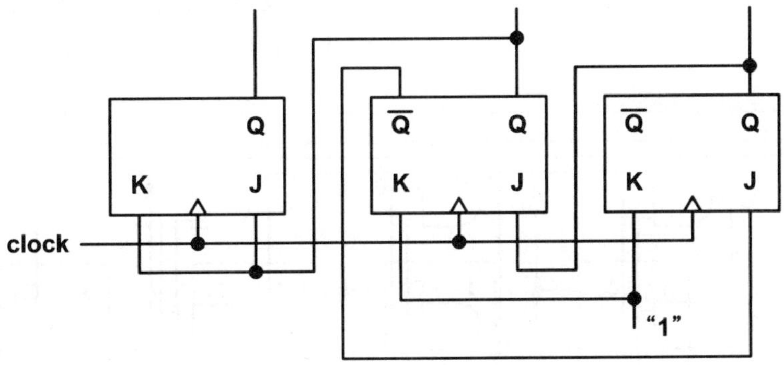

① 5진 ② 6진 ③ 7진 ④ 8진

20 다음 그림은 몇 진 카운터인가?

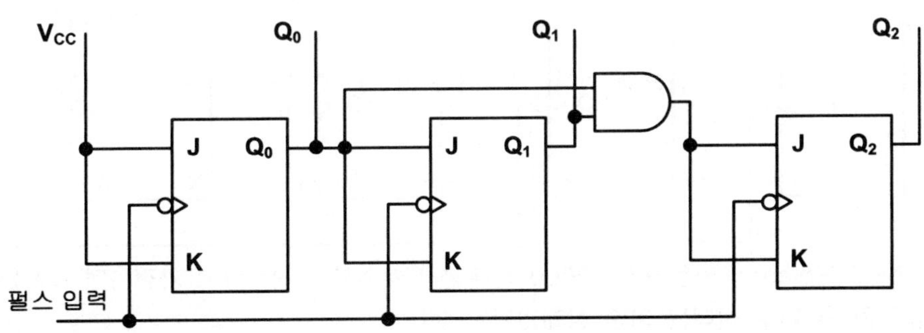

① 동기식 8진 업 카운터 ② 비동기식 8진 업 카운터

③ 동기식 8진 다운 카운터 ④ 비동기식 8진 다운 카운터

21 다음 그림의 카운터는 어떠한 카운터인가?

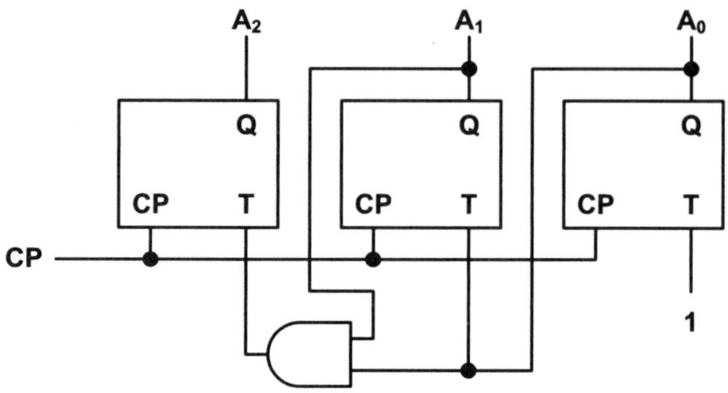

① 동기식 모듈-6 2진 카운터
② 동기식 모듈-8 2진 카운터
③ 비동기식 모듈-5 2진 카운터
④ 비동기식 모듈-7 2진 카운터

22 다음 카운터의 명칭은?

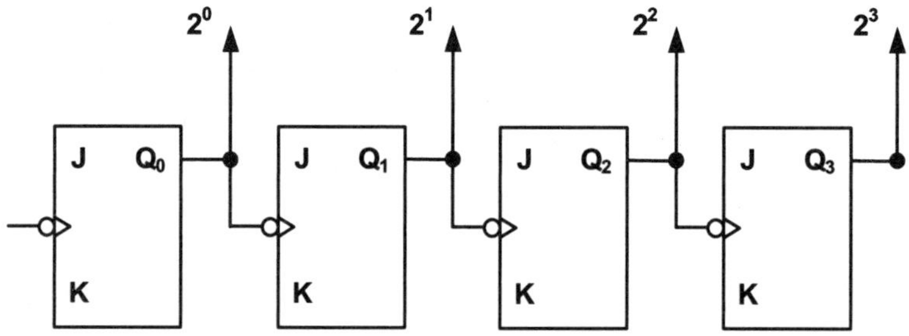

① 비동기식 15진 업 카운터
② 비동기식 16진 업 카운터
③ 동기식 15진 업 카운터
④ 동기식 16진 업 카운터

23 BCD 카운터가 0111 상태에 있다. 카운터가 리셋된 후 몇 개의 펄스가 공급되었는가?

① 3
② 6
③ 7
④ 12

24 5 bit 2진(binary) 카운터가 00000 상태에서 계수를 시작한다고 가정하면 144개의 펄스가 입력된 후 계수 상태는 어떤 상태인가?

① $(00000)_2$
② $(11111)_2$
③ $(10000)_2$
④ $(00001)_2$

25 레지스터(Register)의 기능은?

① 카운터로 사용
② 펄스를 발생
③ 데이터 일시 저장
④ 동작 속도 조절

26 플립-플롭 회로를 병렬로 연결해 놓은 것으로 이송되는 정보를 일시적으로 보관하는데 이용되는 것은?

① Buffer
② Counter
③ Decoder
④ Register

27 데이터를 일시 저장할 수 있는 것은?

① 제너레이터
② 레지스터
③ 인코더
④ 전원 공급 장치

28 레지스터의 역할이 아닌 것은?

① 인덱스 레지스터는 주소를 계산 시 쓰인다.
② 연산 결과를 저장한다.
③ 데이터를 일시적으로 저장한다.
④ 주기억장치의 용량을 확대하고 보조기억장치의 속도를 보완한다.

29 레지스터 R에 있는 내용을 왼쪽으로 2비트 시프트시키는 기능과 관계 있는 것은?

① 제어 기능
② 연산 기능
③ 전송 기능
④ 레지스터 기능

30 시프트 레지스터의 특징으로 옳지 않은 것은?

① 플립-플롭의 연결 구조가 직렬
② 모든 플립-플롭은 공통으로 연결된 클럭 입력을 사용
③ 레지스터에 저장된 2진 정보를 이동시킬 수 있는 레지스터
④ 본질적으로 클럭 펄스에 따라 미리 정해진 순서대로 상태를 변화시키는 레지스터

31 시프트 레지스터(Shift register)를 만드는 데 가장 적합한 플립-플롭은?

① RS 플립-플롭
② RST 플립-플롭
③ D 플립-플롭
④ T 플립-플롭

32 시프트 레지스터(Shift register)의 내용을 오른쪽으로 두 번 시프트 하면 원래의 데이터는 어떻게 변화하는가?

① 원래 데이터의 1/2배 ② 원래 데이터의 1/4배
③ 원래 데이터의 2배 ④ 원래 데이터의 4배

33 아래의 회로에서 CP(Clock pulse)에 따라 A와 C를 동시에 측정하였더니, A=0111100으로 측정치가 나타났다. 이 C의 측정치는?(단, ABCE=0000 초기치 가정)

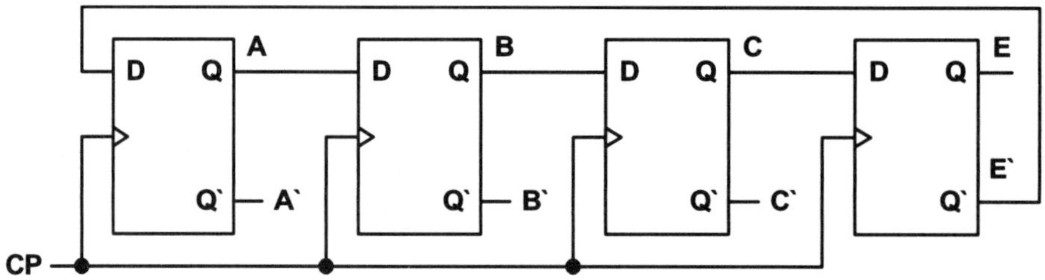

① 0011110 ② 0001111 ③ 0000111 ④ 0111100

부록 - 정답표

제1장

1. ② 2. ④ 3. ③ 4. ① 5. ③ 6. ① 7. ① 8. ① 9. ② 10. ①
11. ④ 12. ④ 13. ④ 14. ④ 15. ③ 16. ④ 17. ④ 18. ③ 19. ② 20. ①
21. ① 22. ② 23. ④ 24. ① 25. ② 26. ③ 27. ③ 28. ② 29. ① 30. ①
31. ③ 32. ② 33. ④ 34. ② 35. ① 36. ③ 37. ③ 38. ① 39. ① 40. ①
41. ② 42. ③ 43. ③ 44. ③ 45. ④ 46. ② 47. ② 48. ④ 49. ① 50. ①
51. ③ 52. ② 53. ① 54. ④ 55. ① 56. ① 57. ④ 58. ① 59. ④ 60. ④
61. ② 62. ④ 63. ① 64. ② 65. ② 66. ② 67. ③ 68. ③ 69. ② 70. ④
71. ③ 72. ④ 73. ③ 74. ④ 75. ② 76. ④ 77. ② 78. ② 79. ③ 80. ③
81. ③ 82. ③ 83. ① 84. ① 85. ② 86. ④ 87. ① 88. ② 89. ② 90. ①
91. ② 92. ① 93. ③

제2장

1. ④ 2. ① 3. ② 4. ④ 5. ① 6. ② 7. ② 8. ② 9. ① 10. ①
11. ① 12. ④ 13. ④ 14. ① 15. ④ 16. ④ 17. ③ 18. ③ 19. ② 20. ②
21. ① 22. ② 23. ② 24. ② 25. ① 26. ③ 27. ① 28. ① 29. ④ 30. ③
31. ④ 32. ① 33. ① 34. ② 35. ④ 36. ③ 37. ① 38. ③ 39. ② 40. ④
41. ① 42. ④ 43. ④ 44. ① 45. ④ 46. ② 47. ② 48. ③ 49. ① 50. ④
51. ② 52. ① 53. ④

제3장

1. ④ 2. ① 3. ② 4. ③ 5. ④ 6. ③

제4장

1. ④ 2. ③ 3. ④ 4. ① 5. ② 6. ③ 7. ④ 8. ③ 9. ② 10. ②
11. ① 12. ④ 13. ① 14. ① 15. ④ 16. ① 17. ④ 18. ② 19. ③ 20. ③
21. ③ 22. ③ 23. ④ 24. ③ 25. ② 26. ③ 27. ② 28. ④ 29. ① 30. ①

제5장

1. ④ 2. ③ 3. ② 4. ③ 5. ③ 6. ③ 7. ③ 8. ②

제6장

1. ③ 2. ③ 3. ① 4. ① 5. ② 6. ③ 7. ④

제7장

1. ② 2. ① 3. ② 4. ② 5. ② 6. ② 7. ① 8. ① 9. ① 10. ①
11. ④ 12. ② 13. ③ 14. ③ 15. ① 16. ③ 17. ④ 18. ② 19. ② 20. ①
21. ① 22. ① 23. ③ 24. ① 25. ③ 26. ④ 27. ④ 28. ① 29. ③ 30. ④
31. ③ 32. ① 33. ② 34. ① 35. ④ 36. ② 37. ③ 38. ② 39. ③ 40. ②
41. ② 42. ①

제8장

1. ④ 2. ③ 3. ① 4. ③ 5. ③ 6. ③ 7. ① 8. ② 9. ③ 10. ③
11. ① 12. ① 13. ③ 14. ① 15. ② 16. ③ 17. ③ 18. ③ 19. ② 20. ③
21. ② 22. ④ 23. ④ 24. ④ 25. ③ 26. ③ 27. ④ 28. ② 29. ① 30. ④
31. ② 32. ③ 33. ④ 34. ④ 35. ④ 36. ④ 37. ② 38. ③ 39. ② 40. ④
41. ① 42. ② 43. ② 44. ④ 45. ① 46. ① 47. ② 48. ④ 49. ② 50. ①
51. ③ 52. ④ 53. ②

제9장

1. ④ 2. ④ 3. ③ 4. ④ 5. ③ 6. ③ 7. ④ 8. ① 9. ③ 10. ③
11. ② 12. ③ 13. ① 14. ③ 15. ③ 16. ③ 17. ③ 18. ④ 19. ③ 20. ①
21. ② 22. ② 23. ③ 24. ③ 25. ③ 26. ④ 27. ② 28. ④ 29. ② 30. ④
31. ③ 32. ② 33. ②

찾아보기

숫자

A

B

D

E

F

I

J

L

M

저자약력

이명길	1990년 3월 ~ 현재 : 대덕대학교 컴퓨터공학과 교수
김희석	1981년 3월 ~ 현재 : 청주대학교 전자공학과 교수
김윤호	1992년 6월 ~ 현재 : 목원대학교 융합컴퓨터미디어학부 교수
강경식	1993년 3월 ~ 현재 : 충북보건과학대학교 정보통신부사관과 교수
변상준	1993년 3월 ~ 현재 : 대덕대학교 컴퓨터전자과 교수
조남형	2000년 9월 ~ 현재 : 충북보건과학대학교 반도체전자과 교수

저자와의
협의하에
인지생략

알기쉬운 디지털 논리회로

2016년 2월 17일 1판 1쇄 인쇄
2023년 3월 6 일 1판 2쇄 발행

저 자 • 이명길, 김희석, 김윤호, 강경식, 변상준, 조남형
발행자 • 이영애
발행처 • 공감북스
주 소 • 02011 서울시 중랑구 중랑천로 256
전 화 • 02-971-9683
팩 스 • 02-972-9683
등 록 • 제 25100-2015-18 호
등록일 • 2015년 7월 15일
e-mail • sympathybook@naver.com
ISBN • 979-11-86898-06-2 (93560)

정 가 • 20,000원